建筑供配电与照明工程

主　编　羊　梅
副主编　任凤娟　王佑华　曹　玉

内 容 简 介

本书为高职高专土建专业“互联网＋”创新规划教材，配合高职高专工学结合课程建设编写，以适应岗位的能力需要为目的，采用任务引领的“教、学、做”一体化教学模式进行编写，并配套内容丰富、形式多样的网络教学资源。全书共设置五个项目，包括认识供配电及照明工程、照明工程光照设计、照明工程电气设计、供配电工程设计、防雷与接地工程设计等内容。本书注重训练学生对设计意图的理解能力和对工作信息的提取能力，以实际工程为教学载体，任务设置从单一到复杂、从典型到综合。学生通过扫描书中配套二维码可以获取图片、动画、视频等形式多样的教学资源，便于教师组织开展信息化和互动性教学；有利于学生理解重点和难点，掌握关键学习环节，有效提高学习效率。

本书内容和知识点密切结合手册、规范和工程案例，既可作为设备工程类专业学生教材，也适合从事电气工程、安装工程的技术人员学习和参考。

图书在版编目(CIP)数据

建筑供配电与照明工程/羊梅主编．—2版．—北京：北京大学出版社，2023.3
高职高专土建专业“互联网＋”创新规划教材
ISBN 978-7-301-33765-3

Ⅰ．①建… Ⅱ．①羊… Ⅲ．①房屋建筑设备—供电系统—高等职业教育—教材②房屋建筑设备—配电系统—高等职业教育—教材③房屋建筑设备—电气照明—高等职业教育—教材 Ⅳ．①TU852②TU113.8

中国国家版本馆CIP数据核字(2023)第036062号

书　　名　建筑供配电与照明工程（第二版）
JIANZHU GONGPEIDIAN YU ZHAOMING GONGCHENG（DI-ER BAN）
著作责任者　羊　梅　主编
策划编辑　刘健军
责任编辑　于成成
数字编辑　蒙俞材
标准书号　ISBN 978-7-301-33765-3
出版发行　北京大学出版社
地　　址　北京市海淀区成府路205号　100871
网　　址　http://www.pup.cn　新浪微博：@北京大学出版社
电子邮箱　编辑部 pup6@pup.cn　总编室 zpup@pup.cn
电　　话　邮购部 010-62752015　发行部 010-62750672　编辑部 010-62750667
印 刷 者　河北滦县鑫华书刊印刷厂
经 销 者　新华书店
787毫米×1092毫米　16开本　15.5印张　372千字
2018年2月第1版
2023年3月第2版　2025年1月第3次印刷
定　　价　47.00元

本书是高职高专土建专业“互联网+”创新规划教材之一，结合课程网络教学资源建设，采用“教、学、做”一体化教学模式编写。

为紧跟电气技术的不断更新和发展，本书根据电气技术新标准做了修订，增加了照明系统智能控制内容和供配电系统监控内容，使学生通过学习能适应绿色照明工程的发展和实施。此外，本书修订时融入了党的二十大报告内容，突出职业素养的培养，全面贯彻党的二十大精神。

本书配套二维码，学生可通过扫描二维码获取各种形式的教学资源，包括针对重点、难点和教学环节设计的各类图片、动画、视频等，既可引发学生学习兴趣，促进自主学习能力的培养，有效提高学习效率，又能满足不同层次学生的学习需求。

本书在编写过程中以实现适应岗位的能力需要为根本目的，结合实际工程，着重训练学生对设计意图的理解能力和对工作信息的提取能力，兼顾设计能力；为学生在后续课程的学习，以及毕业后从事建筑电气工程施工员、运行维护员、监理员、资料员、造价员、设计员等岗位的工作打下必要的基础。

本书由成都航空职业技术学院羊梅任主编，成都航空职业技术学院任凤娟、湖北城市建设职业技术学院王佑华、济南工程职业技术学院曹玉任副主编。

本书第一版由成都航空职业技术学院羊梅任主编，湖北城市建设职业技术学院王佑华、济南工程职业技术学院曹玉任副主编。

由于编者学识水平有限，加之时间仓促，书中不足之处恳请读者批评指正。

编　者

2022 年 7 月

目录

项目1 认识供配电及照明工程

任务1.1 认识供配电工程

任务说明	根据学校10kV变配电系统，分析电气主接线，记录电气数据，形成供配电工程说明报告
学习目标	初步具备认识供配电工程的能力
工作依据	教材、工程实物、图纸、手册
实施步骤	1. 结合实物，依据教材和手册，阅读学校某10kV变配电所工程图，分析10kV变配电所电气主接线 2. 确定供电方式、电压等级、进出学校变配电所的电缆型号、规格 3. 记录变压器的型号，分析变配电所的电力系统的接地方式 4. 记录并分析该系统中各环节的额定电压 5. 将收集到的各项电气数据及结论形成说明报告
任务成果	1. 变配电所的电气系统图 2. 收集到的各项数据及得出的结论

电能是现代人们生产和生活的重要能源。电能既易于由其他形式的能量转化而来，同时也易于转换为其他形式的能量以供电能用户应用；电能的输送、分配既简单经济，又便于控制、调节和测量。

建筑供配电即建筑所需电能的供应和分配问题。电能的生产、输送、分配和使用的全过程，实际上是同时完成的。这个全过程中的各个环节是一个紧密的整体，因此在学习供配电系统知识之前，首先应该了解有关电力系统的基本知识。

电力系统

1.1.1 电力系统

由各种电压的电力线路，将各种发电厂、变配电所和电能用户联系起来的一个发电、输电、变电、配电和用电的整体，称为电力系统。电力系统模型、组成示意分别如图 1.1 和图 1.2 所示。

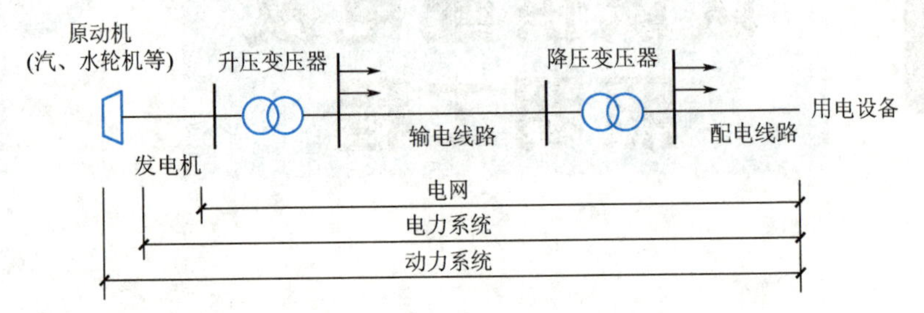

图 1.1　电力系统模型

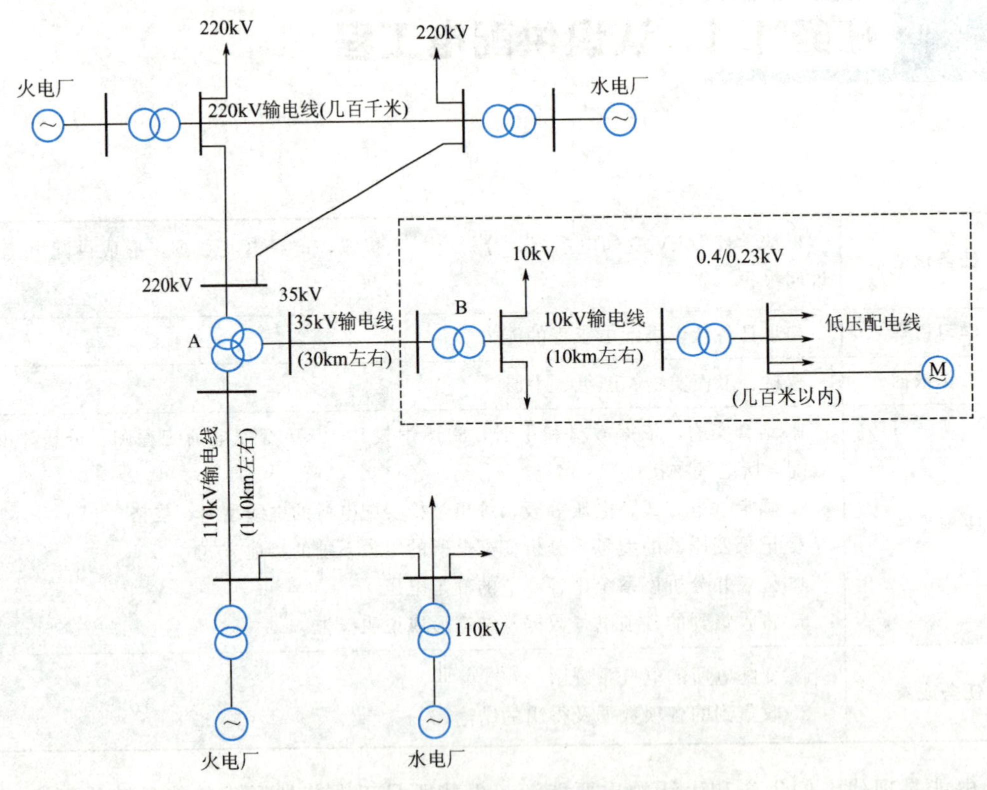

图 1.2　电力系统组成示意

(1) **发电厂**：又称发电站，是将自然界蕴藏的各种一次能源如水力、煤炭、石油、天然气、风力、地热、太阳能和核能等，转换为电能（二次能源）的工厂。发电厂有火力、水力、核能等发电厂，我国的三峡电站即为水力发电厂。

1. 党的二十大报告提出，构建新一代信息技术、人工智能、生物技术、新能源、新材料、高端装备、绿色环保等一批新的增长引擎。在这些增长引擎中有哪些新型供电方式？

2. 说出光伏发电的特点和用途。

(2) **变电所**：用于接受电能、变换电压和分配电能的场所，一般由电力变压器和配电装置组成。

变电所按变压的性质和作用又可分为升压变电所和降压变电所两大类。升压变电所的任务是将低电压变换为高电压，以利于电能的传输。降压变电所的任务是将高电压变换到一个合理的电压等级，一般建在靠近用电负荷中心的地点。

(3) **配电所**：仅用于接受和分配电能的场所。

(4) **电力线路**：将发电厂、变配电所和电能用户连接起来，完成输送电能和分配电能的任务。

(5) **电能用户**：所有消耗电能的用电设备或用电单位。

(6) **电网**：电力系统中的各级电压线路及其联系的变配电所，即电力系统中除发电厂和电能用户外的部分，称为电力网络，简称电网。

电网由各种不同电压等级和不同结构类型的线路组成，按电压高低可将电网分为低压电网、中压电网、高压电网和超高压电网。**其中电压在1kV以下的电网称为低压电网，1～10kV的称为中压电网，高于10kV而低于330kV的称为高压电网，330kV及以上的称为超高压电网。**

1.1.2 供配电系统

供配电系统由总降压变电所、高压配电所、配电线路、用户变电所和用电设备组成，如图1.2虚线框内所示。供配电系统是电力系统的一个重要组成部分，包括电力系统中区域变电所和用户变电所，涉及电力系统电能发、输、变、配、用的后两个环节，其运行特点、要求与电力系统基本相同。只是由于供配电系统直接面向用电设备及其使用者，因此供用电的安全性尤显重要。

(1) **总降压变电所**：将35～110kV的外部供电电源降到6～10kV供给高压配电所、用户间变电所、高压用电设备使用。一般大型企业都设置。

(2) **高压配电所**：接受6～10kV电压，再分配。一般负荷分散、厂区大的大型企业需设置。

(3) **配电线路**：分6～10kV厂内高压配电线路和380/220V厂内低压配电线路。

(4) **用户变电所**：6～10kV降到380/220V。

供配电的基本要求：安全、可靠、优质、经济；在电能的供应、分配和使用中，不应发生人身事故和设备事故；应满足电能用户对供电可靠性即连续供电的要求；应满足电能用户对电压质量和频率质量等方面的要求；应使供电系统的投资少，运行费用低，并尽可能地节约电能。

1.1.3 供电质量与电压

电力系统中的所有电气设备都是在一定的电压、频率下工作的。电力系统的电压和频率影响电气设备的运行。**衡量电能质量的指标是电压、频率和波形质量。**

1. 电压

电压质量对各类用电设备的工作特性、使用寿命、安全及经济运行都有直接的影响。

1）**电光源**

白炽灯对电压的变化是很敏感的。当电压降低时，白炽灯的发光效率和光通量会急剧下降；而当电压上升时，白炽灯的寿命会大大缩短。如果电压比额定值低 10%，则光通量将减少 30%；如果电压比额定值高 5%，则使用寿命将减少一半。

2）**异步电动机**

异步电动机对电压的变化也很敏感。当电动机的端电压比额定电压低 10%时，由于转矩与端电压的平方成正比，因此电动机实际输出转矩只有额定转矩的 81%，而负荷电流将增大 5%～10%，温升也将提高 5%～10%，绝缘老化程度也比规定的增加一倍以上，从而明显地缩短了电动机的使用寿命。另外，由于转矩减小，电动机转速也将下降，不仅会使生产效率降低，减少产量，而且也会影响产品质量，增加废、次品。当电动机端电压比额定电压偏高时，负荷电流和温升一般也要升高，绝缘受到损坏，对电动机也不利。

3）**电子产品**

电视、广播、电传真、雷达等电子设备对电压质量的要求更高。电子设备中的各种半导体元件、集成电路、磁芯装置等，对电压都极其敏感，电压过高或过低都将使其特性严重改变而影响正常工作。由于各类用户的工作情况均与电压的变化有着极为密切的关系，因此在运行中必须规定电压的允许变化范围，这也就是电压的质量标准。

我国目前规定用户所允许电压变化范围是：由 35kV 及以上电压供电的用户为±5%；由 10kV 以下电压供电的高压用户和低压用户为±7%；低压照明用户则为－7%～＋5%。

2. 频率

频率的变化同样也将严重影响电能用户的正常工作。对电动机来说，频率降低将使电动机的转速下降，从而使生产效率降低，并影响电动机的使用寿命；反之，频率增高将使电动机的转速上升，增加功率消耗，使经济性降低。

额定电压

我国的技术标准规定电力系统的额定频率为 50Hz，而频率变化的允许偏差为± （0.2～0.5）Hz。当电力系统的容量在 300 万 kW 及以上时，频率偏差允许值为±0.2Hz；电力系统的容量在 300 万 kW 以下时，频率偏差允许值为±0.5Hz。

3. 额定电压的国家标准

额定电压是保证设备正常运行且能获得最佳经济效益的电压。为了使电气设备实现标准化、系列化，国家规定了三相交流电网和用电设备的额定电压，见表 1－1。

（1）电网（电力线路）的额定电压。电网的额定电压是国家根据国民经济发展的需要及电力工业的水平，经全面的技术经济分析研究后确定的，它是确定各类电力设备额定电压的基础，如 220V、380V、10kV 等。

（2）用电设备的额定电压。由于用电设备运行时要在线路中产生电压损耗，因此造成线路上各点的电压略有不同。但成批生产的用电设备，不可能按安装处的实际电压来制造，而只能按照线路首端与末端的平均电压即电网的额定电压来制造。用电设备的额定电压与同级电网的额定电压是相等的［图 1.3（a）］。

表 1-1 各类设备的额定电压

分类	电网和用电设备的额定电压/kV	发电机的额定电压/kV	电力变压器的额定电压/kV	
			一次绕组	二次绕组
低压	0.38	0.40	0.38	0.40
	0.66	0.69	0.66	0.69
高压	3		3，3.15	3.15，3.3
	6		6，6.3	6.3，6.6
	10		10，10.5	10.5，11
	—	13.8，15.75，18，20，22，24，26	13.8，15.75，18，20，22，24，26	—
	35	—	35	38.5
	66	—	66	72.5
	110	—	110	121
	220	—	220	242
	330	—	330	363
	500	—	500	550

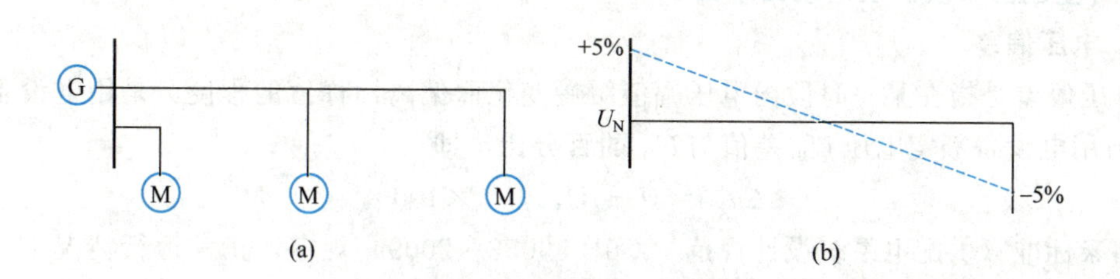

图 1.3 用电设备和发电机的额定电压

（3）发电机的额定电压。由于同一线路一般允许的电压偏差是±5%，即整个线路允许有 10%的电压损耗。因此为了保证线路首端与末端的平均值在额定值范围内，线路首端应比电网的额定电压高 5%。发电机在线路的首端，所以规定：发电机的额定电压高于所供电网额定电压的 5%，用以补偿线路电压的损失［图 1.3（b）］。

(4) **电力变压器的额定电压。**

① **变压器一次绕组的额定电压**。当变压器直接与发电机相连，如图 1.4 中变压器 T_1，则其一次绕组的额定电压应与发电机的额定电压相同，即高于同级线路额定电压的 5%；当变压器不与发电机相连，而是连接在线路上时，如图 1.4 中变压器 T_2，则可将变压器看作线路上的用电设备，因此其一次绕组的额定电压应与电网的额定电压相同。

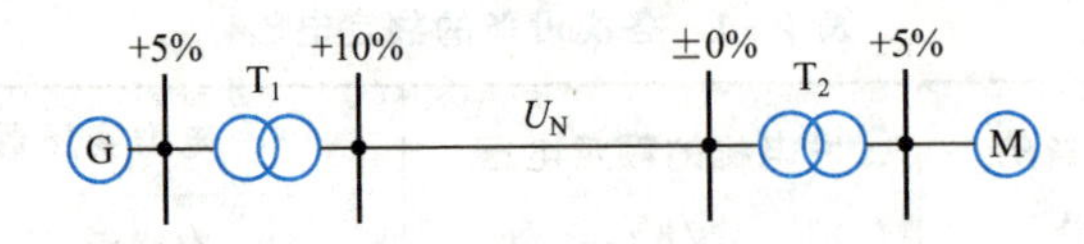

图 1.4　电力变压器的额定电压

② **变压器二次绕组的额定电压**。变压器二次绕组的额定电压是指变压器一次绕组接上额定电压而二次绕组开路时的电压，即空载电压。变压器在满载运行时，二次绕组内约有 5%的阻抗电压降，因此分两种情况讨论。

a. 如果变压器二次侧供电线路很长（如较大容量的高压线路），则变压器二次绕组的额定电压一方面要考虑补偿变压器二次绕组本身 5%的阻抗电压降，另一方面还要考虑变压器满载时输出的二次电压应满足线路首端高于电网额定电压 5%的要求，以补偿线路上的电压损耗，如图 1.4 中变压器 T_1。

b. 如果变压器二次侧供电线路不长（如低压线路或直接供电给高低压用电设备的线路），则变压器二次绕组的额定电压只需高于其所接电网额定电压的 5%，即仅考虑补偿变压器内部 5%的阻抗电压降，如图 1.4 中变压器 T_2。

(5) 由上可以得到如下的结论。

① **电网的额定电压与用电设备的额定电压一致**。

② **发电机的额定电压高于同级电网额定电压的 5%**。

③ **变压器一次绕组的额定电压与用电设备（电网）的额定电压相同或与发电机的额定电压相同（与发电机相连）**。

④ **变压器二次绕组的额定电压高出电网额定电压的 10%（变压器二次侧供电线路长）或 5%（变压器二次侧供电线路不太长）**。

4. 电压偏差

电压偏差是指在某一时段内电压幅值缓慢变化而偏离标称值的程度，是用电设备端电压 U 与用电设备额定电压 U_n 差值与 U_n 的百分比，即

$$\Delta u\% = (U - U_n)/U_n \times 100\%$$

国家标准《供配电系统设计规范》(GB 50052—2009) 规定，正常运行情况下，用电设备端子处电压偏差允许值宜符合下列要求。

(1) 电动机为±5%额定电压。

(2) 照明：在一般工作场所为±5%额定电压；对于远离变电所的小面积一般工作场所，难以满足上述要求时，可为+5%、−10%额定电压；应急照明、道路照明和警卫照明等为+5%、−10%额定电压。

(3) 其他用电设备，当无特殊规定时为±5%额定电压。

为了减小电压偏移，保证用电设备在最佳状态下运行，供电系统必须采取如下相应的

电压调整措施。

（1）合理选择变压器的电压分接头或采用有载调压型变压器，使之在负荷变动的情况下有效地调节电压，保证用电设备端电压的稳定。

（2）合理地减小供电系统的阻抗，以降低电压损耗，从而缩小电压偏移范围。

（3）尽量使系统的三相负荷均衡，以减小电压偏移。

（4）合理地改变供电系统的运行方式，以调整电压偏移。

（5）采用无功功率补偿装置，提高功率因数，降低电压损耗，缩小电压偏移范围。

5. 电压波动

电压波动是指电网电压有效值（方均根值）的连续快速变动，即

$$\delta u\% = \frac{U_{\max} - U_{\min}}{U_{\mathrm{n}}} \times 100\%$$

它是波动负荷（如电焊机、电弧炉、轧钢机）引起的电压快速波动，可能会使得设备无法正常工作。

6. 波形质量

电力系统电压的波形应是50Hz的正弦波形，如果波形偏离正弦波形就称为波形畸变，可以根据傅里叶级数从畸变的波形中分解出50Hz的基波及一系列的高次谐波。电压或电流中含有的高次谐波越多，或者高次谐波的幅值（或有效值）越大，其波形离正弦波形就越远，畸变就越严重，波形质量就越差。

谐波使变压器及电动机的铁芯损耗明显增加、电动机转子发生振动现象、电力系统发生电压谐振、对附近的通信设备和通信线路产生信号干扰。

7. 建筑供配电系统的电压

供配电系统的高压配电电压主要取决于当地供配电系统电源电压及高压用电设备的电压和容量等因素。**在建筑供配电系统中额定电压等级主要由负荷的大小、供电距离的长短等条件确定**。

（1）**二次降压供配电系统**。对规模大的大型和特大型建筑，电网需要进行两次降压来进行电能传输与使用，这种系统称为二次降压供配电系统（图1.5）。常见的有110/10/0.38kV和35/10(6)/0.38kV。

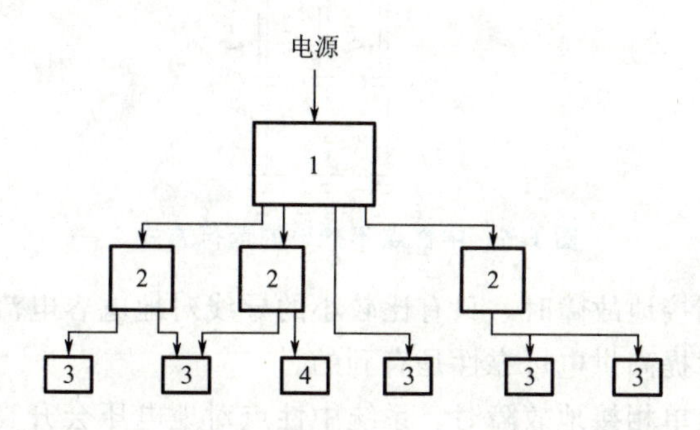

1—110kV总降压变电所；2—配电所（开闭所）；3—10(6)kV变电所；4—高压用电设备。

图1.5 二次降压供配电系统

（2）**一次降压供配电系统**。对中等规模的建筑，一般电源引进中压 10kV，只需一次降压为 0.38kV；也有少数供电电压 35kV，一次降压为 0.38kV。

（3）**低压直供供配电系统**。100kW 以下，一般不设变电所，只设一个低压配电室，采用 380/220V，由公用变配电所供电；其中线电压 380V 接三相动力设备，相电压 220V 供电给照明及其他 220V 的单相设备，对于一些有特殊要求的场所，应根据国家有关规定，局部采用安全电压供电。

1.1.4 中性点接地方式

中性点接地方式是指变压器的中性点与大地连接的方式。中性点接地方式包括小电流接地和大电流接地两种。小电流接地系统供电可靠性高，对地绝缘要求高，包括中性点不接地和中性点经阻抗或消弧线圈接地两种形式；大电流接地系统供电可靠性低，对地绝缘要求低，包括中性点经低电阻接地和中性点直接接地两种形式。

中性点接地方式的选择主要取决于发生单相接地时，对电气设备绝缘要求及供电可靠性的要求。我国 3～35kV 系统，大多采取中性点不接地的运行方式。只有当接地电流大于一定数值（3～10kV 电网中接地电流大于 30A，20kV 及以上电网中接地电流大于 10A）时，则按规定采取中性点经消弧线圈接地的运行方式。110kV 及以上的系统采取中性点直接接地的运行方式。**对于低压系统来说，电网的绝缘水平已不构成主要矛盾，系统中性点是否接地主要从人身安全方面考虑**。

1. 中性点不接地的运行方式

中性点不接地的运行方式，即电力系统的中性点不与大地相接。我国 10kV 电力系统，一般采用中性点不接地的运行方式（图 1.6）。系统正常运行时，三个相电压 U_A、U_B、U_C 是对称的，三相对地电容电流 $I_{C0.A}$、$I_{C0.B}$、$I_{C0.C}$ 也是对称的，其相量和为零，所以中性点没有电流流过。各相对地电压就是其相电压。

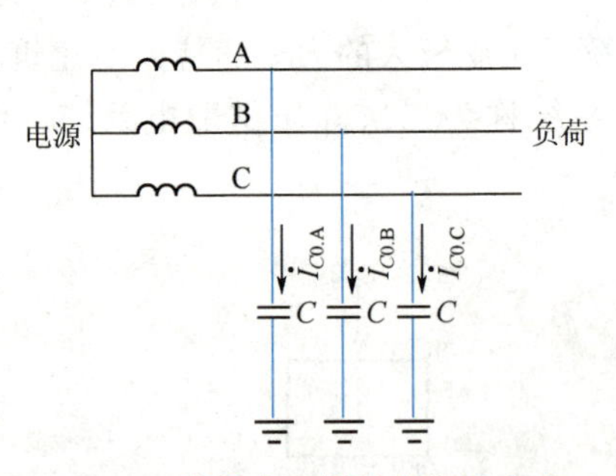

图 1.6　中性点不接地的运行方式

这种系统发生单相接地故障时，只有比较小的导线对地电容电流通过故障点，因而系统仍可继续运行，这对提高供电可靠性是有利的。

但这种系统在发生单相接地故障时，系统中性点对地电压会升高到相电压，非故障相对地电压会升高到线电压；若接地点不稳定，产生了间歇性电弧，则过电压会更严重，对绝缘不利。中性点不接地的故障情况如图 1.7 所示。

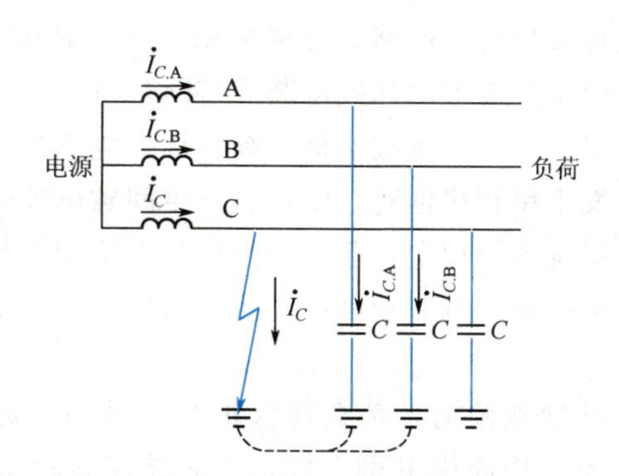

图 1.7 中性点不接地的故障情况

2. 中性点经消弧线圈接地的运行方式（图 1.8）

在中性点不接地系统中，当单相接地电流超过规定数值（10kV 系统中接地电流大于 30A）时，将产生断续电弧，从而在线路上引起危险的过电压，因此须采用经消弧线圈接地的措施来减小这一接地电流，熄灭电弧，避免过电压的产生。

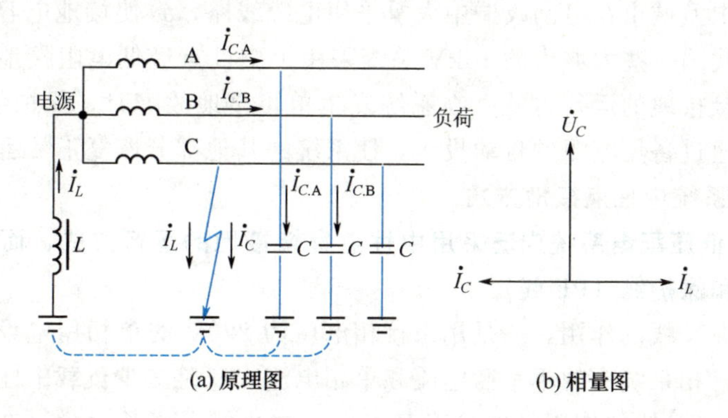

图 1.8 中性点经消弧线圈接地的运行方式

中性点经消弧线圈接地系统与中性点不接地系统一样，当发生单相接地故障时，接地相电压为零，三个线电压不变，其他两相电压将升高$\sqrt{3}$倍，因而单相接地运行不允许超过 2h。由于消弧线圈能有效地减小单相接地电流，迅速熄灭电弧，防止间歇性电弧引起的过电压，故其广泛地用于 3～60kV 的电网中。在 35kV 电网中单相接地电流大于 5A，在 6～10kV 电网中单相接地电流大于 30A，其中性点均要求采用经消弧线圈接地方式。

这种系统和中性点不接地系统发生单相接地故障时，接地电流均较小，故统称为小电流接地系统。

3. 中性点直接接地的运行方式（图 1.9）

在电力系统中采用中性点直接接地方式，就是把中性点直接和大地相接，这种方式可以防止中性点不接地系统中单相接地时产生的间歇电弧过电压。

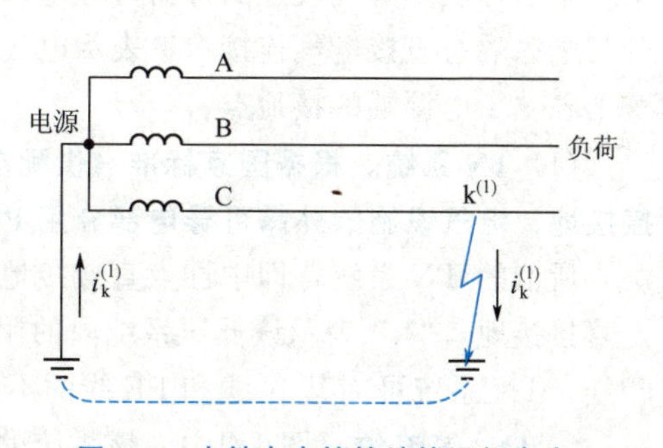

图 1.9 中性点直接接地的运行方式

在中性点直接接地系统中，如发生单相接

地，则接地点和中性点通过大地构成回路，形成单相短路，其单相短路电流 $i_k^{(1)}$ 比线路正常负荷电流要大许多倍，使保护装置动作或熔断器熔断，将短路故障切除，恢复其他无故障部分继续正常运行。所以，中性点直接接地系统又称大电流接地系统。

中性点直接接地系统发生单相接地时，既不会产生间歇电弧过电压，也不会使非接地相电压升高，因此，这种系统中供用电设备的相绝缘只需按相电压设计。这样对超高压系统而言，可以大大降低电网造价，具有较高的经济技术价值；对低压配电系统来说，可以减少对人身及设备的危害。

但是，每次发生单相接地故障时，都会使保护装置跳闸或熔断器熔断，从而中断供电，使供电可靠性降低。为了提高供电可靠性，克服单相接地必须切断故障线路这一缺点，目前在中性点直接接地系统中广泛采用自动重合闸装置。当发生单相接地故障时，保护装置会自动切断线路，经过一定时间自动重合闸装置会动作，将线路合闸。如果是瞬时接地故障，则线路会接通恢复供电；若属持续性接地故障，则保护装置会再次切断线路。

目前我国 110kV 以上电网、低压配电系统均采用中性点直接接地方式。

4. 中性点经低电阻接地的运行方式

现代化大、中型城市在电网改造中大量采用电缆线路，致使接地电容电流增大。为了解决上述问题，我国一些大城市的 10kV 系统采用了中性点经低电阻接地的运行方式。它接近于中性点直接接地的运行方式，在系统发生单相接地故障时，保护装置会迅速动作，切除故障线路，通过备用电源的自动投入，使系统的其他部分恢复正常运行。

5. 低压配电系统中性点接地方式

220/380V 的低压配电系统广泛采用中性点直接接地的运行方式，而且从中性点引出中性线（N 线）和保护线（PE 线）。

低压配电系统中性点接地方式

N 线的作用，一是用来接相电压为 220V 的单相用电设备，二是用来传导三相系统中的不平衡电流和单相电流，三是减少负载中性点的电压偏移。

PE 线的作用是保障人身安全，防止触电事故发生。在 TN 系统中，当用电设备发生单相接地故障时，就会形成单相短路，使线路过电流保护装置动作，迅速切除故障部分，从而防止人身触电。保护中性线（PEN 线）兼有 N 线和 PE 线的功能，在我国俗称零线或地线。

以拉丁文字作代号形式的意义如下。第一个字母表示电源与地的关系。T 表示电源有一点直接接地；I 表示电源端所有带电部分不接地或有一点通过阻抗接地。第二个字母表示电气装置的外露可导电部分与地的关系。N 表示电气装置的外露可导电部分与电源端有直接电气连接；T 表示电气装置的外露可导电部分直接接地，此接地点在电气上独立于电源端的接地点。

(1) **TN 系统。根据国家标准《供配电系统设计规范》的规定，TN 电力系统有一点直接接地，电气设施的外露可导电部分用 PE 线与该接地点相连接**。

所谓的 TN 系统，即中性点直接接地系统，且由 N 线引出。“TN”中“T”表示中性点直接接地，“N”表示该低压系统内的用电设备的外露可导电部分直接与电源系统接地点相连。TN 系统可因其 N 线和 PE 线的不同形式，分为以下三种形式。

① **TN－S 系统**（图 1.10）。该系统的 N 线和 PE 线是分开的，系统中用电设备外露可导电部分通过 PE 线连接到电源中性点，与系统中性点共用接地体。该系统的最大特征是

N 线与 PE 线在系统中性点分开后，不能再有任何电气连接，这一条件一旦被破坏，系统将不再成立。其由于较高的安全、可靠性而成为我国现在应用最为广泛的一种系统，在自带变配电所的建筑中常常采用。

② **TN－C 系统**。该系统的 N 线和 PE 线是合一的，如图 1.11 所示将 PE 线和 N 线合二为一。PEN 线既连接到负荷的中性点上，又连接到设备的外露可导电部分上。该系统曾经在我国广泛应用，但由于它技术上的种种弊端，现在已很少采用，尤其是在民用配电中已基本不允许采用。

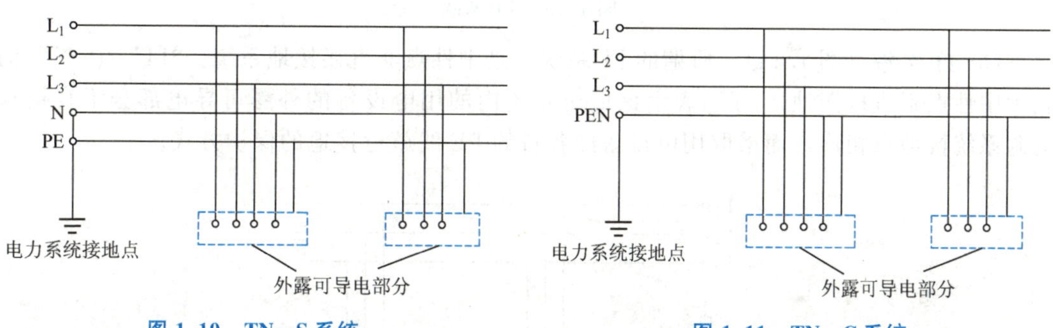

图 1.10　TN－S 系统　　**图 1.11　TN－C 系统**

③ **TN－C－S 系统**（图 1.12）。该系统中有一部分 N 线和 PE 线是合一的。它是 TN－C 系统和 TN－S 系统的结合形式，在系统的末端将 PEN 线分开为 PE 线和 N 线，分开后不允许再合并。所以在该系统的前半部分具有 TN－C 系统的特点，而其后半部分具有 TN－S 系统的特点。

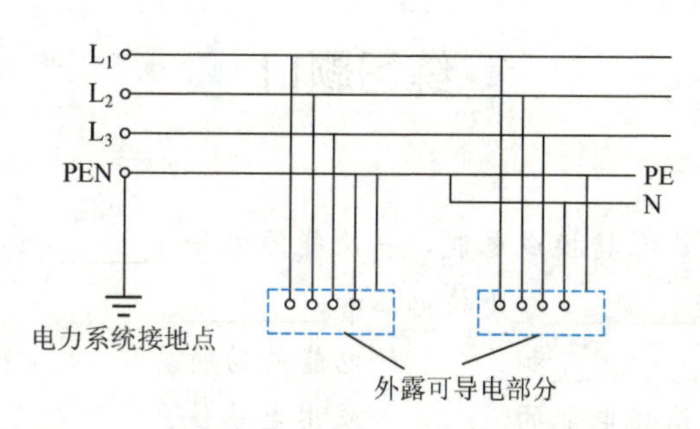

图 1.12　TN－C－S 系统

目前在一些民用建筑物中，电源入户前为 TN－C 系统，电源入户后将 PEN 线分为 PE 线和 N 线，即入户后系统就变为 TN－S 系统了。该系统适用于工业企业和一般民用建筑。

(2) **TT 系统**（图 1.13）。所谓的 TT 系统，也是中性点直接接地系统，且由 N 线引出。“TT”中第一个“T”仍表示中性点直接接地，第二个“T”则表示该低压系统内的用电设备的外露可导电部分不直接与电源系统接地点相连，而采取用电设备经各自的 PE 线就近接地的保护方式。

通常将电源中性点的接地叫作工作接地，而设备外露可导电部分的接地叫作保护接地。系统中，这两个接地必须是相互独立的。设备接地可以是每个设备都有各自独立的接地装置，也可以是若干个设备共用一个接地装置。

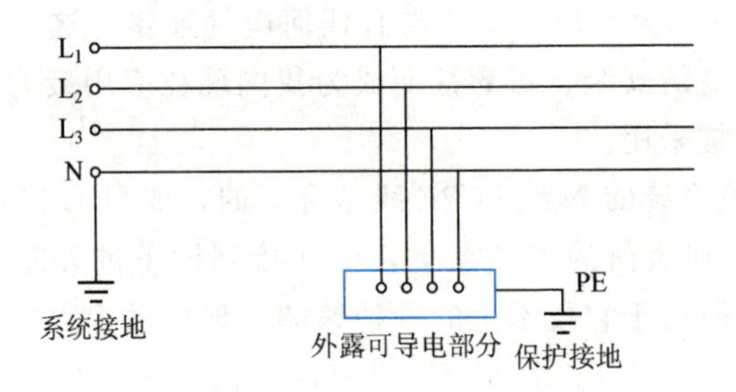

图 1.13　TT 系统

(3) **IT 系统**（图 1.14）。所谓的 IT 系统，是中性点非直接接地系统。“IT” 中 “I” 仍表示中性点不直接接地，“T” 表示该低压系统内的用电设备的外露可导电部分不直接与电源系统接地点相连，而采取用电设备经各自的 PE 线就近接地的保护方式。

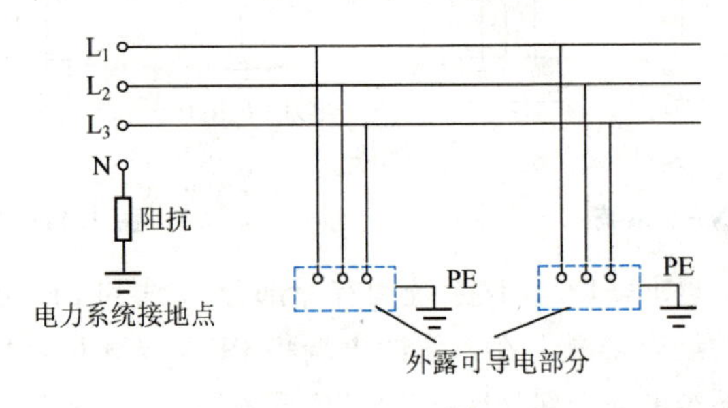

图 1.14　IT 系统

练习题1.1

一、填空题

1. 发电厂：将一次能源转换成电能，一次能源包括________、________、核能等。

2. 变电所：功能是________、变换电压和________。

3. 配电所：仅用于________和________电能的场所。

4. 电能用户：所有消耗电能的________或用电单位。

5. 电力系统是________、________、________、________和________的统一整体。

6. 供电质量的主要指标是________、________和________。

7. 电压偏差是指用电设备端电压 U 与用电设备额定电压 U_n ________与 U_n 的百分比，即________________。

8. 用电设备的额定电压和电网的额定电压一致；发电机的额定电压高出所供电网额定电压的________。

9. 变压器直接与发电机相连时，其一次绕组的额定电压比电网的额定电压高________；变压器二次侧供电线路很长时，其二次绕组的额定电压比电网的额定电压高________；变压器接在线路末端时，其一次绕组的额定电压与电网的额定电压相同；二次侧供电线路不长时，其二次绕组的额定电压高于电网额定电压________。

10. 供配电系统的低压配电电压主要取决于低压用电设备的电压，通常采用______。

其中线电压________接三相动力设备，相电压220V供电给照明及其他220V的________设备。

11. 电力系统中性点运行方式分类。

110kV及以上：中性点直接接地。

3～66kV：________。

380V：________。

12. 所谓的TN系统，即________系统，且由中性线（N线）引出。“TN”中“T”表示中性点________，“N”表示该低压系统内的用电设备的外露可导电部分直接与电源系统接地点相连。

二、计算题

已知图1.15某电力系统中线路的额定电压，求发电机和变压器的额定电压。

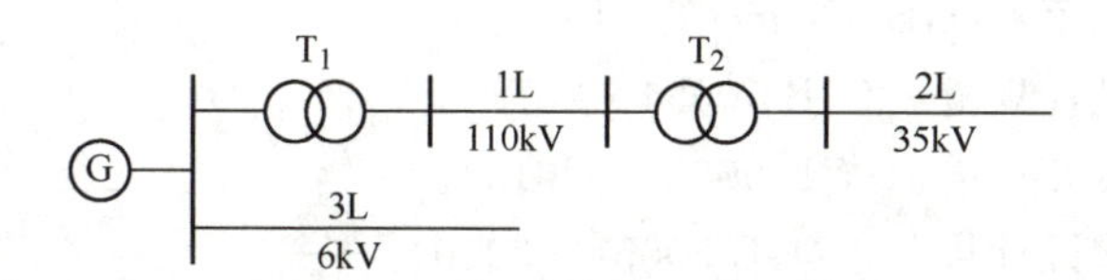

图1.15 某电力系统

任务1.2 认识照明工程

任务说明	阅读宿舍楼照明工程施工图及设计说明，绘制照明工程干线系统图，统计施工所需设备及材料的数量、型号、规格和安装方式
学习目标	1. 初步具备认识照明工程的能力 2. 通过阅读图纸，能够获取岗位工作所需信息的能力
工作依据	教材、照明工程图纸、手册、规范
实施步骤	1. 阅读宿舍楼照明施工平面图及设计说明，依据教材和手册，分析照明配电系统的形式，绘制干线系统图，进行线路标注 2. 认真阅读图纸，理解系统组成，按配电箱、配管配线、开关、插座、灯具、防雷与接地装置分类统计施工所需设备，以及材料的数量、型号、规格和安装方式，列表
任务成果	1. 宿舍的配电干线系统图 2. 电气设备材料统计表

1.2.1 教学载体——学生宿舍楼照明工程施工图

1. 电气设计说明

1）工程概况

本工程为某学校新校区16栋学生宿舍楼，共6层；建筑结构为混合结构，楼板为现浇混凝土楼板。建筑物底层高为3.6m，标准层高为3.3m。每间宿舍用电负荷按3.0kW考虑。

2）设计依据

（1）建设单位提出的设计要求。

（2）《民用建筑电气设计标准（共二册）》（GB 51348—2019）。

（3）《住宅设计规范》（GB 50096—2011）。

（4）《低压配电设计规范》（GB 50054—2011）。

（5）《建筑照明设计标准》（GB 50034—2013）。

（6）《建筑物防雷设计规范》（GB 50057—2010）。

3）设计范围

（1）220/380V配电系统。

（2）照明系统。

（3）建筑防雷、接地系统。

4）供电方式

本工程电源采用三相四线制（380/220V）供电，电源自室外箱式变电所引入，采用电力电缆穿焊接钢管埋地－0.8m引入总配电箱。

5）接地形式

系统接地形式采用TN－C－S系统，所有电气设备非带电金属外壳接保护零线。

6）电气设备

（1）各灯具、电气设备的图例、型号、规格、安装方式见设备材料表。

（2）所有宿舍进线均由计量柜引出，计量柜由甲方提供。每个计量柜回路不超过80个。

（3）各类气体放电灯均自带电容器。

7）照明功率密度值

宿舍：11W/m（对应照度300lx）。

走道：4W/m（对应照度75lx）。

8）导线及电缆敷设

本工程所有导线均为铜芯全塑四芯电力电缆及铜芯塑料导线，导线规格及敷设方式见各配电系统图。

9）防雷、接地

防雷、接地说明详见平面图。

2. 设备材料表

主要设备材料表见表1－2。

表 1-2 主要设备材料表

序号	图例	名 称	型 号	规 格	单位	数量	备 注
1		用户配电箱			台	详图	
2		双管荧光灯		T8 2×40W	套	详图	吸顶安装
3		单管荧光灯		T8 1×40W	套	详图	吸顶安装
4		防水灯		11W	套	详图	吸顶安装
5		吸顶灯		11W	套	详图	吸顶安装
6		应急照明灯	自带蓄电池	2×3W(30min)	套	详图	挂墙安装（玻璃罩），距地 2.6m
7		疏散指示灯	自带蓄电池	8W(30min)	套	详图	距地 0.5m 安装（玻璃罩）
8		疏散指示灯	自带蓄电池	8W(30min)	套	详图	距地 0.5m 安装（玻璃罩）
9		安全出口标志灯	自带蓄电池	8W(30min)	套	详图	门上 20cm 安装（玻璃罩）
10		单联单控暗装开关	GKB61/1	250V 10A	套	详图	
11		双联单控暗装开关	GKB62/1	250V 10A	套	详图	距地 1.4m 安装
12		三联单控暗装开关	GKB63/1	250V 10A	套	详图	距地 1.4m 安装
13		单联声光控暗装开关		250V 10A	套	详图	距地 1.4m 安装
14		风扇	甲方确定		套	详图	吸顶安装
15		排风扇	甲方确定		套	详图	吸顶安装
16		二三极安全插座	GKB6/10US	250V 10A	套	详图	距地 1.2m 安装
17		三极安全防水插座	GKB6/16US	250V 16A	套	详图	距地 2.2m 安装
18		二三极安全插座	GKB6/10US	250V 10A	套	详图	距地 0.3m 安装
19		三极安全防水插座	GKB6/10US	250V 10A	套	详图	距地 1.4m 安装
20		三相安全防水插座		4000V 20A	套	详图	距地 1.4m 安装

3. 配电箱系统图

（1）总配电箱 16-1、16-2 系统图（挂墙明装）分别如图 1.16、图 1.17 所示。

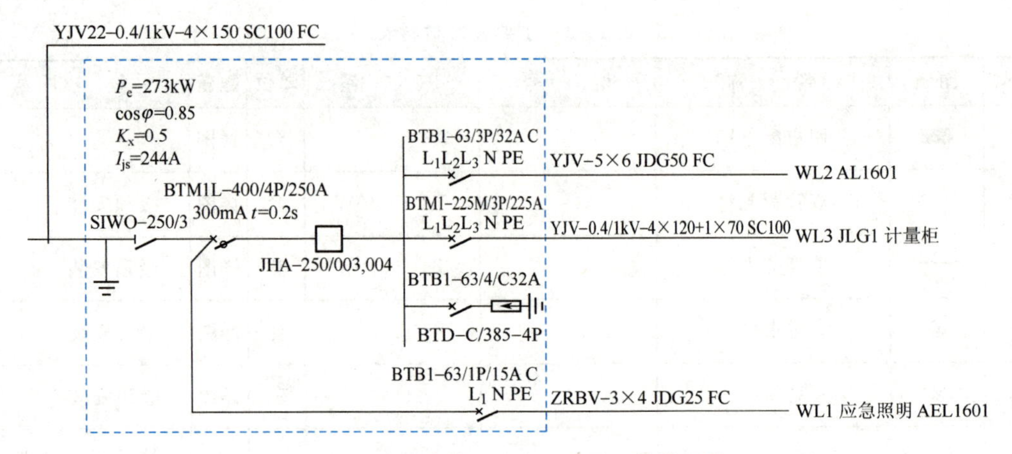

图 1.16　总配电箱 16-1 系统图（挂墙明装）

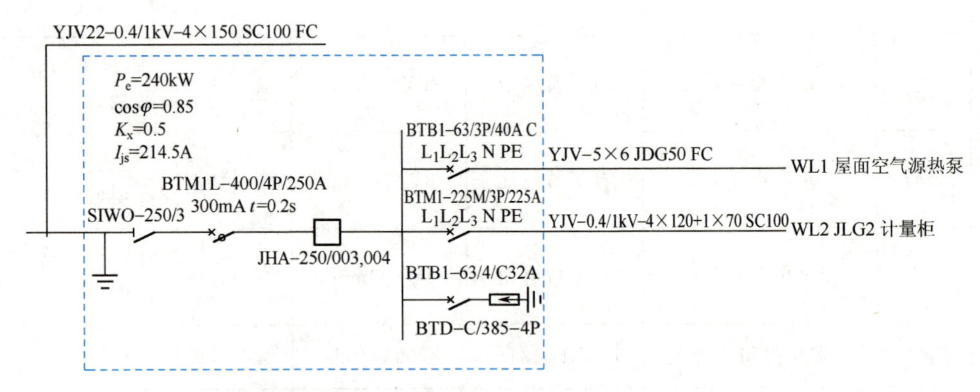

图 1.17　总配电箱 16-2 系统图（挂墙明装）

（2）计量柜 JLG1、JLG2 系统图（落地安装）分别如图 1.18、图 1.19 所示。

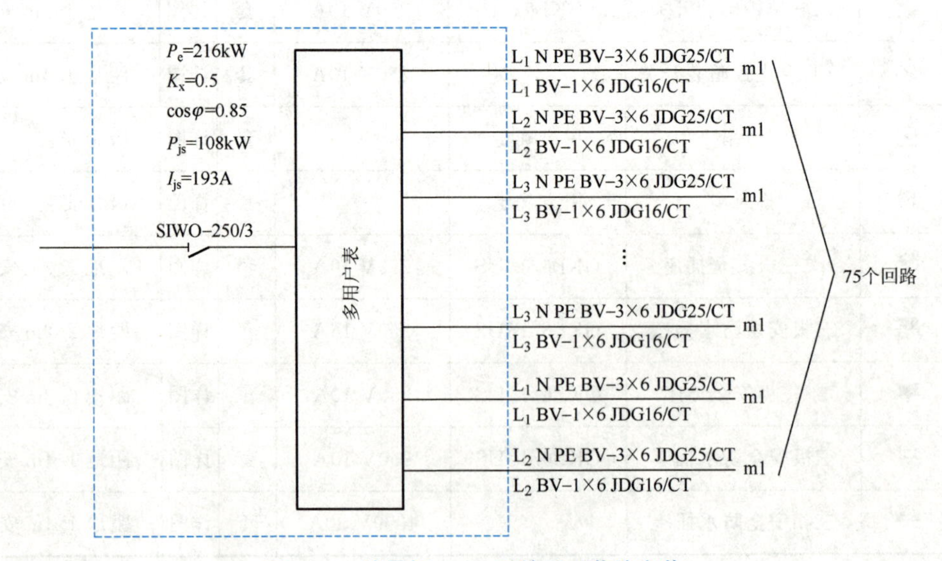

图 1.18　计量柜 JLG1 系统图（落地安装）

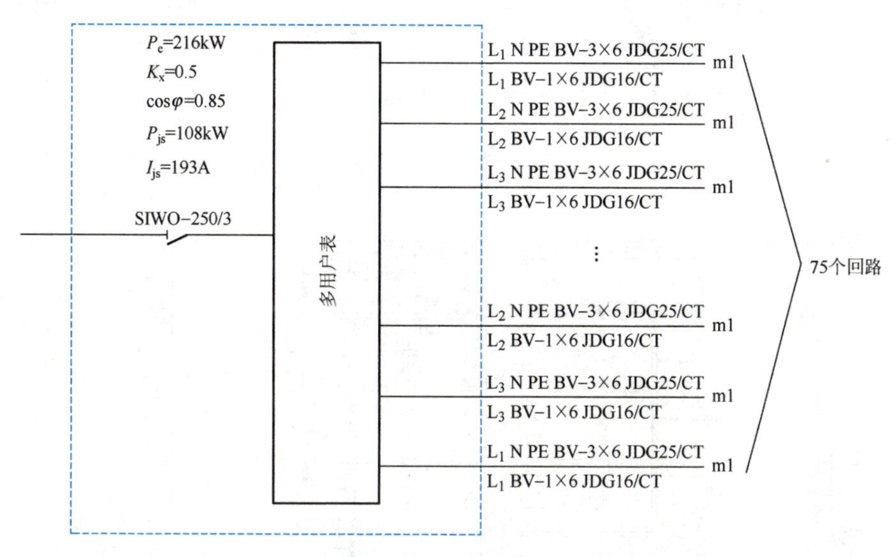

图 1.19 计量柜 JLG2 系统图（落地安装）

（3）应急照明配电柜系统图（落地安装）如图 1.20 所示。

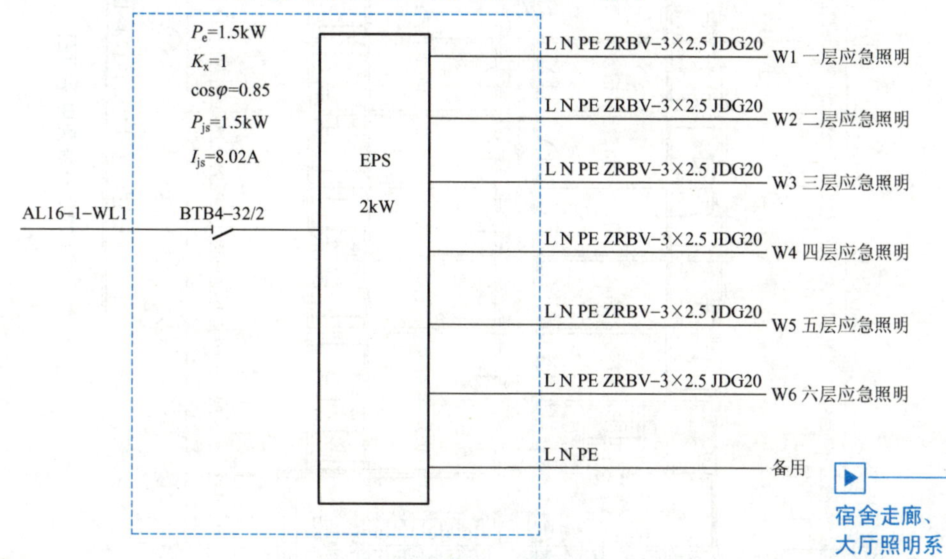

图 1.20 应急照明配电柜系统图（落地安装）

（4）用户配电箱系统图（距地 1.5m，嵌墙暗装）如图 1.21 所示。

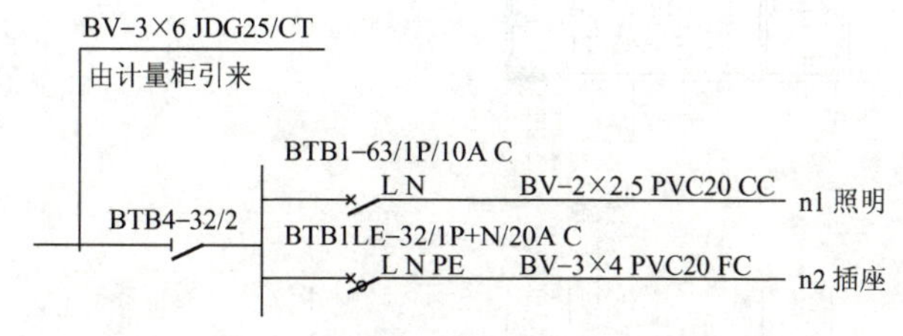

图 1.21 用户配电箱系统图（距地 1.5m，嵌墙暗装）

4. 照明平面图

（1）各层强电平面图如图 1.22～图 1.24 所示。

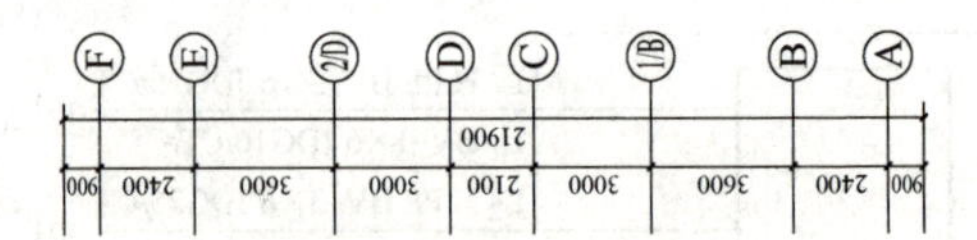

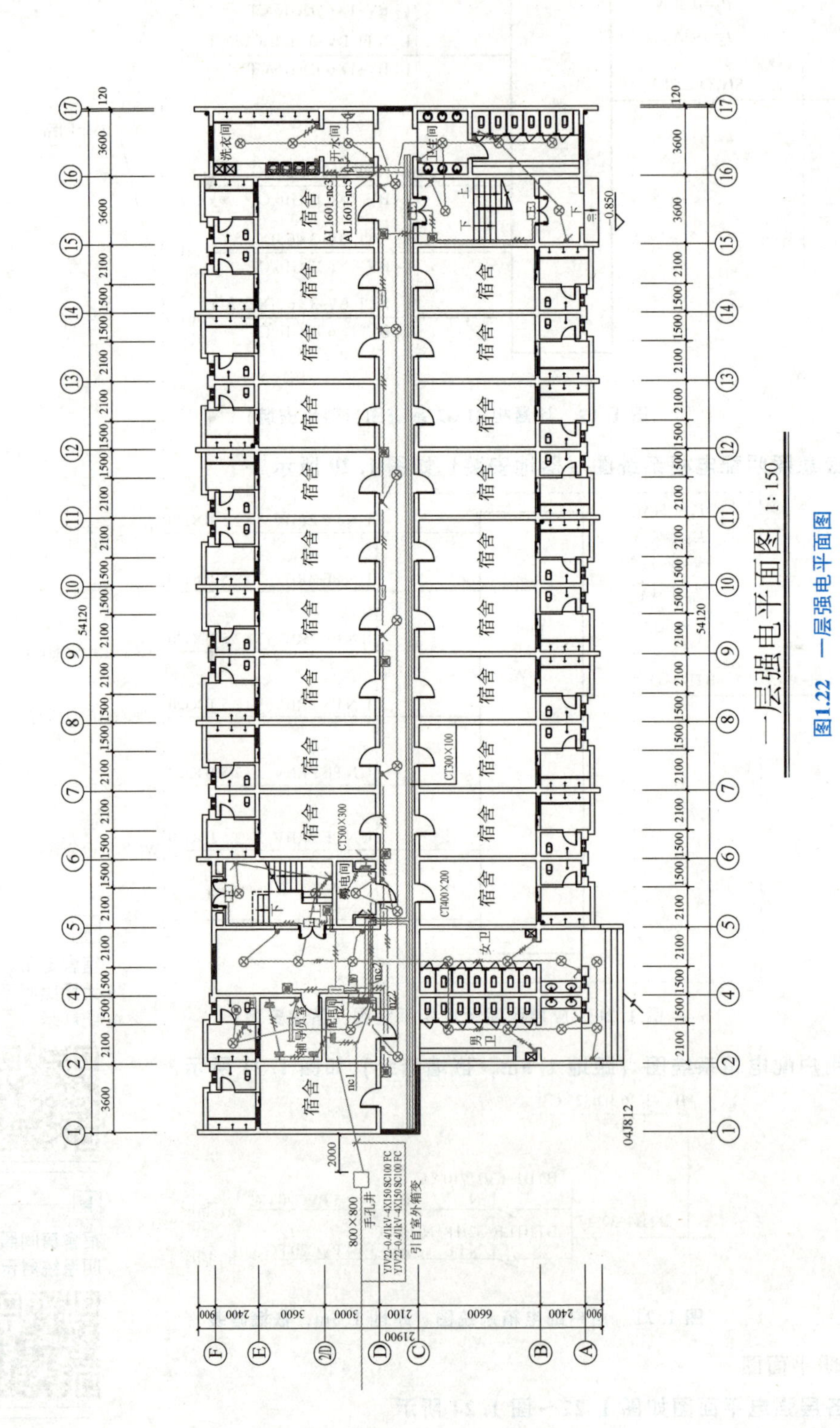

图1.22　一层强电平面图

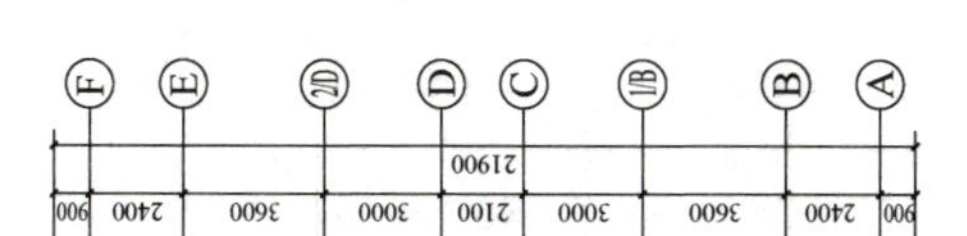

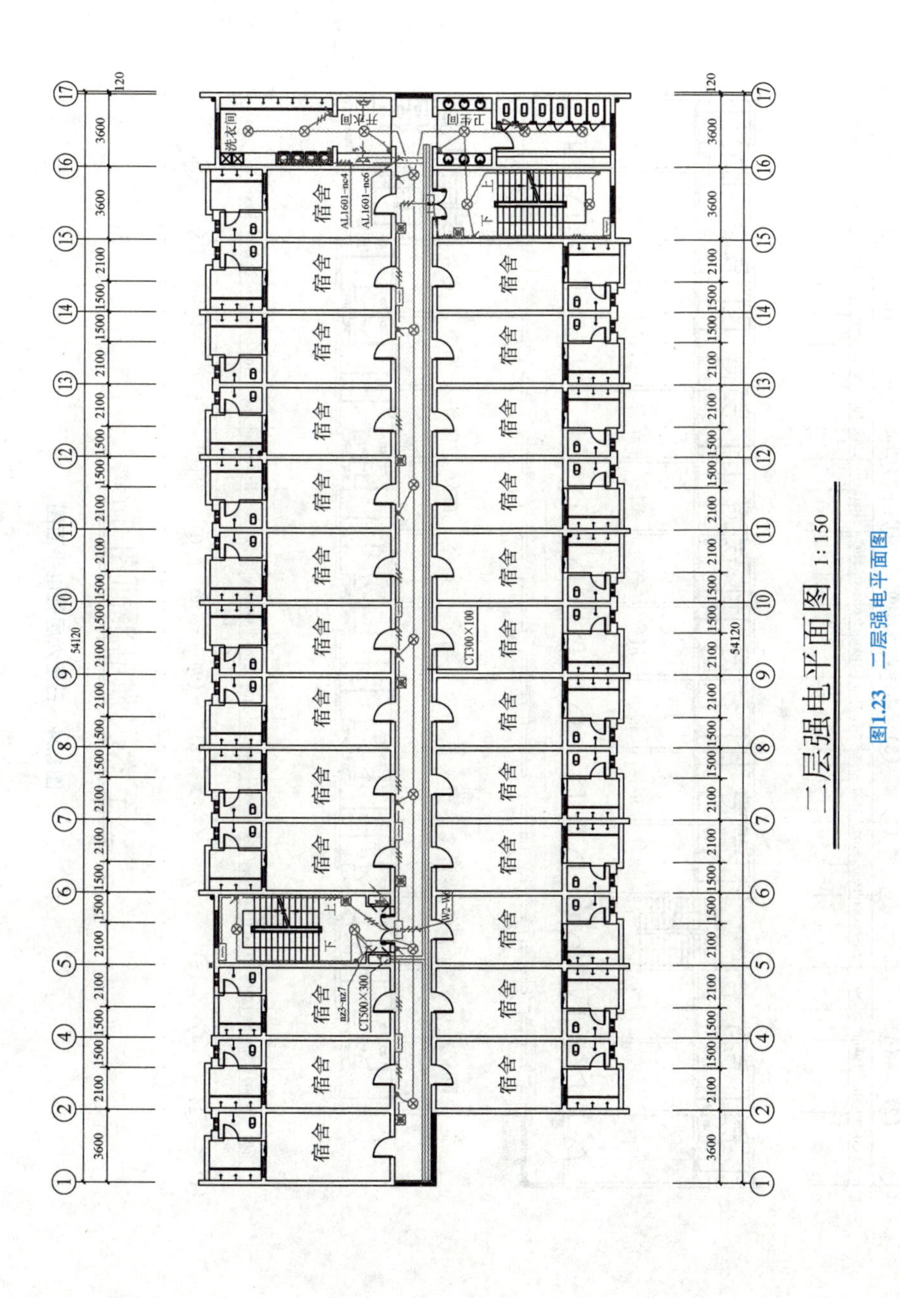

图1.23 二层强电平面图

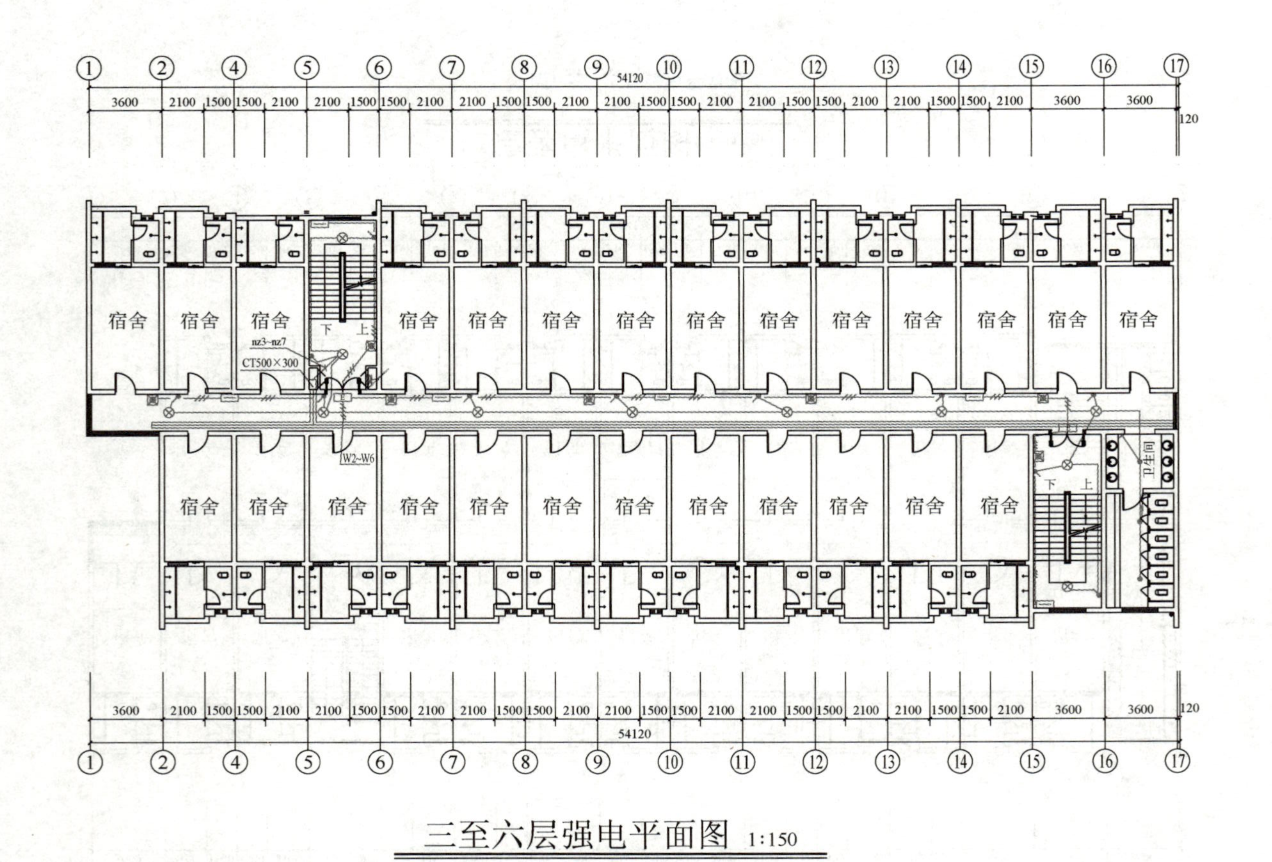

图1.24　三至六层强电平面图

（2）**宿舍强电大样图如图 1.25 所示。**

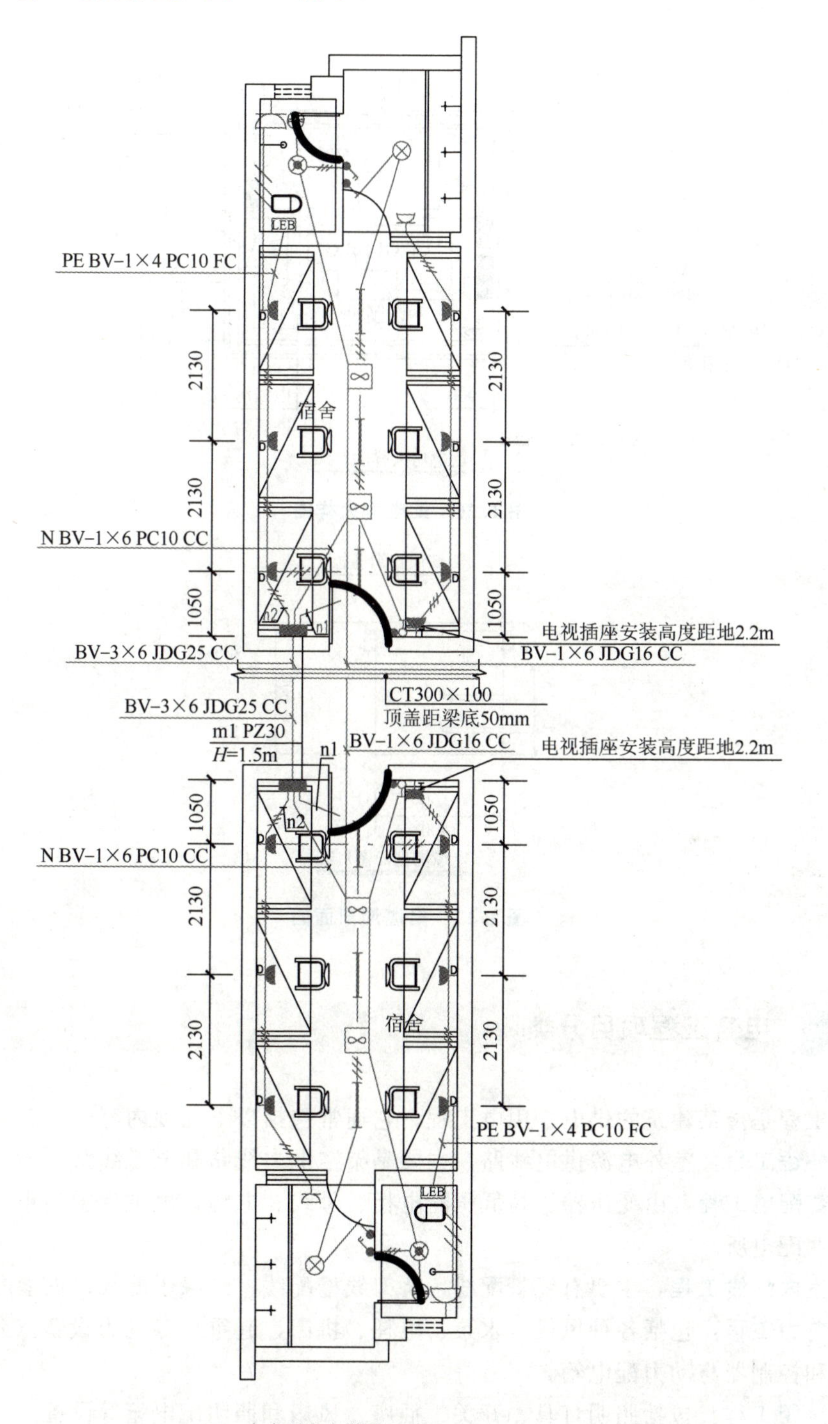

说明：

1. 卫生间做等电位连接，做法详见标准图集。
2. 本工程做总等电位连接，做法详见标准图集。

图 1.25 宿舍强电大样图

（3）配电房大样图如图 1.26 所示，电缆沟剖面图如图 1.27 所示。

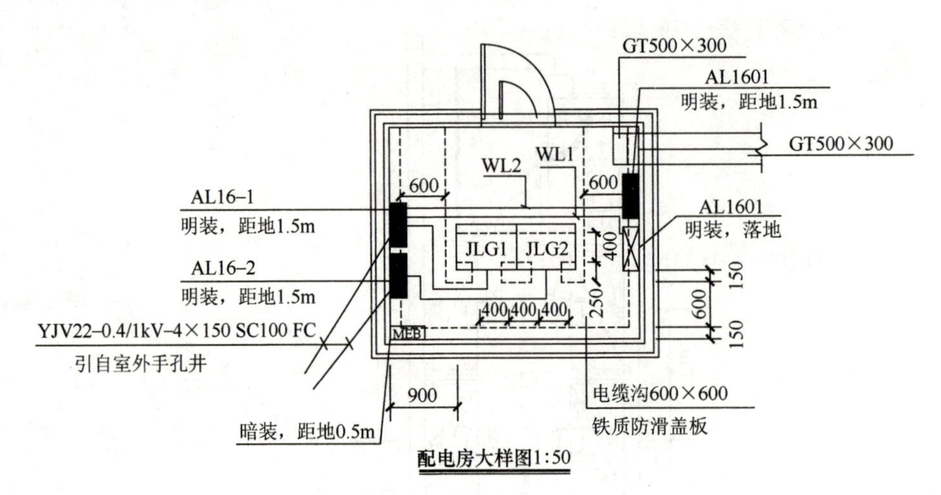

图 1.26　配电房大样图

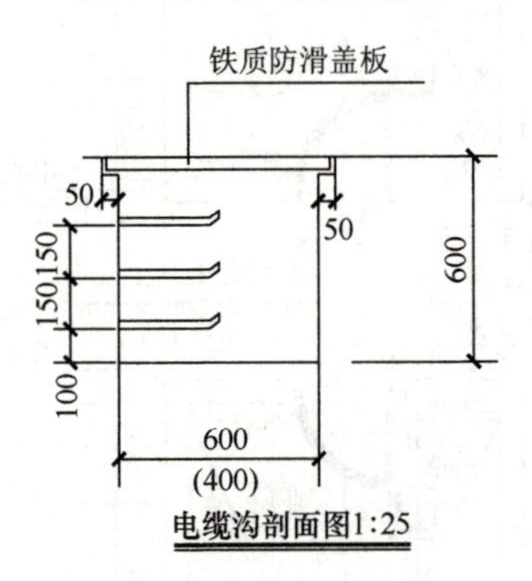

图 1.27　电缆沟剖面图

1.2.2 电气工程项目分类

电气工程是指某建筑的供电、用电工程，它通常包括以下几项内容。

（1）外线工程：室外电源供电线路，主要是架空电力线路和电缆线路。

（2）变配电工程：由变压器、高低压配电柜、母线、电缆，继电保护与电气计量等设备构成的变配电所。

（3）室内配线工程：主要有线管配线，桥架线槽配线，绝缘子配线，钢索配线等。

（4）电力工程：包括各种风机、水泵、电梯、机床，起重机等动力设备（各种型号的电动机）和控制器与动力配电箱。

（5）照明工程：包括照明灯具、开关、插座、风扇和照明配电箱等设备。

（6）防雷工程：包括建筑物电气装置和其他设备的防雷设施。

（7）接地工程：各种电气装置的工作接地和保护接地系统。

（8）弱电工程：包括消防报警系统、安保系统、广播、电话、闭路电视系统等。

（9）发电工程：一般为备用的自备柴油发电机组。

1.2.3 电气工程识图基础

建筑电气工程施工图是以统一的图形和文字符号辅以简明扼要的文字说明，把建筑中电气设备的安装位置、配管配线方式、规格、型号及其他一些特征和它们相互之间的联系表示出来的一种图样。

1. 电气工程施工图的格式

一幅完整的工程图纸，其图面由边框线、标题栏、会签栏等组成，工程图纸的图面格式如图 1.28 所示。

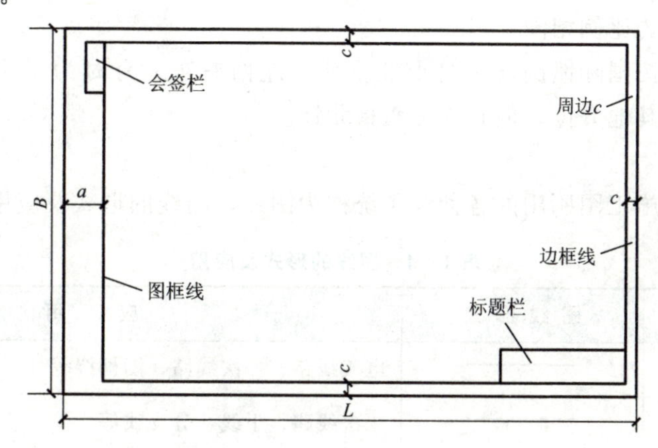

图 1.28 工程图纸的图面格式

1）幅面

幅面是由边框线围成的图面，分 A0 号、A1 号、A2 号、A3 号、A4 号，图幅尺寸见表 1-3。

表 1-3 图幅尺寸

幅面代号	宽(B)×长(L)/mm	边宽 c/mm	装订边宽 a/mm
A0	841×1189	10	25
A1	594×841	10	25
A2	420×594	10	25
A3	297×420	5	25
A4	210×297	5	25

2）标题栏

标题栏又称图标，是用以确定图纸名称、图号和有关人员签署等内容的栏目。其方位一般在图纸的下方或右下方，紧靠图框线。标题栏中的文字方向应为看图方向，即图中的说明、符号均应以标题栏的文字方向为准。

标题栏的格式、内容可能因设计单位的不同而有所不同。常见的格式应有以下内容：

设计单位、工程名称、项目名称、图名、图别、图号等。

3）会签栏

会签栏主要供相关专业（如建筑、结构、给排水、电气、采暖通风、工艺等）设计人员会审图纸时签名用。

2. 图面一般规定

1）比例和方位标志

图纸比例是指图上所画的尺寸与实物尺寸之比，通常以倍数比表示。电气工程施工图常用的比例有 1∶200、1∶150、1∶100 和 1∶50。当做工程概预算、安装施工中需要确定电气设备安装位置的尺寸或导线长度时，可直接用比例尺在图上量取，但所用比例尺的比例应与图纸上标明的比例相同。

图纸中的方位按国际惯例通常是上北下南、左西右东。有时为了使图面布局更加合理，也有可能采用其他方位，但必须标明指北针。

2）图线符号

绘制电气工程施工图所用的各种线条统称为图线，图线的形式及应用见表 1-4。

表 1-4　图线的形式及应用

图线名称	图线形式	应　　用
粗实线	━━━━━━	电气线路、一次线路、图框线等
实线	──────	二次线路、干线、分支线等
虚线	-----------	屏蔽线路、事故照明线等
点画线	—·—·—	控制线、信号线、轴线、中心线等
双点画线	—··—··—	50V 及以下电力及照明线路

图线的宽度可从 0.25、0.35、0.5、0.7、1.0、1.4 等系列中选取，通常只选用两种宽度的图线，且粗线的宽度为细线的两倍。若需用两种以上宽度的图线时，线宽应以 2 的倍数依次递增。

3）标高

在电气平面图中，电气设备和线路的安装高度是用相对标高来表示的。相对标高是指选定某一参考面为零点而确定的高度尺寸。建筑工程上一般将±0.000 设定在建筑物首层室内地平面，往上为正值，往下为负值。

在电气图纸中，设备的安装高度是以各层楼面为基准的，一般称为安装标高。

4）图例

为了简化作图，电气照明工程中的灯具、线路、设备等常用图形符号和文字符号来表示它们的安装位置、配线方式及其他一些特征。图中每个符号都代表一定的含义，理解了这些符号和它们之间的相互关系，就可以识别图纸上所画的是什么设备，这种设备的各个组成部分怎样连接，以及有哪些技术要求等，就可以正确地进行施工安装。

绘制电气工程图纸必须采用国家统一规定的图形符号和文字符号。目前我国执行的是《电气简图用图形符号　第 1 部分：一般要求》（GB/T 4728.1—2018）和《技术产品及技术产品文件结构原则 字母代码 按项目用途和任务划分的主类和子类》(GB/T 20939—2007),以上标准采用了国际电工委员会(IEC)标准,在国际上具有通用性,有利于对外开放和技术交流。

3. 电气工程施工图的分类及表达内容

一个电气工程的规模有大有小,不同规模的电气工程,其图纸的数量和种类是不同的,常用的电气工程施工图有以下内容。

1) **图纸目录、设计说明、图例、设备材料表**

(1) **图纸目录**:包括序号、图纸名称、编号、张数等。

(2) **设计说明(施工说明)**:主要阐述电气工程设计的依据、施工原则和要求、建筑特点、电气安装标准、安装方法、工程等级、工艺要求等,以及有关设计的补充说明;包括工程土建情况,工程设计范围及工程级别(防火、防爆、负荷等级等),电源的概况及进户线的做法和要求,配电线路敷设要求及做法,配电装置和灯具及照明电器的选型及安装要求,保护接地方式及接地装置的安装要求。

(3) **图例**:即图形符号,一般只列出本套图纸中涉及的一些图形符号。

(4) **设备材料表**:列出该项电气工程所需要的设备和材料的名称、型号、规格和数量及安装时的要求,是进行施工和预算的参考依据。

2) **电气系统图**

电气系统图是用电气符号或带注释的框,概略表示该系统或分系统的基本组成,各个组成部分之间的相互关系、连接方式,各组成部分的电气元件和设备的主要特征的图纸。电气系统图包括变配电系统图、动力系统图、照明系统图、弱电系统图等。电气系统图是电气工程施工图中最重要的部分,是学习识图的重点。通过系统图可以了解工程的全貌和规模,但它只表示电气回路中各元件的连接关系,不表示元件的具体情况、安装位置和接线方法。

照明系统图表示整个照明工程供配电系统的各级组成和连接。在各配电箱(配电柜)配电系统图中,应标注各开关、电器的型号和配电箱的编号(与平面图中对应)、计算负荷、电流、型号及尺寸。配电箱线路上标注回路的编号及导线的型号、规格、根数、敷设部位、敷设方式等。照明系统图是配电装置加工订货的依据。

3) **电气平面图**

电气平面图是通过一定的图形符号、文字符号具体地表示所有电气设备和线路的平面位置、安装高度、型号、规格,线路的走向和敷设方法、敷设部位的图纸。它是进行电气安装的主要依据,但它采用了较大的缩小比例,不能表现电气设备的具体形状。常用的电气平面图有变配电所平面图、动力平面图、照明平面图、防雷平面图、接地平面图、弱电平面图等。平面图按工程内容的繁简每层绘制一张或数张。

4) **安装接线图**

安装接线图又称安装配线图,是用来表示电气设备、电气元件和线路的安装位置、配线方法、接线方法、配线场所等特征的图纸,通常用来指导安装。

5) **电气原理图**

电气原理图是表示某一具体设备或系统的电气工作原理的图纸。它是按照各个部分的动作原理采用展开法来绘制的,通过分析原理图,可以清楚地了解整个系统的动作顺序。

电气原理图不能表明电气设备和器件的实际安装位置和具体的接线方式，但可以用来指导电气设备和器件的安装、接线、调试、使用与维修。

6）详图

详图是表示电气工程中某一部分或某一部件的具体安装要求和做法的图纸。

在一个具体工程中，往往可以根据实际情况适当增加某些图或省略某些图。

4. 图形符号与文字符号

1）图形符号

照明工程中常用图形符号见表 1－5，用以表示配电箱、灯具、开关、插座、风扇等设备。

表 1－5　常用图形符号

图例	名　称	图例	名　称	图例	名　称	图例	名　称
	灯具一般符号		深照灯		双联单控防水开关		单相三极防水插座
	顶棚灯		墙上座灯		双联单控防爆开关		单相三极防爆插座
	四火装饰灯		疏散指示灯		三联单控暗装开关		三相四极暗装插座
	六火装饰灯				三联单控防水开关		三相四极防水插座
	壁灯	EXIT	出口标志灯		三联单控防爆开关		三相四极防爆插座
	单管荧光灯		应急照明灯		声光控延时开关		双电源切换箱
	双管荧光灯				单联暗装拉线开关		明装配电箱
	三管荧光灯		换气扇		单联双控暗装开关		暗装配电箱
	防水防尘灯		吊扇		吊扇调速开关		漏电断路器
	防爆灯		单联单控暗装开关		单相两极暗装插座		低压断路器
	泛光灯		单联单控防水开关		单相两极防水插座		弯灯
	单联单控防爆开关		单相两极防爆插座		广照灯		双联单控暗装开关
	单相三极暗装插座						

2）文字符号

照明工程中常用导线敷设方式文字符号见表 1－6，导线敷设部位文字符号见表 1－7，导线用途文字符号见表 1－8，灯具安装方式文字符号见表 1－9。

表 1－6　常用导线敷设方式文字符号

敷 设 方 式	新符号	旧符号	敷 设 方 式	新符号	旧符号
穿焊接钢管敷设	SC	G	电缆桥架敷设	CT	
穿电线管敷设	MT	DG	金属线槽敷设	MR	GC
穿硬塑料管敷设	PC	VG	塑料线槽敷设	PR	XC
穿阻燃半硬聚氯乙烯管敷设	FPC	ZYG	直埋敷设	DB	

续表

敷设方式	新符号	旧符号	敷设方式	新符号	旧符号
穿塑料波纹电线管敷设	KPC		电缆沟敷设	TC	
穿金属软管敷设	CP		混凝土排管敷设	CE	
穿加压式薄壁钢管敷设	KBG		钢索敷设	M	

表1-7 导线敷设部位文字符号

敷设方式	新符号	旧符号	敷设方式	新符号	旧符号
沿或跨梁（屋架）敷设	AB	LM	暗敷设在墙内	WC	QA
暗敷设在梁内	BC	LA	沿天棚或顶板敷设	CE	PM
沿或跨柱敷设	AC	ZM	暗敷设在屋面或顶板内	CC	PA
暗敷设在柱内	CLC	ZA	吊顶内敷设	SCE	
沿墙面敷设	WS	QM	地板或地面下敷设	F	DA

表1-8 导线用途文字符号

名称	常用文字符号			名称	常用文字符号		
	单字母	双字母	三字母		单字母	双字母	三字母
控制线路	W	WC		电力线路	W	WP	
直流线路		WD		广播线路		WS	
应急照明线路		WE	WEL	电流线路		WV	
电话线路		WF		插座线路		WX	
照明线路		WL					

表1-9 灯具安装方式文字符号

名称	新符号	旧符号	名称	新符号	旧符号
线吊式	SW		顶棚内安装	CR	DR
链吊式	CS	L	墙壁内安装	WR	BR
管吊式	DS	G	支架上安装	S	J
壁装式	W	B	柱上安装	CL	Z
吸顶式	C	D	座装	HM	ZH
嵌入式	R				

5. 照明设备、线路标注

1）线路在平面图上的表示

照明配电线路的标注一般为 $a-b-(c\times d)e-f$，若导线截面不同，应分别标注，如两种芯线截面的标注为 $a-b-(c\times d+n\times h)e-f$。

式中，a 为线路编号；b 为导线型号；c、n 为导线根数；d、h 为导线截面；e 为线路敷设方式；f 为线路敷设部位。

例如，某照明系统图中标注有 BV(3×50＋2×25)SC50－FC，表示该线路采用铜芯塑料绝缘导线，三根 $50mm^2$，两根 $25mm^2$，穿管径为 50mm 的焊接钢管沿地面暗敷设。

2）**照明灯具标注**

照明灯具的一般标注方法为 $a-b\frac{c\times d\times L}{e}f$，若灯具吸顶安装，可标注为 $a-b\frac{c\times d\times L}{-}f$。

式中，a 为灯具数量；b 为灯具型号或编号；c 为每盏照明灯具的灯泡（管）数量；d 为灯泡（管）容量，单位为 W；e 为灯泡安装高度，单位为 m；f 为安装方式；L 为光源种类，白炽灯或荧光灯。

例如，照明灯具标注为 $8-\text{YZ40RR}\frac{2\times 40}{2.5}\text{DS}$，表示这个房间或某个区域安装型号为 YZ40RR 的荧光灯（直管型、日光色），每只灯装有 2 根 40W 的灯管，用管吊安装，吊高 2.5m。

而 $2-\text{JXD6}\frac{2\times 60}{-}\text{C}$，表示这个房间的灯具，每只灯具装有 2 个 60W 的荧光灯，吸顶安装。

3）**开关及熔断器标注**

开关及熔断器的一般标注方法为 $a\frac{b}{c/i}$ 或 $a-b-c/i$，当需要标注引入线的规格时标注为 $a\frac{b-c/i}{d(e\times f)-g}$。

式中，a 为设备编号；b 为设备型号；c 为额定电流（A）；i 为整定电流（A）；d 为导线型号；e 为导线根数；f 为导线截面；g 为敷设方式。

例如，开关标注为 m_3－(DZ20Y－200)－200/200，表示设备编号为 m_3，开关型号为 DZ20Y－200，额定电流为 200A 的低压空气断路器，断路器的整定电流值为 200A。

进行照明工程设计时，若将照明灯具、开关及熔断器的型号随图例标注在设备材料表内，则这部分内容可不在图上标出。

4）**导线根数标注**（图 1.29）

在平面图上，两根导线一般无须标注。三根及以上导线，标注方式有两种：一是在图线上打上斜线表示，斜线根数与导线根数相同；二是在图线上画一根短斜线，短斜线旁加与导线根数相同的阿拉伯数字标注。

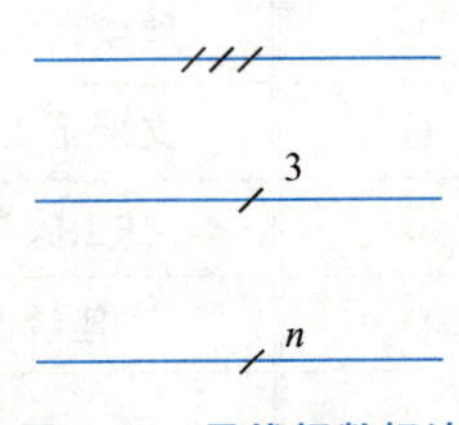

图 1.29 导线根数标注

6. 照明配电线路的导线读取方法

由于照明灯具一般都是单相负荷，其控制方式是多种多样的，加上施工配线方式的不同，对相线、中性线、保护线的连接各有要求，因此其连接关系比较复杂，如相线必须经开关后再接于灯座，中性线可以直接进灯座，保护线则直接与灯具金属外壳相连接。这样就会在灯具之间、灯具与开关之间出现导线根数变化。

各照明器的开关必须接在相线上，从开关出来的线称为控制线，n 联开关共有 $n+1$ 条导线，即 1 根相线和 n 根控制线。

1） **一只开关控制一盏灯**

最简单的照明控制线路是在一个房间内采用一只开关控制一盏灯，若采用管配线暗敷设，其照明平面图如图 1.30(a) 所示，透视接线图如图 1.30(b) 所示。

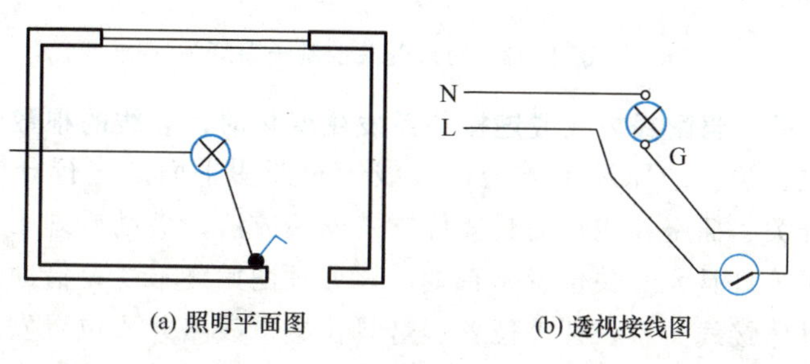

图 1.30 一只开关控制一盏灯

由图知，电源与灯座之间的导线和灯座与开关之间的导线都是两根，但其意义却不同。电源与灯座之间的两根导线，一根为直接接灯座的中性线（N 线），一根为相线（L 线），中性线直接接灯座，相线必须经开关后再接于灯座；而灯座与开关之间的两根导线，一根为相线，一根为控制线（G 线）。

2） **多只开关控制多盏灯**

图 1.31(a) 是两个房间的照明平面图，图中有一个照明配电箱，三盏灯，一个双联单控开关和一个单联单控开关，采用管配线。图中大房间的两灯之间为三根线，中间一盏灯与双联单控开关之间为三根线，其余都是两根线，因为线管中间不允许有接头，接头只能放在灯座盒内或开关盒内，详见与之对应的透视接线图［图 1.31(b)］。

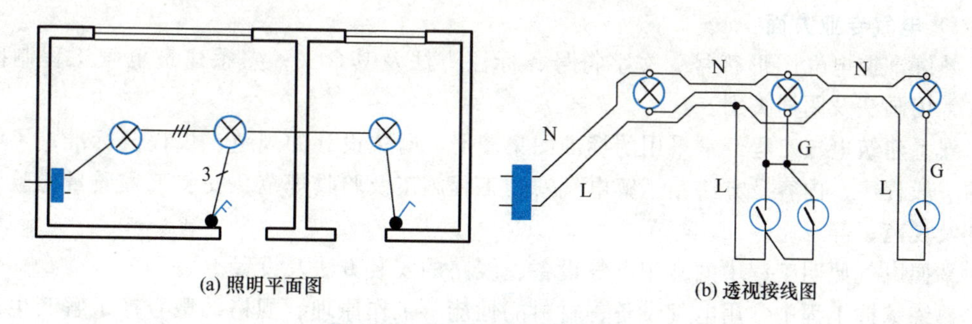

图 1.31 多只开关控制多盏灯

3） **两只开关控制一盏灯**

用两只双控开关在两处控制一盏灯，通常用于楼梯、过道或客房等处。其照明平面图如图 1.32(a) 所示，图 1.32(b) 为其透视接线图，图 1.32(c) 为其原理图。

图中一盏灯由两个双控开关在两处控制，两个双控开关与灯之间的导线都为三根。由原理图可以看出，在图示开关位置时，灯不亮；但无论扳动哪个开关，灯都会亮。

由以上的分析可以看出，**照明工程中，室内导线的根数与所采用的配线方式、灯具与**

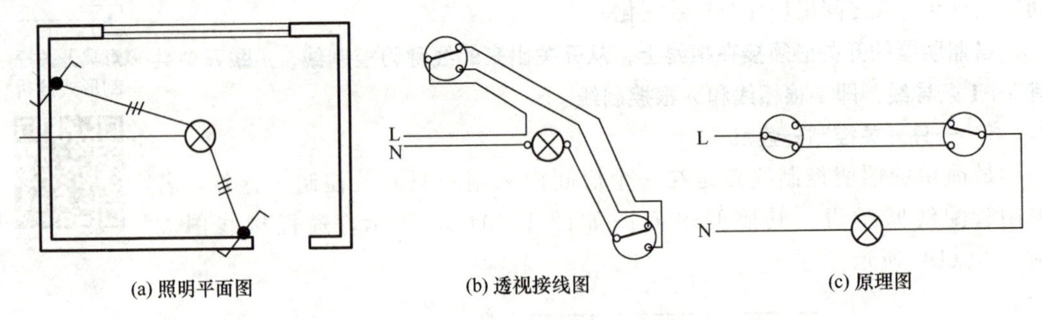

(a) 照明平面图　(b) 透视接线图　(c) 原理图

图 1.32　两只开关控制一盏灯

开关之间的连接有关，当配线方式或连接关系发生变化时，导线的根数也随之变化。这时应结合灯具、开关、插座的原理图或透视接线图对照明平面图进行分析。借助照明平面图，了解灯具、开关、插座和线路的具体位置及安装方法；借助原理图了解灯具、开关之间的控制关系，不论灯具、开关位置是否变动，原理图始终不变；借助透视接线图了解灯具、开关之间的具体接线关系，开关位置、灯具位置、线路并头位置发生变化时，透视接线图也随之发生变化。只有理解了原理，才能看懂复杂的平面图和系统图。

1.2.4 电气照明施工图的阅读与分析

1. 照明工程读图应具备的知识及技能

电气照明工程中，灯具和电气设备的安装位置与建筑物的结构有关，线路的走向与建筑物的柱、梁、门等的位置及其他管道的规格、用途、走向有关，设备和线管的安装方法与墙体、楼板材料有关。所以要正确无误地阅读照明工程图纸，必须具备多方面的知识及技能，不仅要用到电气专业方面的知识与技能，还必须了解土建和其他专业工程的一些知识与技能。照明工程读图应具备的知识与技能主要如下。

1）电气专业方面

熟练掌握电气图形符号、文字符号、标注方法及其含义；熟悉建筑电气工程制图标准、常用画法及图样类别。

熟悉建筑电气工程经常采用的标准图集图册，有关设计的规范、规程及标准；了解设计的一般程序、内容及方法；了解电气安装工程施工及验收规范、安装工程质量检验评定标准及规范；等等。

掌握电气照明工程中的常用电气设备、线路的安装方法及设置。

熟练掌握工程中常用电气设备、材料的性能、工作原理、规格、型号；了解其生产厂家和市场价格。

2）土建专业方面

熟悉土建工程、装饰工程和混凝土工程施工图中常用的图形符号、文字符号和标注方法；了解土建工程的制图标准及常用画法；了解一般土建工程施工工艺和程序。

了解建筑施工图的种类及其与电气施工图的关系。

（1）建筑平面图。建筑平面图主要表示建筑物的平面形状、水平方向各部分（如出入口、房间、走廊、楼梯等）的布置和组合关系、门窗位置、其他建筑构件的位置及墙、柱布置和大小等情况。建筑平面图（除屋顶平面图外）实际上是剖切平面位于窗台上方的水平剖面图，但习惯上称它为平面图。

照明设计的照明平面图就是在建筑平面图的基础上绘制的，要求其清楚表达照明灯具、开关、配电箱、插座、线路等与建筑物的相对关系。

（2）建筑立面图。建筑立面图用来表示建筑物的外貌，并表明外墙的装修要求。

照明设计中电源进线的位置、建筑物的立面照明等要与建筑立面图相符合。

（3）建筑剖面图。建筑剖面图是建筑物的垂直剖面图，其剖切位置一般选择在内部结构和构造比较复杂或有变化的部位，建筑剖面图可以简要地表达建筑物内部垂直方向的结构形式、构造、高度及楼层房屋的内部分层情况。

照明设计中管线的具体走法，楼梯灯开关、照明灯具的安装位置都需要根据建筑剖面图来确定。

3）管道和采暖通风专业方面

熟悉管道、采暖、通风空调工程施工图中常用的图形符号、文字符号和标注方法；了解其制图标准及常用画法；熟悉这些专业的施工工艺和程序；掌握与电气关联部位及其一般要求。

4）设备安装专业方面

熟悉风机、泵类设备等安装施工图中常用的图形符号、文字符号和标注方法；了解其制图标准及常用画法；熟悉该专业的施工工艺和程序；掌握与电气关联部位及其一般要求。

2. 读图要点

1）阅读电气设计总说明

阅读电气设计总说明时，要注意并掌握下列内容。

（1）工程规模概况、总体要求、采用的标准规范、标准图册及图号、负荷级别、供电要求、电压等级、供电线路、电源进户要求和方式、电压质量等。

（2）系统保护方式及接地电阻要求、系统对漏电采取的技术措施。

（3）工作电源与备用电源的切换程序及要求、供电系统短路参数、计算电流、有功负荷、无功负荷、功率因数及要求等。

（4）线路的敷设方法及要求。

（5）所有图中交代不清、不能表达或没有必要用图表示的要求、标准、规范、方法等。

2）照明系统图的阅读要点

（1）进线回路编号，进线线制，进线方式，导线（或电缆）的规格、型号、敷设方式和部位，穿线管的规格、型号。

（2）配电箱的规格、型号及编号，各开关（或熔断器）的规格、型号，用电设备编号、名称及容量。

（3）配电箱、柜、盘有无漏电保护装置，其规格、型号、保护级别及范围。

（4）用电设备若为单相的，还应注意其分相情况。

3）照明平面图的阅读要点

（1）灯具、插座、开关的位置、规格、型号、数量，照明配电箱的规格、型号、台数、安装位置、安装高度及安装方式，从配电箱到灯具和插座安装位置的管线规格、走向及导线根数和敷设方式，等等。

(2) 电源进户线位置、方式，线缆规格、型号，总配电箱规格、型号及安装位置，总配电箱与各分配电箱的连接形式，等等。

(3) 核对系统图与照明平面图的回路编号、用途名称、容量及控制方式是否相同。

(4) 建筑物为多层结构时，上下穿越的线缆敷设方式（管、槽、竖井等）及其规格、型号、根数、走向、连接方式（盒内、箱内式），上下穿越的线缆敷设位置的对应。

(5) 其他特殊照明装置的安装要求及布线要求、控制方式等。

4) 电气总平面图的阅读要点

阅读电气总平面图时，应注意下列几点。先看图样比例、图例及有关说明。注意电气（干线）总平面图上标注的强电、弱电进线位置、方式、标高，以及各强、弱电箱体之间的连线走向、敷设方式。其次还要注意每个电源进线处的总等电位箱的位置、标高及各箱体是否有与上下层的竖向连线情况。此外，还要了解本工程是否有室外立面照明及其电源的引出位置和敷设方式。

5) 标准层平面图的阅读要点

阅读标准层平面图时，应注意下列几点。了解标准层平面形状及房屋内部布局、房屋功能。注意楼梯间（或竖井内）强、弱电箱体的布置情况（可对照竖井大样图）。当无竖井时要注意电气与水暖系统、通风系统、消防系统预留洞口间的关系，这些洞口是否存在碰撞问题，思考施工的难易程度。注意室内灯具，开关，强、弱电控制箱，插座的位置和安装方式及标高，明确卫生间的局部等电位连接端子箱的位置、标高。

6) 顶层平面图的阅读要点

阅读顶层平面图时，应注意下列几点。顶层平面图不仅反映本层配电情况，而且还要反映屋顶的广告照明、风机、电梯及水箱间等的配电情况。注意屋面的防雷平面图中避雷针（网、带）的布置情况和敷设方式，明确防雷引下线的位置，并且要求凸出屋面的金属通风管、排气管等均应与避雷网相连。

7) 防雷接地平面图的阅读要点

阅读防雷接地平面图时，应注意下列几点。首先搞清接地的方式，一般均为联合接地系统，即工作接地、弱电接地、防雷接地等共用一个接地系统，接地电阻要求小于1Ω，接地极除利用自然接地极外，一般还需补做人工环网接地。进而要搞清人工接地极、接地线所用的材料及其规格。明确各接地系统的接地干线与接地网的连接位置，以及立面上防雷引下线的断接测试盒的设置位置、标高、尺寸等。

3. 读图的步骤

读图一般分如下三个步骤进行。

1) 粗读

所谓粗读就是将施工图从头到尾大概浏览一遍，以了解工程概况，做到心中有数。粗读时可重点阅读电气系统图、设备材料表、设计说明，主要掌握工程内容，电源情况，线缆规格、型号及敷设方式，主要灯具和设备的规格、型号，土建工程要求及其他专业要求，等等。

2) 细读

所谓细读就是按读图程序和读图要点仔细阅读每一张施工图纸，达到读图要点中的要求，并对以下内容做到了如指掌。灯具及其他电气设备的安装位置及要求。每条管线的走向、布置及敷设要求。系统图、平面图及关联图标注是否一致，有无差错。土建、设备、采暖通风等其他专业分工协作明确。

3）精读

所谓精读就是将关键部位及设备等的施工图纸重新仔细阅读，系统地掌握施工要求。

练习题1.2

一、填空题

1. 电气施工图主要包括：________、________、________和________。

2. 说出电气线路标注 n1：BV－2×2.5 PC15－CC 表示的含义。表示：n1 回路，________根截面为________的________芯聚氯乙烯________绝缘线，穿________的________沿________暗敷设。

3. 说出电气线路标注 YJV22－4×120＋1×50－FC 表示的含义。表示：钢带铠装________护套________绝缘________芯电力电缆，其中线芯________根截面面积为 $120mm^2$，1 根截面面积为________。

4. 12 $\frac{2\times40}{2.7}$CS，表示________套灯具（每套 2 个灯管）均为________W，安装高度为________m，CS 表示链吊式。

5. ________接线是指每个用户都采用专线供电。

6. ________接线是指每条用电线路都从干线接出。

7. 链式接线是指在一条供电________上接出多条用电线路。与树干式不同的是，其线路的分支点在用电设备上或分配电箱内，即后面设备的电源引自前面设备的端子。链式接线连接的设备一般不超过________，总容量不超过 10kW。

二、思考题

1. 绘制照明施工图时，照明配电线路如何标注？

2. 绘制照明施工图时，照明灯具如何标注？

3. 绘制照明施工图时，低压断路器和熔断器如何标注？

三、分析题

1. 某住宅户型照明平面图如图 1.33 所示，说明：

（1）该平面图中各文字符号、图形符号、标注所代表的含义。

（2）分析图中的灯具—开关接线形式（注意导线根数的变化）。

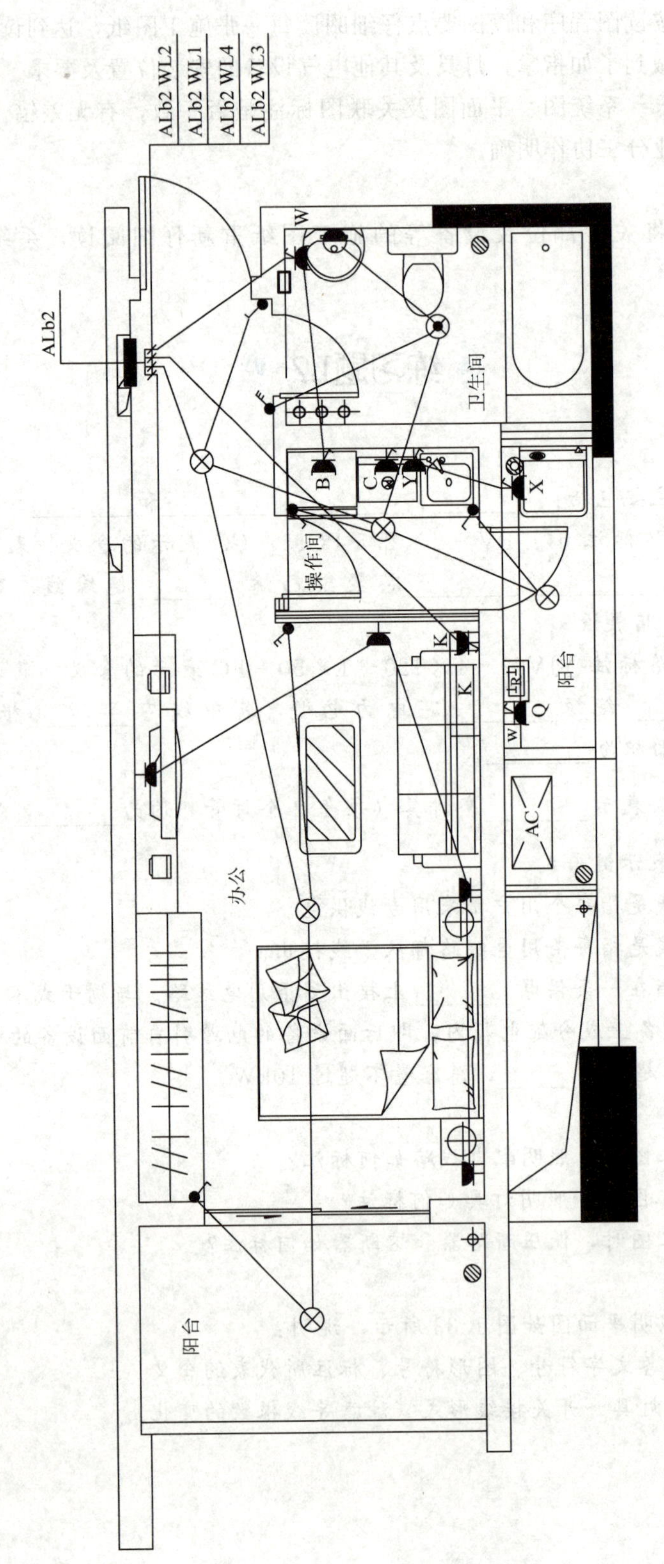

图1.33　某住宅户型照明平面图

2. 某办公楼动力配电柜系统图如图 1.34 所示，试分析图中各标注的含义。

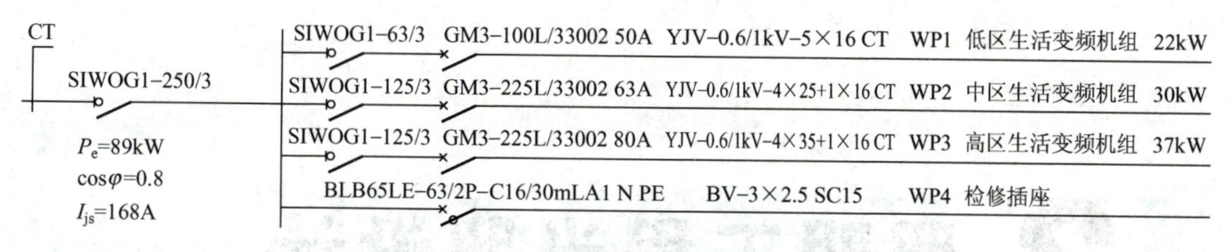

图 1.34 某办公楼动力配电柜系统图

项目2 照明工程光照设计

任务2.1 照明方式与种类选择

任务说明	认真阅读《照明设计手册》和《建筑照明设计标准》(GB 50034—2013),对办公楼照明工程进行照明方式与种类选择
学习目标	初步具备照明方式与种类选择的能力
工作依据	教材、土建施工图纸、手册、规范
实施步骤	1. 认真阅读《照明设计手册》和《建筑照明设计标准》,熟悉照明工程光照设计的相关规范和标准要求 2. 对办公楼照明工程进行照明方式与种类选择
任务成果	办公楼照明工程光照设计说明

照明分为自然照明(天然采光)和人工照明两大类。电气照明具有灯光稳定、色彩丰富、控制调节方便和安全经济等优点,成为应用最为广泛的一种人工照明方式。在进行建筑电气设计时,除了考虑照度标准,还需要考虑照明方式和种类。

2.1.1 照明方式

1. 一般照明

一般照明的照明器基本均匀布置,整个场地都能获得均匀的水平照度,适用于工作位置密度大而对光照方向无特殊要求的场所,如教室、阅览室、体育场、商场等。

2. 分区一般照明

分区一般照明是指根据实际需要,以工作对象为重点,按工作区布置灯具,将照明器分组集中,均匀布置在工作区正上方,以提高特定区域照度的一般照明方式。

3. 局部照明

局部照明是指局部地点需要高照度并对照射方向有要求时设置的一种照明方式。

4. 混合照明

混合照明由一般照明和局部照明共同组成。混合照明中一般照明的照度一般应不低于总照度的5%～10%，并且最低照度不低于20lx。

2.1.2 照明种类

1. 正常照明

为满足正常工作而设置的室内外照明为正常照明。

2. 应急照明

应急照明是指正常照明因故障熄灭后，在将会造成爆炸、火灾、人身伤亡等事故的场所，供继续工作、顺利疏散人员或保障人员安全的照明。**应急照明包括备用照明、疏散照明和安全照明**。

1）**备用照明**

备用照明是指正常照明因故障熄灭后，供事故情况下暂时继续工作而设置的照明。

备用照明的设置场所：

（1）消防控制室、消防水泵房、排烟机房、自备发电机房、配电室及发生火灾时仍需正常工作的消防设备房。

（2）医疗建筑中的重症监护室、急诊通道、化验室、药房、产房、血库、病理实验与检验室等需确保医疗工作正常进行的场所。

（3）多层建筑中层面积大于1500m^2的展厅、营业厅，面积大于200m^2的演播厅。

（4）高层建筑中的观众厅、多功能厅、餐厅、会议厅、国际候车（机）厅、展厅、营业厅、出租办公用房、避难层和封闭楼梯间。

（5）人员密集且面积大于300m^2的地下建筑。

备用照明的照度标准：

供消防作业及救援人员在火灾时继续工作场所，应符合现行国家标准《建筑设计防火规范（2018年版）》（GB 50016—2014）的有关规定；医院手术室、急诊抢救室、重症监护室等应维持正常照明的照度；其他场所的照度值除另有规定外，不应低于该场所一般照明照度标准值的10%。

2）**疏散照明**

疏散照明是用于确保疏散通道被有效地辨认和使用的应急照明。

疏散照明的设置场所：

（1）安全出口标志灯：楼梯口、疏散出口。

（2）疏散标志指示灯：疏散走道、楼梯间，防烟楼梯间及其前室，消防电梯间及其前室。

（3）疏散照明灯：疏散走道，防烟楼梯间及其前室，消防电梯间及其前室。

疏散照明的地面平均照度标准：

水平疏散通道不应低于1lx，人员密集场所、避难层（间）不应低于2lx；垂直疏散区域不应低于5lx；疏散通道中心线的最大值与最小值之比不应大于40∶1；寄宿制幼儿园和小学的寝室、老年公寓、医院等需要救援人员协助疏散的场所不应低于5lx。

3）安全照明

安全照明是用于确保处于潜在危险中的人员安全的应急照明。

安全照明的设置场所：医院手术室、炼钢车间等一旦停电会危及生命安全的场所。

安全照明的照度标准：

医院手术室应维持正常照明的30%照度；其他场所不应低于该场所一般照明照度标准值的10%且不应低于15lx。

3. 值班照明

值班照明是指非工作时间供值班人员观察用的照明，可以利用正常照明中能单独控制的一部分，或者应急照明中的一部分或者全部。

4. 警卫照明

警卫照明是指根据警戒任务的需要，在厂区、仓库区或其他设施警戒范围内装设的照明。

5. 装饰照明和艺术照明

装饰照明和艺术照明是指美化装饰空间而设置的照明。

6. 障碍照明

障碍照明是指装设在高建筑物顶上作为飞行障碍标志或者有船舶通行的航道两侧建筑物上作为障碍标志的照明。建筑物航空障碍照明应装设在建筑物或构筑物的最高部位。当最高点平面面积较大或为建筑群时，除在最高端装设障碍标志灯外，还应在其外侧转角处的顶端分别设置。障碍标志灯宜采用自动切断其电源的控制装置。

航空障碍照明的设置要求：

（1）h=60～90m，应为红色恒定低光强的灯。

（2）h=90～150m，应为红色恒定中光强的灯。

（3）h>150m，应为白色光。

其负荷等级按主体建筑中的最高负荷等级要求供电。

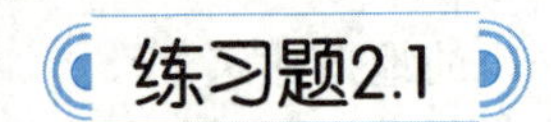

1. 简述照明的种类。
2. 简述照明的方式，并说明其适用范围。
3. 应急照明包括哪些种类？其中安全照明和备用照明的区别是什么？

任务 2.2　电光源选择

任务说明	认真阅读《照明设计手册》和《建筑照明设计标准》，对办公楼照明工程进行电光源选择，形成光照设计说明
学习目标	初步具备光照设计的能力

续表

工作依据	教材、土建施工图纸、手册、规范
实施步骤	1. 认真阅读《照明设计手册》和《建筑照明设计标准》，熟悉照明工程光照设计的相关规范和标准要求 2. 对办公楼照明工程进行电光源选择，明确办公楼房间照明和公共区域照明电光源的种类
任务成果	办公楼照明工程光照设计说明

电气照明是以光学为基础的，所谓照明，就是合理运用光线以达到满意的视觉效果，它归根结底是一种光线的应用技术，是光的控制与分配技术。

2.2.1 光和光的度量

1. 光的本质

光是能量的一种存在方式。从物理学角度，可见光是波长在380～780nm的电磁波；从照明工程学角度，可见光就是通过视觉器官能引起视觉的辐射能。照明技术的实质主要是对光的控制与分配。

2. 可见光

在光的各个波长区域内，可见光仅占很小的一部分。波长为380～780nm的电磁波，作用于人的视觉器官能产生视觉，这一部分电磁波叫“可见光”。顾名思义，可见光能引起人的视觉。

3. 光与颜色

不同波长的可见光，在视觉上会形成不同的颜色。$\lambda=780\sim630$nm，红光；$\lambda=630\sim600$nm，橙光；$\lambda=600\sim570$nm，黄光；$\lambda=570\sim490$nm，绿光；$\lambda=490\sim450$nm，青光；$\lambda=450\sim430$nm，蓝光；$\lambda=430\sim380$nm，紫光。

100nm$<\lambda<$380nm，紫外线；780nm$<\lambda<$100000nm，红外线。

紫外线、红外线和可见光统称为光。

4. 光的基本度量单位

1）**光通量**

光通量是指光源在单位时间内向周围空间辐射的，能引起光感的电磁能量；符号为Φ，单位为流明（lm）。

光通量是说明光源发光能力的基本量。例如，一只40W的白炽灯光通量为350lm，而一只220V、36W的T8荧光灯光通量约为2500lm，这说明荧光灯的发光能力比白炽灯强，这只荧光灯的发光能力约是这只白炽灯的7倍。

2）**发光强度**

发光体在某一个特定方向上单位立体角内（单位球面度内）所发出的光通量，称为光源在该方向上的发光强度，简称光强；符号为I，单位为坎德拉（cd）。立体角：任意一个封闭的圆锥面所包围的空间。光强的表达式为

$$I=\mathrm{d}\Phi/\mathrm{d}\omega$$

立体角是以锥的顶点为球心，半径为 r 的球面被锥面所截得的面积来度量的。当锥面在球面上截得的面积为 dA 时，则该立体角即为一个单位 $d\omega$，其表达式为

$$d\omega=\frac{dA}{r^2}$$

若光源发射的光通量比较均匀时，各个方向的光强相等，其值为 $I=\Phi/\omega$。

光强是用来描述光源发出的光通量在空间给定方向上的分布情况的。当光源发出的光通量一定时，光强的大小只与光源的光通量在空间的分布密度有关。

例如，桌上有一盏220V、40W的白炽灯，其发出的光通量为350lm，该裸灯泡的平均光强为350/4π≈28cd。在该灯泡上面装上一盏不透光的平盘型灯罩之后，桌面看上去要比没有灯罩时亮许多。在此情形下，灯泡发出的光通量并没有变化，但加了灯罩之后，光通量经灯罩反射后更为集中地分布在灯的下方，向下的光通量增加了，相应的光强提高了，亮度也就增加了。

3）**照度**

当光源的光通量投射到物体表面时，即可把物体表面照亮。那么，对于被照物体而言，常用照度来衡量落在它表面上的光通量是多少，即照度是描述被照面被照射程度的光度量。

其定义为：被照物体表面上一点的照度等于入射到该表面包含这点的面元上的光通量 $d\Phi$ 与面元的面积 dA 之比，简单地说就是被照面上单位面积入射的光通量。照度的符号为 E，单位为勒克斯（lx），表达式为

$$E=d\Phi/dA$$

若任意被照面的面积 A 上入射的光通量为 Φ，则可以平均照度表示，即

$$E=\Phi/A$$

1lx＝1lm/1m²，它表示在1m²的面积上均匀分布1lm的光通量的照度值。

【例2.1】 100W普通白炽灯输出的光通量为1250lm，假设光源向四周是均匀发射其光通量的，求灯下2m处的照度值。

【解】

$$E=\frac{\Phi}{A}=\frac{\Phi}{4\pi r^2}=\frac{1250}{4\pi\times 2^2}\approx 24.9(\text{lx})$$

能否看清一个物体，与这个物体单位面积所得到的光通量有关。所以，照度是照明工程中最常用的术语和重要的物理量之一，因为在当前的照明工程设计中，一直将照度值作为考察照明效果的量化指标。为了对照度有一个大概的概念，下面举几个常见的例子。

（1）在40W白炽灯下1m处的照度为30lx，加搪瓷灯罩后为70lx。

（2）满月晴空月光下为0.2lx，晴朗白天中午室内照度为100～500lx。

一般情况下，1lx的照度仅能辨别物体轮廓；照度为5～10lx，看一般书籍比较困难；短时阅读的照度不应低于50lx。

4）**亮度**

亮度是指被视物体在视线方向单位投影面积上所发出的光强；符号为 L，单位为坎德拉每平方米（cd/m²）。

“亮度”是表征发光面发光强弱的物理量，是眼睛对发光体明暗程度的感受。一般当亮度超过 160000cd/m^2 时，人眼就感到难以忍受了。

上述度量单位中，光通量用来描述光源的发光能力，光强用来描述光源的光通量密度大小，二者均是描述发光体的性能指标。照度用来描述被照物体接受的光通量，亮度用来描述物体明亮程度，二者均是描述被视物体的性能指标。一般用照度进行有关的照明设计计算，但影响人视觉效果的实际上是亮度。

5. 物体的光照性能

当光通量 Φ 投射到物体上时，一部分光通量被物体表面反射回去，一部分光通量被物体所吸收，而余下的光通量则透过物体，如图 2.1 所示。

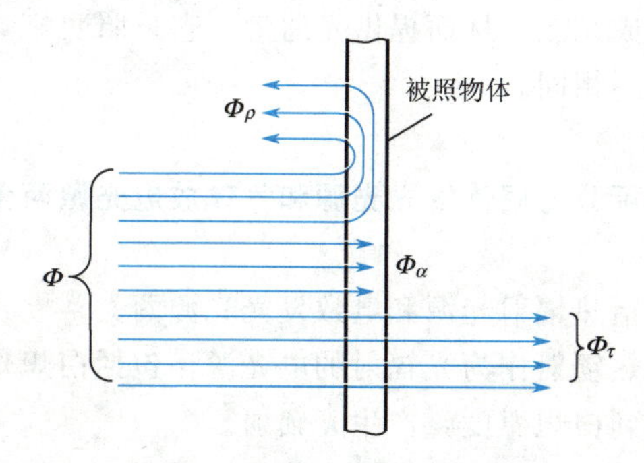

图 2.1　光通量投射到物体

反射比 ρ、吸收比 α、透射比 τ 三个参数之间有如下关系。

$$\rho+\alpha+\tau=\Phi_\rho/\Phi+\Phi_\alpha/\Phi+\Phi_\tau/\Phi=1$$

6. 光与人的视觉之间的关系

视觉是光射入眼睛后产生的一种知觉，即视觉依赖于光。

1）视野

视野也叫视场，是指人不动时，眼睛可以看到的空间范围。人的视野范围：上 50°、下 75°、左右各 100°。

2）视觉阈限

视觉阈限是指能引起光感的最低限度的亮度。影响视觉阈限的因素：目标物大小、目标物发光颜色、背景亮度、所视物体时间长短等。视觉阈限亮度为 10^{-6}cd/m^2，视觉忍受的最大亮度为 10^6cd/m^2。

3）明视觉、暗视觉和中间视觉

明视觉：视场亮度在 3cd/m^2 及以上时的视觉；暗视觉：视场亮度在 10^{-3}cd/m^2 及以下时的视觉；中间视觉：视场亮度在 10^{-3}～3cd/m^2 时的视觉。

4）明视觉与暗视觉的适应性

明视觉与暗视觉的适应性又分明适应和暗适应两种，明适应过程需 1min 左右，暗适应过程需 3～4min。

5）看清物体的基本条件

基本条件包含以下两个方面的因素。

(1) 物体自身因素：大小、速度、自身亮度。

（2）物体所在视场的光环境：环境亮度。

合理的亮度（照度）、适合的对比度、眩光的限制是看清物体的基本条件。

2.2.2 电光源的概念、分类与性能指标

1. 电光源的概念

电光源泛指各种通电后能发光的器件，而用作照明的电光源则称作照明电光源。电光源已问世多年，产品至今已经历了多次重大发明，目前电光源主要有白炽灯、卤钨灯、荧光灯、高强度气体放电灯、场致发光灯和半导体灯。

电光源能把电能转换成光能，从而提供光通量，它是照明灯具的核心部分。电光源的种类不同，其主要性能也不相同。

2. 电光源的分类

电光源按其工作原理可分为固体发光光源和气体放电光源两大类。

1）固体发光光源

固体发光光源主要包括热辐射光源和电致发光光源两类。

（1）热辐射光源是以热辐射作为光辐射的电光源，包括白炽灯和卤钨灯，它们都是以钨丝为辐射体，通电后达到白炽温度，产生光辐射。

（2）电致发光光源是直接把电能转换成光能的电光源，包括场致发光灯和半导体灯。

2）气体放电光源

气体放电光源是利用电流通过气体而发光的电光源，它们主要以原子辐射形式产生光辐射。

3. 电光源的性能指标

电光源的性能指标通常是用参数表示电光源的光电特性，这些参数由制造厂家提供给用户，作为选择和使用电光源的依据。

1）额定电压

电光源的额定电压是指电光源及其附件所组成的回路所需电源电压的额定值。电光源只有在额定电压下工作时才具有最好的效果，才能获得各种规定的特性。因此在进行照明电气设计时，应保证供电电源的质量。

2）灯泡（灯管）功率

灯泡（灯管）功率是指灯泡（灯管）在工作时所消耗的功率。通常灯泡（灯管）按一定的额定功率等级制造，额定功率指灯泡（灯管）在额定电流下所消耗的功率。

3）光通量（衡量电光源发光能力的重要指标）

额定光通量是指电光源在额定工作条件下，无约束发光工作环境中的光通量输出。

额定光通量有两种定义方法：一种是指电光源的初始光通量，即新电光源刚开始点燃时的光通量输出，一般用于在整个使用过程中光通量衰减不大的电光源，如卤钨灯；另一种是指电光源点燃了100h后的光通量输出，一般用于光通量衰减较大的电光源，如白炽灯和荧光灯。

4）发光效率（表征电光源经济效果的重要参数）

电光源在额定状态下，灯泡消耗单位电功率所发出的光通量，即灯泡的光通量输出与

它取用的电功率之比，称为电光源的发光效率，简称光效，单位是lm/W。光效是表征电光源经济效果的参数之一。

5）**寿命（衡量电光源可使用时间长短的重要指标）**

寿命是电光源的重要性能指标，通常用点燃的小时数表示。

（1）**全寿命**。电光源从第一次点燃，到损坏熄灭时的累计燃点小时数。

（2）**平均寿命**。一组电光源从一同点燃起，到50%的电光源损坏为止，所经过的燃点小时数。

（3）**有效寿命**。电光源从点燃起，至光通量降低70%～80%时止，所经过的燃点小时数。

6）**光色指标（衡量电光源颜色质量的指标）**

电光源的光色包含色表与色温和显色性，是电光源的重要性能指标。

（1）**色表与色温**。色表指电光源的表观颜色。在定性分析时，常用相关色温来度量。

电光源发射光的颜色与黑体在某一温度下辐射的光色相同时，黑体的温度称为该电光源的色温。电光源的色温是以其发光体表面颜色来判定其温度的一个参数，如白炽灯的色温为2400K(15W)，日光色荧光灯的色温为6500K。

① 暖色光：相关色温＜3300K。

② 中间色光：3300K≤相关色温≤5300K。

③ 冷色光：相关色温＞5300K。

电光源的颜色分类及适用场所见表2-1。

表2-1 电光源的颜色分类及适用场所

电光源的颜色分类	相关色温/K	颜色特征	适用场所举例
Ⅰ	＜3300	暖	起居室、餐厅、酒吧、陈列室等
Ⅱ	3300～5300	中间	教室、办公室、会议室、阅览室等
Ⅲ	＞5300	冷	设计室、计算机房

（2）**显色性**。电光源的显色性是指电光源对被照物体颜色显现的性能。物体的颜色以日光或与日光相当的参考电光源照射下的颜色为准。一般用显色指数Ra表示。$Ra=0$～100，指数越高显色性越好。

与日光相当的参考电光源的显色指数定为100，被测电光源的显色指数越高，说明该电光源的显色性能越好，物体颜色在该电光源照射下的失真度越小。白炽灯的显色指数为95～99，荧光灯为70～95。

电光源的显色类别及适用场所见表2-2。

表2-2 电光源的显色类别及适用场所

电光源的显色类别	显色指数（Ra）	电光源示例	适用场所举例
Ⅰ	$Ra≥80$	白炽灯、卤钨灯、稀土节能荧光灯、三基色荧光灯、高显色高压钠灯	美术展厅、化妆室、客厅、餐厅、多功能厅、高级商店、营业厅

续表

电光源的显色类别	显色指数（*Ra*）	电光源示例	适用场所举例
Ⅱ	60≤*Ra*<80	荧光灯、金属卤化物灯	教室、办公室、会议室、阅览室、候车室、自选商店等
Ⅲ	40≤*Ra*<60	荧光高压汞灯	行李房、库房等
Ⅳ	*Ra*<40	高压钠灯	颜色要求不高的库房、室外道路等

7）电光源的启燃与再启燃时间

（1）电光源接通电源到电光源的光通量输出达到额定值所需要的时间就是电光源的启燃时间，热辐射光源的启燃时间一般不到1s，可以认为是瞬时启燃的；气体放电光源的启燃时间从几秒钟到几分钟不等，主要取决于放电光源的种类。

（2）正常工作着的电光源熄灭后再将其点燃所需要的时间就是电光源的再启燃时间。大部分高压气体放电灯的再启燃时间比启燃时间更长，这是因为再启燃时要求这类灯冷却到一定的温度后才能正常启燃，即增加了冷却所需要的时间。

（3）启燃与再启燃时间影响着电光源的应用范围。例如，频繁开关电光源的场所一般不用启燃和再启燃时间长的电光源，应急照明用的电光源一般应选用瞬时启燃或启燃时间短的电光源。

8）闪烁与频闪效应

（1）闪烁。用交流电点燃电光源时，在各半个周期内，电光源的光通量随着电流的增减发生周期性的明暗变化的现象称为闪烁。闪烁的频率较高，通常与电流频率成倍数关系。一般情况下，肉眼不易觉察到由交流电引起的光源闪烁。

（2）频闪效应。在以一定频率变化的光线照射下，观察到的物体运动呈现静止或不同于实际运动状态的现象称为频闪效应。具有频闪效应的电光源照射周期性运动的物体时会降低视觉分辨能力，严重时会诱发各种事故。

2.2.3 常见电光源

1. 白炽灯

白炽灯是最早出现的热辐射光源，因而被称作第一代电光源。白炽灯结构简单、成本低廉、使用方便、显色性能好、点燃迅速、容易调光，因此在工业与民用建筑照明工程中得到了广泛的应用。

拓展讨论

党的二十大报告提出，推动制造业高端化、智能化、绿色化发展。照明灯具作为供配电技术的一个重要组成部分，也将向节能、绿色方向发展。

1. 如何理解节能灯？具体指什么电光源？

2. 如何理解绿色照明？什么是光导管？

1） **结构原理**

白炽灯由玻壳、灯丝、芯柱、灯头等组成，它将灯丝加热到白炽的程度，利用热辐射发出可见光。白炽灯的结构如图 2.2 所示。

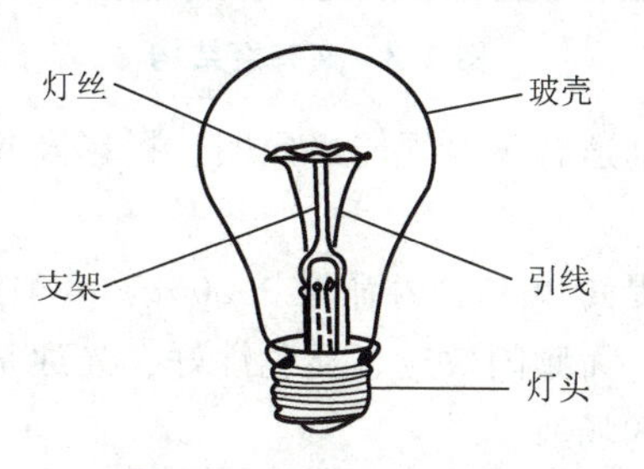

图 2.2　白炽灯的结构

2） **型号表示方法**

第一部分，字母，表示电光源名称特征；第二部分，额定电压；第三部分，额定功率。

例如：PZS220－40 表示双螺旋普通照明灯 40W，额定电压 220V；JZ220—25 表示局部照明灯 25W，额定电压 220V。

3） **光电参数**

额定工作电压 U_n，电压偏移 2.5%；P＝10～1500W，Φ＝110～18600lm，光效 η＝7.3～25lm/W；电压、振动对寿命影响大；色温 2400～2900K，低色温，暖色调；显色指数 Ra＝95～99。

4） **工作特性**

白炽灯具有显色性好、结构简单、使用灵活、能瞬时点燃、无频闪现象、可调光、可在任意位置点燃、价格便宜等特点。因其极大部分辐射为红外线，故光效最低。由于灯丝的蒸发很快，因此寿命也较短。

5） **使用注意事项**

冷态电阻比热态电阻小得多，所以在启燃瞬时的电流约为额定值的 8 倍以上。这时是灯丝最脆弱时期，常发生灯丝断裂的情况，故使用时应尽量减少开关次数。对于高功率的白炽灯泡，由于其玻壳表面最高温度较高，故使用时应防止水溅在灯泡上，以免玻壳炸裂。例如，300W 的白炽灯，其玻壳最高温度为 131℃；500W 的白炽灯，其玻壳最高温度为 178℃。

2. 卤钨灯

卤钨灯

1） **结构原理**

卤钨灯是在白炽灯的基础上改进而得的。卤钨灯主要由电极、灯丝、石英灯管组成。卤钨灯有单端引出和双端引出两种。白炽灯的钨丝在热辐射过程中蒸发并附着在灯泡内壁，使灯泡输出光通量越来越低。为了减缓这种进程，通常在卤钨灯灯泡内充以惰性气体（或卤族元素），利用“卤钨循环”以抑制钨丝的蒸发。卤钨灯结构如图 2.3 所示。

2） **光电参数**

P＝60～5000W，Φ＝9020～42000lm，η＝14～30lm/W；显色性好，Ra＝95～99；色

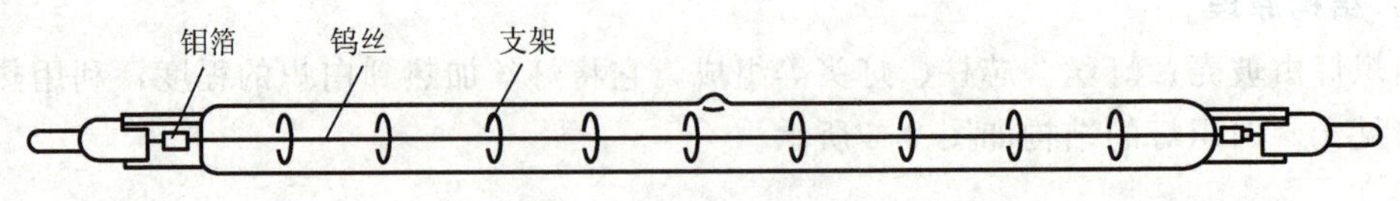

图 2.3　卤钨灯结构

温 2800～3300K，其色温特别适合于电视转播照明、摄影及建筑物的泛光照明等。

3）工作特性

它与白炽灯比较，光效提高 30%，寿命增长 50%，一般达 1500h；具有体积小、功率大、能够瞬时点燃、可调光、无频闪效应、显色性好、光通量维持性好等特点。这种灯多用于较大空间、要求高照度的场所。

荧光灯

3. 荧光灯

荧光灯俗称日光灯，是出现于 20 世纪的电光源，它的发光原理与白炽灯完全不同，属于低压汞蒸气弧光放电灯。荧光灯与白炽灯相比，最突出的优点是光效高（约为白炽灯光效的 4 倍）、使用寿命长（约为白炽灯寿命的 2～3 倍）和光色好。

1）结构原理

直管型荧光灯的主要部件是灯头、热阴极和内壁涂有荧光粉的玻璃管。热阴极为涂有热发射电子物质的钨丝，玻璃管在抽真空后充入气压很低的汞蒸气和惰性气体氩。在管内壁涂上不同的荧光粉，则可制成月光色、白色、暖白色及三基色荧光灯。荧光灯发光包含气体放电辐射和光致发光两个基本物理过程。荧光灯结构如图 2.4 所示。

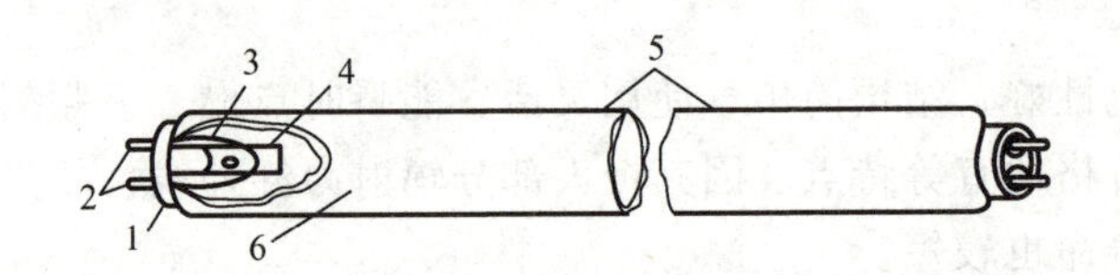

1—灯头；2—灯脚；3—芯柱；4—灯丝（钨丝）；
5—玻璃管（充惰性气体，内壁涂荧光粉）；6—汞（少量）。

图 2.4　荧光灯结构

荧光灯的通电发光过程为：接通电源后，电源电压首先加在启辉器两端，双金属片受热膨胀接通，几秒钟后双金属片因为短接电阻为零不再产生热量，收缩断开。启辉器触电断开的瞬间，镇流器产生的瞬时高压和电源电压一起加在灯管两端，激活管内的荧光粉，灯光点亮。荧光灯工作线路图如图 2.5 所示。

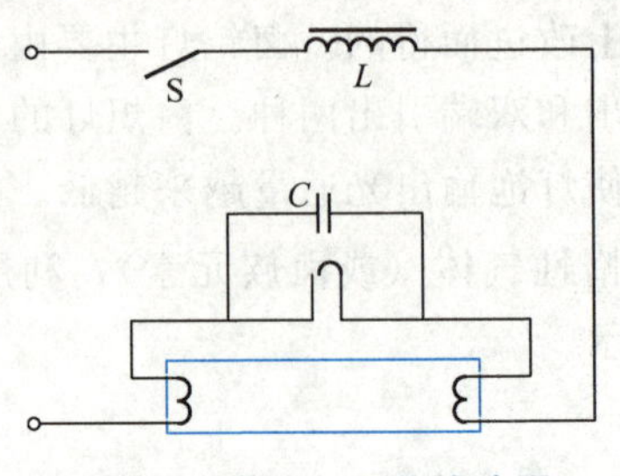

图 2.5　荧光灯工作线路图

电子镇流器由低通滤波器、整流器、缓冲电容器、高频功率振荡器和灯电流稳压器组成。电子镇流器原理图如图 2.6 所示。

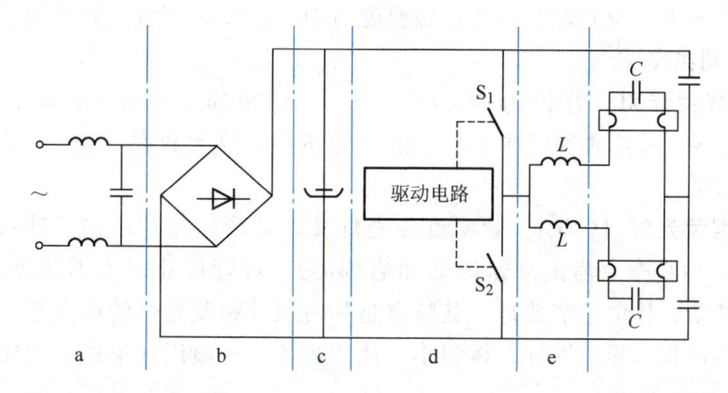

a—降压电路；b—整流电路；c—滤波电路；d—驱动电路；e—镇流电路。

图 2.6　电子镇流器原理图

电子镇流器主要功能：能够限制和稳定荧光灯的工作电流；有较高的功率因数（相对电感镇流器）；能限制交流输入市电的总谐波失真；在交流市电供电电压变化时，能稳定灯的工作电压、电流和功率。

2）型号表示方法

荧光灯型号表示分为三部分，分别表示电光源特征，额定功率（W）和颜色特征。例如，YZK20RR 表示 20W 的日光色（RR）、快速启动式（K）、直管（Z）型荧光灯（Y）；其他颜色还有冷白光色（RL）和暖白光色（RN），电光源形状有环形（H）和 U 形（U）。

3）光电参数

荧光灯的光效很高，一般为 44～87lm/W。荧光灯的光效与使用的荧光粉的成分有很大关系，通常情况下，三基色荧光粉的转换效率最高，多光谱带三基色荧光粉的转换效率最低，而卤磷酸钙荧光粉的转换效率介于二者之间。因此三基色荧光灯的光效最高，比普通荧光灯要高出 20%左右。

一般卤磷酸钙荧光粉的显色指数 $Ra=65\sim70$，三基色荧光粉 $Ra>80$。

荧光灯的寿命一般是指有效寿命，即荧光灯使用到光通量只有其额定光通量的 70%为止。国产普通荧光灯的寿命为 8000～15000h。

4）频闪现象

荧光灯在交流电路中点燃时，随着电流的变化，其光通量发生相应的变化，因而引起灯光闪烁（频闪），发光呈周期性的明暗变化的现象称为频闪现象。

消除频闪现象的方法如下。

（1）对单相供电的两灯管，采用电容移相的方法消除频闪现象。

（2）对三盏灯管及多灯管，尽量用分相供电。

（3）使用电子镇流器。

5）工作特性

荧光灯具有表面亮度低、表面温度低、光效高、寿命长、显色性较好、光通量分布均

匀等特点。它被广泛用于进行精细工作、照度要求高或进行长时间紧张视力工作的场所。开关频繁会缩短灯管寿命，电压偏移对荧光灯的寿命和光效影响较大，环境温度和湿度对荧光灯的工作影响大。荧光灯的最佳环境温度为20～35℃，不宜户外使用。

6）目前常用类型

（1）直管型荧光灯。管径为38mm（T12），逐步向32mm（T10）、26mm（T8）、16mm（T5）发展。最佳的管径在18～22mm范围内，这大致在T5～T8的管径范围内，既节省材料又节能。

节能灯原理

（2）紧凑型荧光灯（CFL）。紧凑型荧光灯又称异形荧光灯，它是针对直管型荧光灯结构复杂（需配套镇流器和启辉器）、灯管尺寸较大等缺点，研制开发出来的新一代电子节能灯。其特点是集白炽灯和荧光灯的优点于一身，光效高、寿命长、显色性好、体积小、使用方便，一般用在家庭、宾馆等场所。

4. 高强度气体放电灯（HID灯）

高压汞灯、高压钠灯、金属卤化物灯都属于高强度气体放电灯，主要由灯头、玻璃外壳、放电管和附件等几部分构成。这类电光源发光管表面的负载超过3W/m²，故将它们统称高强度气体放电灯（HID灯）。

1）高压汞灯

高压汞灯又称高压水银灯，是一种较新型的电光源，高压汞灯结构和电路图如图2.7所示。

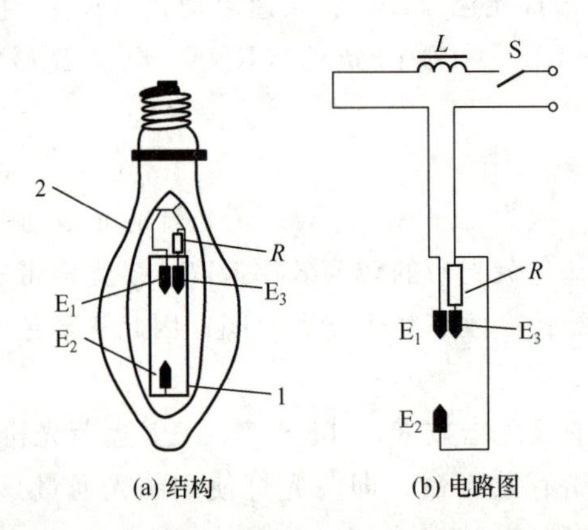

(a) 结构　　(b) 电路图

1—放电管；2—玻璃外壳；E_1、E_2—主电极；E_3—辅助电极。

图2.7　高压汞灯结构和电路图

（1）光电参数。

η=70～100lm/W；寿命为10000～20000h；色温为4400～5500K；显色指数为30～60；启燃时间为4～8min；再启燃时间为5～10min。

（2）工作特性。其光效高、寿命长、省电、耐振，广泛用于街道、广场、车站、施工工地等大面积场所的照明。

2）高压钠灯

高压钠灯是利用钠蒸气放电的气体放电灯，它具有光效高、耐振、紫外线辐射小、寿命长、透雾性好、亮度高等优点。但其显色性差，显色指数在HID灯中最低，Ra=23～

85，适合在需要高亮度和高光效的场所使用，如交通要道、机场跑道、航道、码头等场所的照明用。高压钠灯寿命最长，可达12000～24000h。与所有气体放电灯一样，它的寿命受电源电压稳定性、开关次数、镇流器等因素的影响。

高压钠灯

3）金属卤化物灯

金属卤化物灯是第三代电光源，结构与高压汞灯相似，充入了金属卤化物，以提高光效和显色性。

（1）光电参数。光效为65～140lm/W，$\eta_{镝灯}>\eta_{钪钠灯}>\eta_{钠铊铟灯}$；色温为3000～7000K；寿命为3000～10000h；显色指数为60～90，$Ra_{镝灯}>Ra_{钠铊铟灯}>Ra_{钪钠灯}$；启燃时间为4～10min；再启燃时间为10～15min；自熄灭比高压汞灯严重，电压波动<±5%U。

金属卤化物灯

（2）工作特性。其光效高、光色好，适用于电视摄影、印染、体育馆及需要高照度、高显色性的场所。由于金属卤化物灯点燃位置变化时，管内蒸气压力和最冷点温度随之变化，从而使光通量和光色发生较大的变化。因此，在安装灯时，应尽量按指定位置点灯，以获得最佳特性。

5. 发光二极管

LED即发光二极管，是一种半导体固体发光器件。它是利用半导体芯片作为发光材料，在半导体中通过载流子发生复合放出过剩的能量而引起光子发射，直接发出红、黄、蓝、绿、青、橙、紫、白色的光。LED照明产品就是利用LED作为电光源制造出来的照明器具。随着电子技术的发展，目前这种电光源在交通、汽车、建筑领域的应用也越来越广泛。

1）结构原理

LED电光源实际上是一个PN结的二极管。当电流从阳极流向阴极的时候，注入的少数载流子与多数载流子复合时会把多余的能量以光的形式释放出来，从而把电能直接转换为光能。从LED发光的过程来看：发出的光为单色光；不同的半导体材料发出不同的单色光；发光的强弱与正向电流的大小有关。发光二极管结构如图2.8所示。

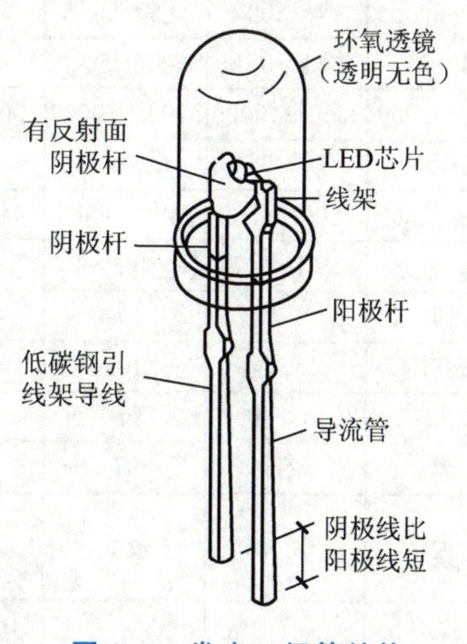

图2.8 发光二极管结构

发光二极管

2）光电参数

LED 使用低压电源，供电电压为 6～24V，根据产品不同而异，所以它是一个比使用高压电源更安全的电光源，特别适用于公共场所；光效高，消耗能量较同光效的白炽灯减少 80%；稳定性好，色温为 3600～11000K，工作时间为 100000h 时，光衰为初始的 50%。

3）工作特性

LED 外形很小，每个单元 LED 小片为 3～5mm 的正方形，所以可以制备成各种形状的器件，并且适合于易变的环境；响应时间为纳秒级；改变电流可以变色，如小电流时为红色的 LED，随着电流的增加，可以依次变为橙色、黄色，最后变为绿色；发热量低、抗振性能好，对环境无污染。

6. 场致发光灯

1）结构原理

场致发光灯通常都组合成平板状，所以又称场致发光屏。场致发光灯通常由玻璃板、透明导电膜、荧光粉层、高介电常数反射层、铝箔和最底层的玻璃板叠合而成。场致发光灯与电极之间距离仅几十微米，因而在市电下，也能达到足够高的电场强度，使自由电子被加速到具有很高的能量，从而激发荧光粉使之发光。

2）工作特性

场致发光灯实际光效不到 15lm/W，寿命超过 5000h，耗电少，发光条件要求不高，并且可以通过电极的分割使电光源分开，做成图案与文字。因此，场致发光屏被用在建筑物中作为指示照明或飞机、轮船仪表的夜间显示。

7. 常用电光源特性比较

常用电光源的主要特性比较见表 2－3。

表 2－3　常用电光源的主要特性比较

光电参数	电光源						
	白炽灯	卤钨灯	荧光灯	紧凑型荧光灯	高压汞灯	高压钠灯	金属卤化物灯
额定功率/W	10～1500	60～5000	4～200	5～55	50～1000	35～1000	35～3500
光效/(lm/W)	7.3～25	14～30	44～87	30～50	70～100	52～130	65～140
平均寿命/h	1000～2000	1500～2000	8000～15000	5000～10000	10000～20000	12000～24000	3000～10000
显色指数 *Ra*	95～99	95～99	70～95	>80	30～60	23～85	60～90
色温/K	2400～2900	2800～3300	2500～6500	2500～6500	4400～5500	1900～3000	3000～7000
表面亮度/(cd/m²)	10^7～10^8	10^7～10^8	10^4	(5～10)×10^8	10^5	(6～8)×10^8	(5～78)×10^4
启燃时间	瞬时	瞬时	1～4s	10s	4～8min	4～8min	4～10min
再启燃时间	瞬时	瞬时	1～4s	10s	5～10min	10～15min	10～15min
功率因数	1	1	0.33～0.7	0.5～0.9	0.44～0.67	0.44	0.4～0.6
闪烁	无	无	有	有	有	有	有
电压变化对光通量输出的影响	大	大	较大	较大	较大	大	较大
环境变化对光通量输出的影响	小	小	大	大	较小	较小	较小

续表

光电参数	电光源						
	白炽灯	卤钨灯	荧光灯	紧凑型荧光灯	高压汞灯	高压钠灯	金属卤化物灯
耐振性能	较差	差	较好	较好	好	较好	好
附件	无	无	有	有	有	有	有

光效较高的有高压钠灯、高压汞灯、金属卤化物灯和荧光灯；显色性较好的有白炽灯、卤钨灯、荧光灯、金属卤化物灯；寿命较长的电光源有高压汞灯和高压钠灯；能快速启燃和再启燃的电光源是白炽灯、卤钨灯、荧光灯（电子镇流器）等；显色性较差的为高压钠灯和高压汞灯；受环境变化影响小的为白炽灯、卤钨灯；受环境变化影响大的为荧光灯。

2.2.4 电光源的选用

选用电光源首先要满足照明设施的使用要求，其次要按环境条件选用，最后综合考虑投资与年运行费用，具体如下。

1. 根据照明设施的目的与用途选用电光源（照度、显色性、色温、启燃、再启燃时间等）

（1）美术馆、博物馆、化学实验室、商店的陈列照明、医院的诊断照明等对显色性要求很高的场所，应选用显色指数高的电光源，一般 $Ra \geqslant 80$。故而选用白炽灯、卤钨灯、高显色性荧光灯、三基色荧光灯等显色性好的电光源作为局部装饰或一般照明。

（2）与此相反，对显色性要求不高而且相对照度要求高的场所，如高大厂房的一般照明，道路照明，广场、港口的投光照明等无须仔细分辨颜色的大面积照明，考虑到维修方便、寿命长的要求，可采用高压钠灯、低压钠灯。

（3）对要求光色好、照度高的场合，如体育馆和大型精密产品的总装车间等，就要用金属卤化物灯。

2. 按环境条件选用电光源

（1）对电网负荷大，电网电压波动变化较大的场所，宜选用受电压变化影响小的电光源，如低压钠灯，不宜选用高压钠灯和白炽灯，否则高压钠灯易熄灭，白炽灯光通量会下降。

（2）对频闪效应有较高要求的场所，如机床设备房的局部照明，不宜选气体放电灯，而应选用白炽灯、卤钨灯。

（3）对有振动的场所，不宜选用抗振性能差的卤钨灯，可选用荧光高压汞灯或高压钠灯。

（4）低温场所，如冷冻机房等，不宜选用带电感镇流器的预热式荧光灯，以免造成启动困难。

（5）对装有空调的场所，不宜选用发热量大且光效低的白炽灯、卤钨灯，以免增加用电量，宜选用冷电光源，如荧光灯。

（6）对需要考虑光环境对人心理作用的场合，而不太注意光的照度要求，如给人以舒适感、宁静安详的场合（休息厅、卧室、咖啡厅和高级客房），就需用低色温的电光源，使其发出的光偏红色，如白炽灯。

(7) 对无自然采光或自然采光不足而人们又需要长期停留进行工作、学习、生活的场所，如办公室、教室、阅览室、住宅的门厅等，就需选用日光色的荧光灯，以达到与日光相近的显色性和较高的照度要求。

(8) 频繁开关的场所，如走廊、过道等用于专路照明，且对照度要求不高，就选用白炽灯。

(9) 要求瞬时点燃事故照明和应急照明的场所，如重要档案馆、机密室、重要的厂房车间、火灾时疏散人群的道路指示灯等，需采用白炽灯、卤钨灯或冷阴极荧光灯，不能用高强度气体放电灯。

(10) 需调光的场所可采用白炽灯、卤钨灯。

3. 按投资与年运行费用选用电光源

年运行费用包括电费、年耗用灯泡费、照明装置的维护费及折旧费，其中电费和维护费占较大比重。这里主要考虑光效高的电光源，以节省照明设施的数量和灯具材料费用及安装费用等；同时，考虑到维护费和折旧费，又须选择寿命长的电光源，如高压钠灯、低压钠灯，常用于道路、桥梁、高大厂房的照明。

练习题2.2

一、填空题

1. 热辐射光源：利用某种物质通电加热而辐射发光的原理制成的电光源，如________、________等。

2. 气体放电光源：利用汞或钠气体辐射的紫外线激活荧光粉发光的原理制成的电光源，如________、高压汞灯和高压________等。

3. 电气照明中，常用的光度量有________、光强、________和亮度等。

4. 照度指单位被照面积上所接受的________；符号________，单位________，公式 $E=$________。

5. ________用来描述光源的发光能力，________用来描述光源的光通量密度大小，二者均是描述发光体的性能指标。________用来描述被照物体接受的光通量，________用来描述物体明亮程度，二者均是描述被视物体的性能指标。

6. 一般用________进行有关的照明设计计算，但影响人视觉效果的实际上是________。

7. 100W 白炽灯输出的额定光通量为 1250lm，灯下 2m 处的照度值是________。

二、简述题

1. 试述下列常用光度量的定义及单位。

(1) 光通量。

(2) 光强（发光强度）。

(3) 照度。

(4) 亮度。

2. 常用的照明电光源分为哪几类？举例说明各类主要有哪几种灯。

3. 照明电光源有哪些性能指标？它们如何反映电光源的性能？

任务 2.3 照明器的选择与布置

任务说明	认真阅读《照明设计手册》和《建筑照明设计标准》，对办公楼照明工程进行照明器的选择与布置，形成光照设计说明
学习目标	初步具备光照设计的能力
工作依据	教材、土建施工图纸、手册、规范
实施步骤	1. 认真阅读《照明设计手册》和《建筑照明设计标准》，进一步熟悉照明工程光照设计的相关规范和标准要求 2. 对办公楼照明工程进行照明器的选择与布置，明确灯具的类型、平面布置方式、垂直布置方式 3. 估算灯具数量，画出灯具平面布置图
任务成果	办公楼照明工程灯具平面布置图

2.3.1 照明器的概念及分类

1. 概念

照明工程中，照明器是指电光源与灯具的组合，而灯具则是指除电光源外所有用于固定和保护电光源的零件，以及与电源连接所必需的线路附件。

灯具主要有如下几方面作用。

(1) 固定电光源及其控制装置，保护它们免受机械损伤，并为其供电，让电流安全地流过灯泡（管）。

(2) 控制灯泡（管）发出光线的扩散程度，实现需要的配光，防止直接眩光。

(3) 保证照明安全，如防爆等。

(4) 装饰美化环境。

可见，照明设备中仅有电光源是不够的。照明器有时简称灯具，这样比较通俗易懂。

2. 分类

照明器可按照配光曲线、安装方式、结构特点、距高比等进行分类。

(1) **照明器按配光曲线进行分类，即按上射和下射光通量所占的比例进行分类，分为5类。常用灯具配光分类表见表2-4和图2.9。**

表 2-4　常用灯具配光分类表

类　　型		直接型	半直接型	漫射型	半间接型	间接型
光通量分布特性（占照明器总光通量的比例）	上半球	0～10%	10%～40%	40%～60%	60%～90%	90%～100%
	下半球	100%～90%	90%～60%	60%～40%	40%～10%	10%～0
特点		光线集中，工作面上可获得充分照度	光线能集中在工作面上，空间也能得到适当照度。比直接型眩光小	空间各个方向光强基本一致，可达到无眩光	增加了反射光的作用，使光线比较均匀柔和	扩散性好，光线均匀柔和。避免了眩光，但光的利用率低
所属灯具举例		嵌入式格栅荧光灯、圆格栅吸顶灯、广照型防水防尘灯、防潮吸顶灯	深照式荧光灯、搪瓷深照灯、镜面深照灯、探照型防振灯、配照型工厂灯、防振灯	筒式荧光灯、纱罩单吊灯、塑料碗吊灯、尖扁圆吸顶灯、方形吸顶灯	平口橄榄罩吊灯、束腰单吊灯、圆球单吊灯、枫叶罩单吊灯、彩灯	伞形罩单吊灯
示意图						

(a) 直接型

图 2.9　照明器按配光曲线进行分类

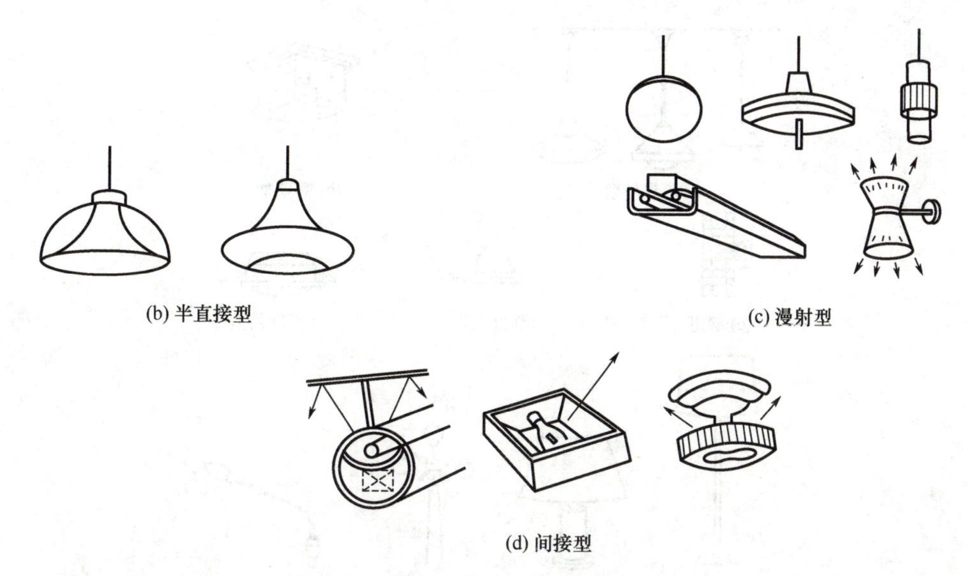

图 2.9 照明器按配光曲线进行分类（续）

① **直接型**：绝大部分光通量（90%～100%）直接投照下方，光通量的利用率最高。

② **半直接型**：大部分光通量（60%～90%）射向下半球空间，小部分（10%～40%）射向上方，射向上方的光通量将减少照明环境所产生阴影的硬度并改善其各表面的亮度比。

③ **漫射型**：灯具向上向下的光通量几乎相同（各占 40%～60%）。最常见的是乳白玻璃球形灯罩。这种灯具将光线均匀地投向四面八方，因此光通量利用率较低。

④ **半间接型**：灯具向下光通量占 10%～40%，它的向下分量往往只用来产生与天棚相称的亮度。上面敞口的半透明罩属于这一类。它们主要作为建筑装饰照明，由于大部分光线投向顶棚和上部墙面，增加了室内的间接光，光线更为柔和宜人。

⑤ **间接型**：灯具的小部分光通量（0～10%）向下。设计得好时，全部天棚成为一个照明光源，达到柔和无阴影的照明效果，由于灯具向下的光通量很少，只要布置合理，直接眩光与反射眩光都很小。此类灯具的光通量利用率最低。

（2）**照明器按安装方式进行分类，如图 2.10 所示，**主要介绍前四种。

① **悬吊型**：灯具吊挂在顶棚上。根据吊用的材料不同，其分为线吊型、链吊型和管吊型。悬挂可以使灯具离工作面近一些，提高照明经济性，主要用于建筑物内的一般照明。

② **吸顶型**：灯具吸附在顶棚上，一般适用于顶棚比较光洁而且房间不高的建筑物。

③ **嵌入型**：除了发光面，灯具的大部分都嵌在顶棚内，一般适用于低矮的房间。

④ **壁灯**：灯具安装在墙壁上。壁灯不能作为主要灯具，只能作为辅助照明，并且带有装饰效果，一般多用小功率电源。

（3）**照明器按结构特点进行分类，如图 2.11 所示**。

① **开启型**：电光源与外界空间直接接触，无透光罩，维护检修方便，但电光源、反光器极易受外界空气的污染而影响其照明效果，适用于对照明质量要求不高和灰尘不多的一般街道等处的照明。

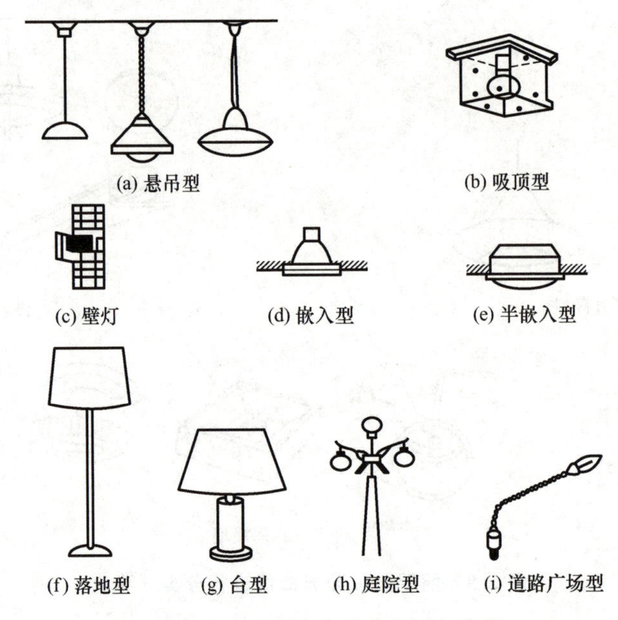

图 2.10　照明器按安装方式进行分类

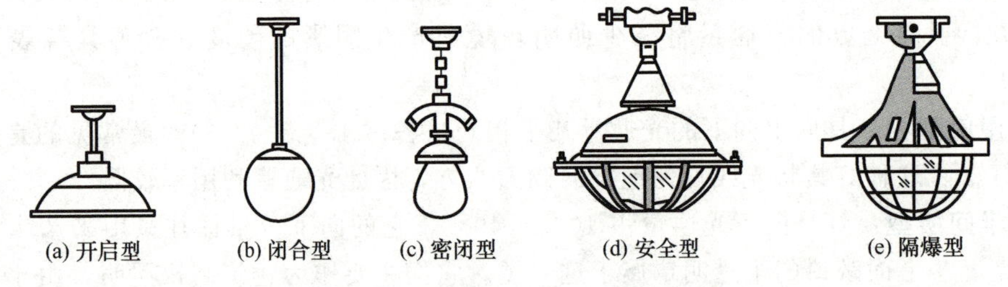

图 2.11　照明器按结构特点进行分类

② **闭合型**：透光罩将电光源包围，但透光罩内外的空气能自由流通。

③ **密闭型**：内外空气不能流通，适用于浴室、厨房、潮湿或者有水蒸气的车间、仓库及隧道等场所，如防潮灯。

④ **防爆型**：灯罩及其固定处均能承受要求的压力，能在有爆炸危险性介质的场所安全使用。防爆型又分成安全型和隔爆型。

(4) **照明器按距高比进行分类**。一般情况下，室内照明基本上都采用直接型灯具，按照灯具的允许距高比均匀布置，以确保水平工作面上获得较均匀的照度。

距高比：相邻照明器之间的距离 L 与照明器到工作面的距离 h 之比，用 λ 表示。

$$\lambda=L/h$$

布置灯具时，实际距高比≤最大允许距高比，工作面上就会获得比较均匀的照度，如图 2.12 所示。

① **特深照配光型**：光通量和最大光强值集中在 0～15°的狭小立体角内。允许距高比<0.4。这种灯具一般用于制造某种特殊的氛围，属于补充照明。

② **深照配光型**：光通量和最大光强值集中在 0～30°的狭小立体角内。允许距高

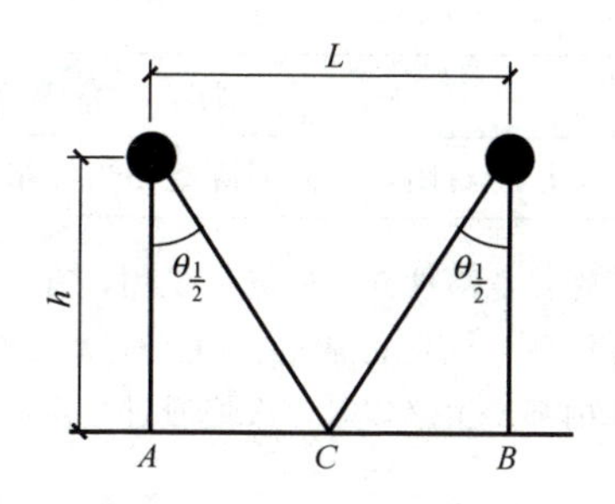

图 2.12　照度均匀布置

比 0.7～1.2。这种灯具一般用于较高的厂房。

③ **中照配光型（Ⅰ）**：又称余弦配光型。光强 I_θ 与角度 θ 的关系符合余弦规律。允许距高比 1.3～1.5。它不仅能使水平工作面上获得较均匀的照度，而且能获得较高的垂直面照度。这种灯具一般用于面积较大的房间，是应用最广泛的照明灯具。

④ **广照配光型**：光线的最大光强值分布在较大角度上，可在较广的面积上形成均匀的照度。其适用于较大房间，允许距高比可达 2.0。这种灯具可用于各种室内照明，尤其是面积较大的房间。

⑤ **特广照配光型**：最大光强值分布在 60°附近，而 0～30°内光强值较小。允许距高比可达 4.0。这种灯具一般用于道路照明和大厂房照明。

表 2-5～表 2-7 给出了选择照明器的参考数据。

表 2-5　照明器防触电分类

照明器等级	照明器主要性能	应用说明
0类	依赖基本绝缘防止触电，一旦绝缘失败，靠周围环境提供保护，否则易触及部分和外壳会带电	安全程度不高，适用于安全程度好的场合，如空气干燥、尘埃少、木地板等条件下的吊灯、吸顶灯
Ⅰ类	除基本绝缘外，易触及部分和外壳有接地装置，一旦基本绝缘失效，不致有危险	用于金属外壳的照明器，如投光灯、路灯、庭院灯等
Ⅱ类	采用双重绝缘或加强绝缘作为安全防护，无保护导线（地线）	绝缘性好，安全程度高，适用于环境差、人经常触摸的照明器，如台灯、手提灯等
Ⅲ类	采用安全电压（交流有效值不超过 50V），灯内不会产生高于此值的电压	安全程度最高，可用于恶劣环境或特殊环境，如机床工作灯、儿童用灯等

表 2-6　照明器结构特点分类

结　构	特　点
开启型	电光源与外界空间直接接触（无透光罩）
闭合型	透光罩将电光源包围，但透光罩内外的空气能自由流通

续表

结　构	特　点
密闭型	透光罩固定处加严密封闭，与外界隔绝相当可靠，内外空气不能流通
防爆型	能安全地在有爆炸危险性介质的场所使用，有安全型和隔爆型。安全型在正常运行时不产生火花电弧；或把正常运行时产生火花电弧的部件放在独立的隔爆室内。隔爆型在照明器内部产生爆炸时，火焰通过一定间隙的防爆面后，不会引起照明器外部的爆炸

表 2-7　照明器安装方式分类

安装方式	特　点
壁式	安装在墙壁上、庭柱上，用于局部照明或没有顶棚的场所
吸顶式	将照明器吸附在顶棚面上，主要用于没有吊顶的房间。吸顶式的光带适用于计算机房、变电站等
嵌入式	适用于有吊顶的房间，照明器是嵌入吊顶内安装的，可以有效消除眩光。与吊顶结合能形成美观的装饰艺术效果
半嵌入式	将照明器的一半或一部分嵌入顶棚，其余部分露在顶棚外，介于吸顶式和嵌入式之间，适用于顶棚吊顶深度不够的场所，在走廊处应用较多
悬吊式	最普通的一种照明器安装形式，主要利用吊杆、吊链、吊管、吊灯线来吊装饰照明器
地脚式	主要作用是照明走廊，便于人员行走，用在医院病房、公共走廊、宾馆客房、卧室等处
台式	主要放在写字台、工作台、阅览桌上，作为书写阅读使用
落地式	主要用于高级客房、宾馆、带茶几沙发的房间及家庭的床头或书架旁
庭院式	灯头或灯罩多数向上安装，灯管和灯架多数安装在庭院地坛上，特别适于公园、街心花园、宾馆及机关学校的庭院内
道路广场式	主要用于夜间的通行照明。广场灯用于车站前广场、机场前广场、港口、码头、立交桥、停车场、集合广场、室外体育场等
移动式	用于室内外移动性的工作场所，以及室外电视、电影的摄影等场所

2.3.2　照明器光学特性

照明器的光学特性主要包括光强分布、灯具效率和遮光角等指标。

1. 配光特性（光强分布特性）

下面介绍几个配光术语，如图 2.13 所示。

配光：照明器在空间各个方向上的光强分布。

配光特性：用于表示电光源或照明器的光强在空间各个方向上的分布状态的解析式、表格或曲线。

光中心：把一个具有一定尺寸的电光源或照明器看作一个点，且认为所有光通量都从该点发出。

垂直角与垂直面：观察光中心的方向与光轴向下方向所形成的夹角就是垂直角；垂直角所在的平面即为垂直面。

水平角与水平面：选一基准垂直面，观察方向所在的垂直面与基准垂直面形成的夹角就是水平角；垂直于光轴的任意面均称为水平面。

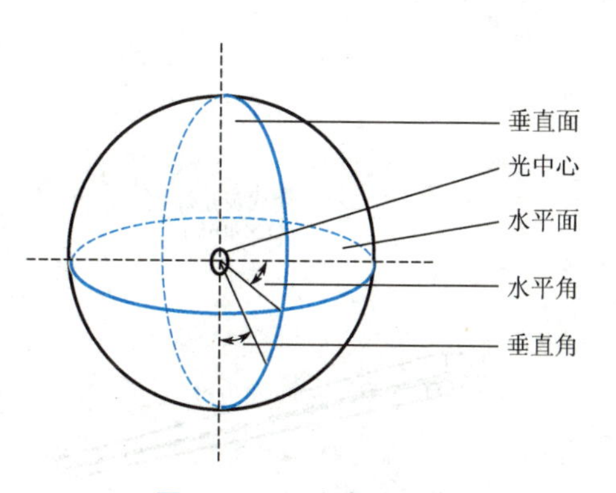

图 2.13　配光术语示意

配光特性通常用配光曲线描述。用以描述电光源或照明器在空间各个方向上光强分布的曲线称为配光曲线。配光特性可以有不同的表示方法，常用的有曲线法、列表法。

1）极坐标配光曲线

极坐标配光曲线最适合于具有旋转对称配光曲线特性的照明器（装有白炽灯、高压汞灯、高压钠灯），以极坐标原点为中心，以极坐标的角度表示灯具的垂直角，以极坐标的矢量长度表示光强的大小，以一定比例的光强值为半径作一系列同心圆表示等光强线。

根据灯具的配光曲线，能比较容易求得灯具在某一方向上的光强值。

（1）旋转对称照明器。

以极坐标的角度表示光强的方向，以矢量长度表示光强的大小。旋转对称照明器配光曲线如图 2.14 所示。

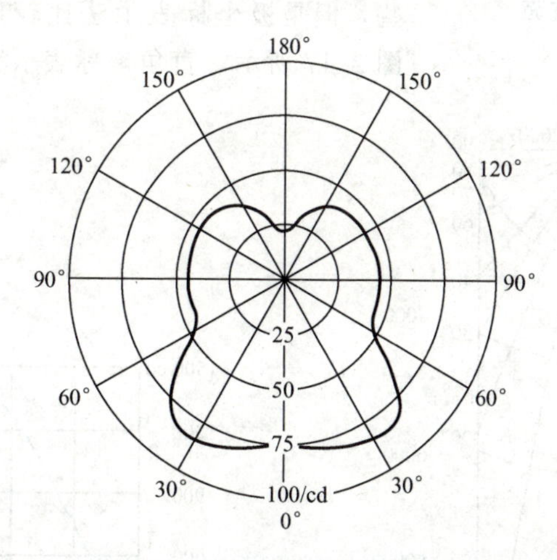

图 2.14　旋转对称照明器配光曲线

（2）非旋转对称照明器。

如图 2.15 所示，非对称配光特性照明器的光强空间分布不对光轴旋转对称，但在一个垂直面内一般关于光轴对称。照明器（荧光灯）最主要的垂直配光曲线是垂直于纵轴的垂直面的配光曲线（*A*—*A*）。荧光灯垂直面如图 2.16 所示。

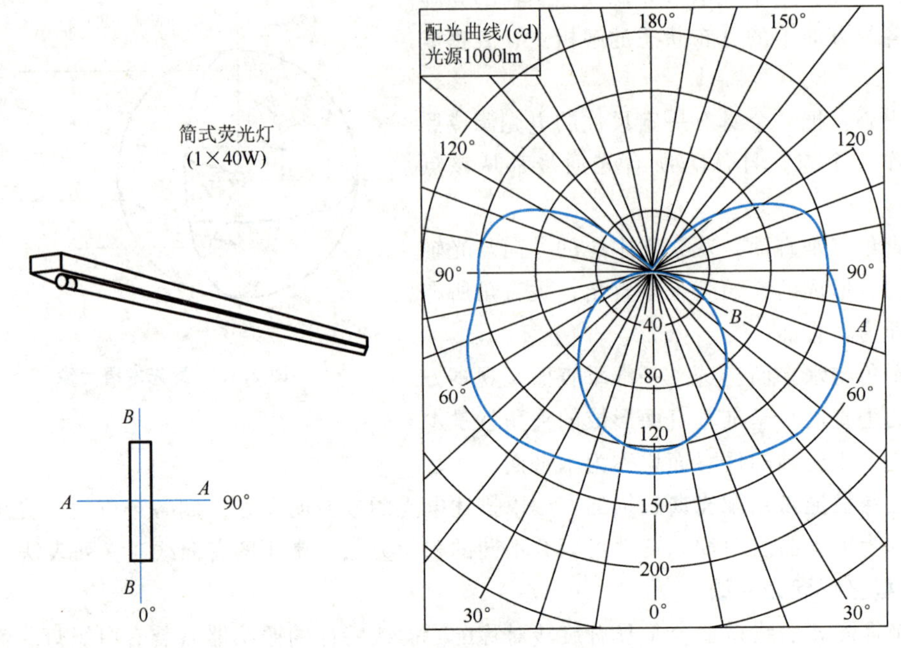

图 2.15　非旋转对称照明器（荧光灯）配光曲线

A　C_{90}平面
B　B　纵向垂直面(含灯纵轴)
C_0平面
A
横向垂直面(对灯而言)

图 2.16　荧光灯垂直面

2）**直角坐标配光曲线（狭窄配光照明器）**

对于聚光很强的投光灯，其光强分布在一个很小的角度内，其配光曲线一般绘在直角坐标上，纵坐标表示光强，横坐标表示垂直角。这种表示方法的配光曲线在垂直方向上的光强值比极坐标表示法要准确一些，但是极坐标表示法比较形象。极坐标表示法如图 2.17 所示，直角坐标表示法如图 2.18 所示。

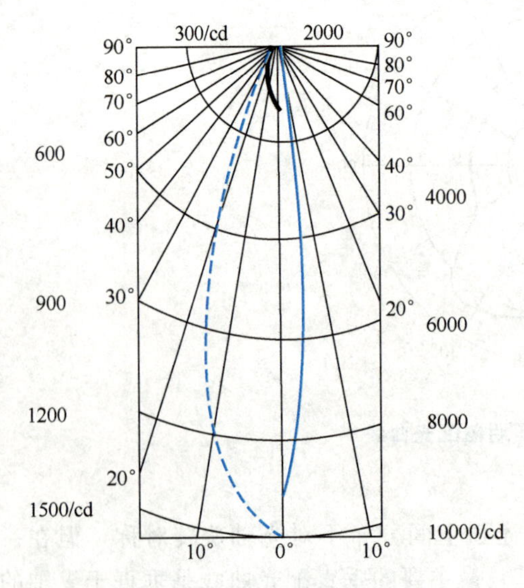

图 2.17　极坐标表示法

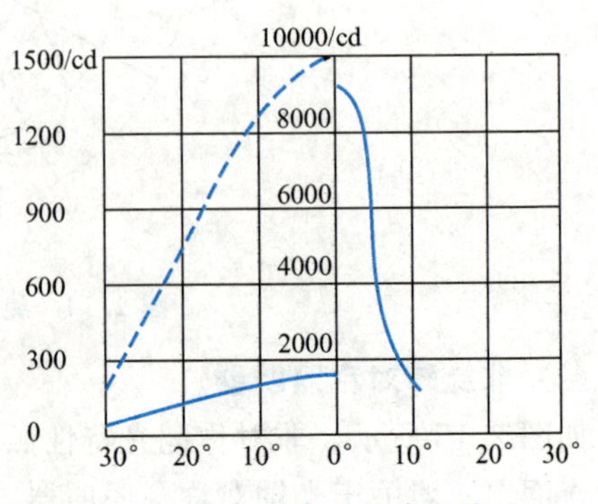

图 2.18　直角坐标表示法

3）列表法

列表法实质与极坐标表示法完全一样，只是将曲线用表中数值表示而已。在实际应用中，用曲线表示比较形象，便于定性分析。但是在照明计算中，曲线法不能保证精度，而列表中可以查到比较精确的光强值。可用插入法由表求出各点的光强值。

$$I_\theta = I_{\theta 1} + \frac{I_{\theta 2} - I_{\theta 1}}{\theta_2 - \theta_1}(\theta - \theta_1)$$

需注意，无论是用曲线还是用表格表示的配光特性，其中的光强值是照明器中的光通量为 1000lm 时的光强值，应进行换算。

$\because I_\theta = \Phi_S/\omega$

$\therefore \frac{I_\theta^{1000}}{I_\theta} = \frac{1000/\omega}{\Phi_S/\omega} \Rightarrow I_\theta = \frac{\Phi_S}{1000} I_\theta^{1000}$

$I_\theta = \frac{\text{实际的光通量}}{1000\text{lm}} \times$ 光通量为 1000lm 时 θ 方向上的光强

2. 灯具效率

灯具效率是反映灯具技术经济效果的重要指标，指从一个灯具输出的光通量与电光源发出的总光通量之比。

电光源装入灯具后，它输出的光通量会受到限制，同时灯具也会吸收部分光能。因此，从灯具输出的光通量会小于电光源应输出的光通量，那么，从灯具输出的光通量 Φ_L 与灯具内所有电光源在无约束条件下点燃时输出的总光通量 Φ_S 之比，叫作灯具效率，记作 η。

$$\eta = \frac{\Phi_L}{\Phi_S}$$

灯具效率与灯具的形状、所用材料和电光源在灯具内的位置有关。一般希望灯具效率应尽量提高，但也要保证合理的配光特性。

总的来说，敞口式灯具效率比较高。早年的格栅灯具效率很低，不足 50%；近年来采用大网孔高隔片的格栅，材料采用抛光的铝合金或不锈钢，如果设计合理，灯具的效率可高于 70%。

3. 亮度分布

灯具的亮度分布是灯具在不同观察方向上的亮度 L_θ 和表示观察方向的垂直角 θ 之间的关系，即 $L_\theta = f(\theta)$。灯具的亮度分布表示方法和配光特性一样，可用极坐标或直角坐标（图 2.19）表示。

在实际应用中，主要是垂直角在 45°及以上范围内的灯具亮度会对照明质量产生影响，因此，一般只画出垂直角范围内的亮度分布曲线。

亮度分布特性

$$L_\theta = \frac{I_\theta}{A_\theta}$$

式中，A_θ 为对观察者而言能看到的面积。

4. 眩光

由于视野内的亮度分布不恰当，即视野内出现了不同的亮度，形成了大的亮度对比；或者视野内的亮度范围不合适，即视野内出现了太亮的发光体，引起刺眼的不舒适感或视

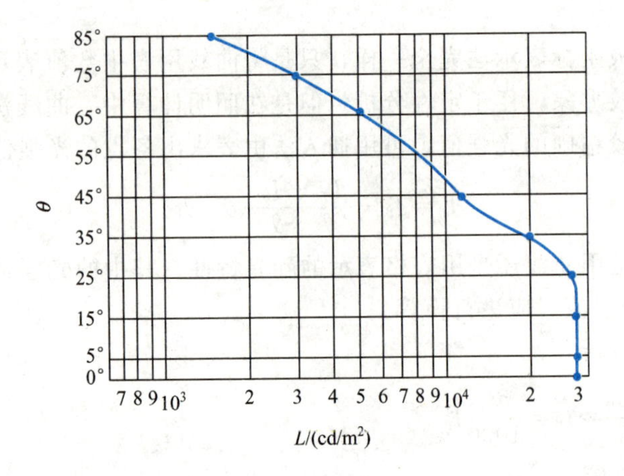

图 2.19　灯具亮度分布

力的降低，产生眩光。眩光作用的强弱与视线角度的相对位置有关。

5. 遮光角（保护角）

在照明技术中，为了满足视觉工作的需要，往往希望灯具发光面的平均亮度高一些，以获得较高的照度；但是，为了避免直射眩光，又希望灯具发光面的平均亮度低一些，以创造一个舒适的照明环境。显然，环境的照度和视觉舒适性对灯具表面的平均亮度值的要求是相互矛盾的。根据以上分析，只要限制灯具垂直角在45°及以上范围内的表面亮度，就可以适当地解决这一矛盾，实际应用中可以采取的措施之一就是选择合适的灯具保护角。

灯具的保护角（图 2.20）是指电光源最边缘一点和灯具出口的连线与水平线之间的夹角。**它实际上反映的是灯具遮挡电光源直射光的范围，因此又称遮光角，通常用 α 表示。**灯具的种类不同，保护角的计算方法也不同。格栅灯具的保护角如图 2.21 所示。

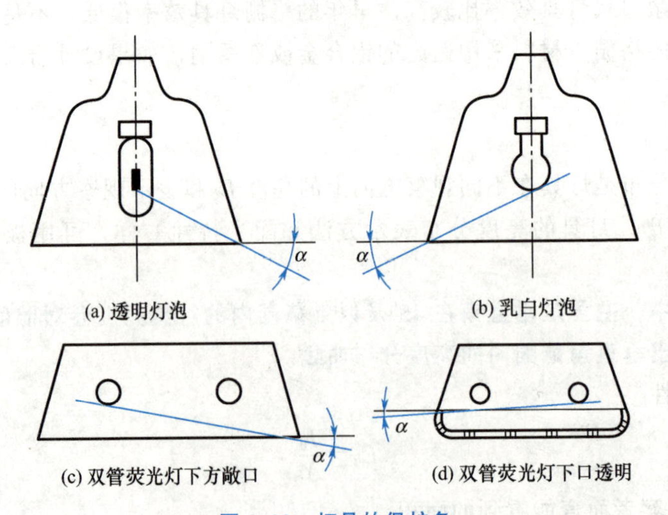

图 2.20　灯具的保护角

一般照明器的遮光角（保护角）选为 15°～30°，直接型灯具的遮光角见表 2-8，格栅灯具的遮光角（保护角）常取 25°～45°。

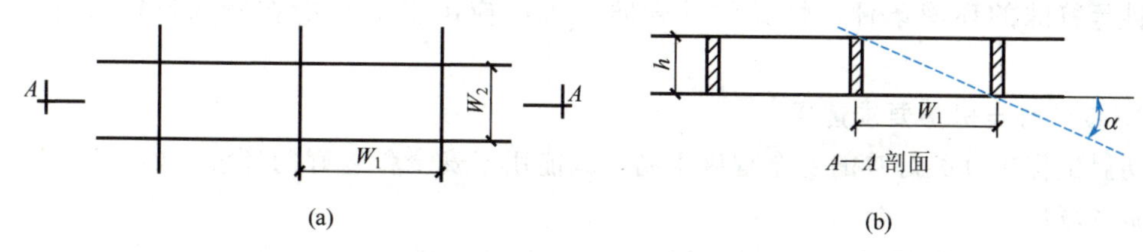

图 2.21 格栅灯具的保护角

表 2-8 直接型灯具的遮光角

电光源平均亮度/(kcd/m²)	遮光角	电光源平均亮度/(kcd/m²)	遮光角
1～20	10°	50～500	20°
20～50	15°	≥500	30°

2.3.3 灯具选择

照明设计中，应选择既满足使用功能和照明质量的要求，又便于安装维护、长期运行费用低的灯具，具体应考虑以下几点。

拓展讨论

结合党的二十大报告中提出的加快推进科技自立自强，请同学们通过调研，说出我国照明工业的发展历程。

1. 按配光选择

配光的选择主要应根据各类灯具的配光特点及使用场合的要求来综合考虑。

(1) 在各种办公室及公共建筑中，房间的墙和顶棚均要求有一定的亮度，要求房间内各表面有较高的反射比，并需有一部分光直接射到顶棚和墙上，此时可以采用上射光通量不小于15%的半直接型灯具，从而获得舒适的视觉条件及良好的艺术效果；有吊顶的大型办公室或大厅，可以采用嵌入式格栅荧光灯具；有空调的房间可以选用空调灯具，以有效地节约电能。

(2) 工业厂房应采用效率较高的开启式直接型灯具。在高大的厂房内（6m 以上），宜采用配光较窄的灯具，但对垂直照度有要求的场所则不宜采用，而应考虑有一部分光能照射到墙上和设备的垂直面上；厂房不高或要求减少阴影时，可采用中照型、广照型等配光的灯具，使工作点能受到来自各个方向的光线的照射。

(3) 为了限制眩光，应采用表面亮度低、保护角符合规定的灯具，如带有格栅或漫射罩的灯具，也可采用蝙蝠翼配光的灯具，使视线方向的反射光通量减小到最低限度，可以显著地减弱光幕反射。

(4) 当要求垂直照度时，可选用不对称配光的灯具，也可采用指向型灯具（聚光灯、射灯等）。

2. 按环境条件选择

按环境条件选择灯具时，应特别注意有火灾危险、爆炸危险、灰尘、潮湿、振动和化

学腐蚀等特殊的环境条件，灯具的外壳防护等级应确保灯具能在特殊环境条件下安全工作。

3. 按防触电保护要求选择

防触电保护0类灯具的安全程度不高，只能用于安全程度好的环境，如空气干燥、铺木地板的场所。

防触电保护Ⅰ类灯具的金属外壳接地，安全程度有所提高，如投光灯、路灯、庭院灯等。

防触电保护Ⅱ类灯具的绝缘性好，安全程度高，适用于环境差、人经常触摸的照明器，如台灯、手提灯。

防触电保护Ⅲ类灯具的安全程度最高，适用于恶劣环境或特殊环境，如机床工作灯、儿童用灯等。

4. 按经济性选择

在保证满足使用功能和照明质量要求的前提下，应对可供选择的灯具和照明方案进行经济合理性比较，主要考虑初投资费（灯具的净费用、安装费、灯泡的初始安装净费用）、年运行费（每年的电费、更换灯泡的年平均费）及年维护费（换灯和清扫的年人力费）。在满足照明质量、环境条件和防触电保护要求的情况下，尽量选用效率高、利用系数高、安装维护方便的灯具。

5. 灯具外形应与建筑物相协调

灯具的造型尺寸、外表面的颜色等应与建筑物协调一致，还可以通过采用艺术灯具（吊灯、特制的各种灯具等），来达到美化环境、烘托建筑的目的。

2.3.4 灯具布置

1. 布置原则

灯具布置

灯具的布置包括灯具悬挂高度及平面布置两个内容。对室内灯具的布置除了要求保证最低的照度条件，还应使工作面上照度均匀、光线的照射方向适当，无眩光阴影，维护方便，使用安全，布置上整齐美观，并与建筑空间相协调。

一般灯具的布置方式有以下两种：均匀布置和选择布置。灯具的均匀布置是指灯具间距按一定的规律（如正方形、矩形、菱形等形式）均匀布置，以使整个工作面获得比较均匀的照度。均匀布置适用于室内灯具的布置。灯具的选择布置是指为满足局部要求而布置灯具的方式。选择布置适用于有特殊照明要求的场所。

2. 垂直布置

选择合适的灯具悬挂高度是光照设计的重要内容，若灯具悬挂过高，则会降低工作面的照度从而必须加大电光源的功率，不经济，同时也不便于维护和修理；若悬挂过低，则容易碰撞，不安全，且容易产生眩光，影响视觉工作。

为防止眩光，保证照明质量，室内一般照明灯具距地面最低悬挂高度可参考表2-9。

表 2-9 室内一般照明灯具距地面最低悬挂高度

电光源种类	灯 具 形 式	灯具遮光角	电光源功率/W	最低悬挂高度/m
白炽灯	有反射罩	10°～30°	≤100	2.5
			100～200	3.0
	乳白玻璃漫射罩	—	≤100	2.5
			100～200	3.0
荧光灯	无反射罩	—	≤40	2.0
			>40	3.0
	有反射罩	—	≤40	2.0
			>40	2.0
荧光高压汞灯	有反射罩	10°～30°	<125	3.5
			125～250	5.0
	有反射罩带格栅	>30°	<125	3.0
			125～250	4.0
金属卤化物灯 高压钠灯 混光光源	有反射罩	10°～30°	<150	4.5
			150～250	5.5
	有反射罩带格栅	>30°	<150	4.0
			150～250	4.5

工作面高度 $h_{fc}=0.75\text{m}$，计算高度 $h_{rc}=H-h_{cc}-h_{fc}$，垂吊高度一般为 0.3～1.5m，多取 0.5～1.0m。

3. 平面布置

平面布置即确定灯具之间、灯具与墙之间的距离。

1）均匀布置

均匀布置是指灯具之间按照一定规律进行布置的方式，在采用一般照明或分区一般照明方式的场所，大都选择这种布灯方法。

均匀布置的特点是将同型号的灯具按等分面积的方法，均匀布置成单一的几何图形（如直线形、正方形、矩形、菱形、角形、满天星形等），灯具布置与生产设备或工作面的位置无关，因而在整个工作面上都可以获得较均匀的照度。

均匀布置又分为正方形布置、矩形布置和菱形布置三种主要形式。对于均匀布置方式，判断照明器布置是否合理，主要取决于距高比 $\lambda=L/h_R$（照明器的等效距离与计算高度的比值，查表可知）。照明器的几种均匀布置方式和 L 值的确定如图 2.22 所示。

等效距离 L 的计算如下。

正方形布置：$L=L_1=L_2$。

矩形布置：$L=\sqrt{L_1L_2}$。

菱形布置：$L=\sqrt{L_1L_2}$。

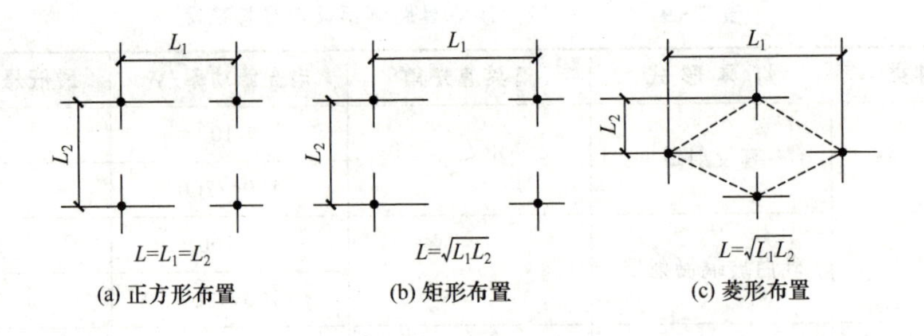

图 2.22　照明器的几种均匀布置方式和 L 值的确定

2）选择布置

选择布置是一种满足局部照明要求的灯具布置方案。对于局部照明（或定向照明）方式，当采用均匀布置达不到所要求的照度分布时，多采用这种布灯方案。

选择布置的特点是灯具布置与生产设备或工作面的位置有关，以力求使工作面能获得最有利的光照方向，或突出某一部位，或加强某个局部的照度，或创造出某种装饰气氛。

4. 对称电光源照明器的布置

1）确定计算高度 h_{rc}

h_{rc}＝建筑物层高－灯具悬吊距离－工作面高度或 h_{rc}＝灯具最低悬挂高度－工作面高度。

2）确定灯具之间距离 L

由已知灯具的类型，查距高比，然后按公式 $L=\lambda h_{rc}$ 求出灯间距。

若为正方形布置：L 为灯间距。

若为矩形布置：L 为等效间距，可先确定 L_1，再按公式 $L_2=L^2/L_1$，求 L_2。

若为菱形布置：同矩形布置。

3）求灯具与墙边的距离

靠墙无工作面时：$(1/3\sim1/2)L$ 或 $(0.4\sim0.5)L$。

靠墙有工作面时：$(1/4\sim1/3)L$ 或 $(0.25\sim0.3)L$。

5. 非对称电光源照明器的布置（以荧光灯为例）

1）求灯具之间的距离

$$L_{A-A}=\lambda_{A-A}h_{rc} \qquad L_{B-B}=\lambda_{B-B}h_{rc}$$

2）求灯具与墙边的距离

灯具两端部与墙边的距离不宜大于500mm，一般取 300～500mm，或为灯长的 1/5～1/3。B—B 方向：灯端与墙边的距离为（1/5～1/3）×灯长；A—A 方向：灯与墙边的距离与对称的相同。

6. 步骤小结

(1) 确定计算高度 $h_{rc}=H-h_{cc}-h_{fc}$。

(2) 根据灯具类型查表，确定距高比 λ，实际选的距高比不得大于表中的值。

(3) 确定灯间距和灯墙距 $L=\lambda h_{rc}$。

(4) 根据房间尺寸，确定行、列的灯具数量：每行/列灯具数量＝(长/宽)÷L 后取整加 1。

(5) 求出灯具的总数量。

【例 2.2】 有一绘图室的平面尺寸为 9.6m×7.4m，室内高度为 3.5m。试进行照明器的选择和布置。

【解】 (1) 选择照明器：因绘图室需要有较好的照明条件，故选择 YG2－1 型荧光灯。

(2) 计算高度：初步选定悬挂高度为 2.8m，工作面高度为 0.75m。则计算高度 h 为

$$h=2.8-0.75=2.05(\mathrm{m})$$

(3) 照明器布置：查表得 YG2－1 型荧光灯的最大允许距高比，A—A 向为 1.46；B—B 向为 1.28。则可计算得：

荧光灯在 A—A 向的中心距离 $L'\leqslant 1.46\times h=1.46\times 2.05\approx 2.99(\mathrm{m})$

荧光灯在 B—B 向的中心距离 $L''\leqslant 1.28\times h=1.28\times 2.05\approx 2.62(\mathrm{m})$

最边行电光源与墙的距离，计算得 $L=1/3L'=1/3\times 2.99\approx 1.0(\mathrm{m})$

YG2－1 型荧光灯管长约 1.3m，荧光灯两端与墙的距离取 0.4m。根据上述计算结果，可进行初步布置。

练习题2.3

一、填空题

1. 灯具的保护角反映的是灯具遮挡电光源________光的范围，又叫作________，指电光源最边缘一点和灯具出口的连线与水平线之间的夹角。

2. 灯具的布置包括________布置和平面布置；平面布置分为________和选择布置，主要考虑高度、灯具最大允许________比。

3. 灯具的________是指相邻照明器之间的距离 L 与照明器到工作面的距离 h 之比，用 λ 表示，λ＝________。

4. 距高比________，照度的均匀度好，但经济性差；距高比过大，布灯稀少，则照度的________度不够。因此，一般实际的距高比要________于灯具的最大距高比。

二、计算题

1. 某车间室空间高度 4m，灯具悬挂高度 3m，工作面高度 1m，选用 GC－A－1 配照型灯具，其最大允许距高比为 1.25。要求：用正方形布置方案，确定灯具的间距和与墙的距离。

2. 某教室长 7.2m、宽 5.4m、高 3.6m，要布置荧光灯，选用荧光灯的型号为 YG1－1，室空间高度 3.5m，灯具的垂度 0.7m，工作面高度 0.75m，灯具距高比为 1.62（A—A）和 1.22（B—B）。要求：计算确定灯具的间距和与墙的距离。

三、简述题

1. 什么是最大允许距高比？布置灯具时如何考虑？

2. 什么是照度均匀度？布置灯具时如何考虑？

任务 2.4 照度计算、照明质量与节能评价

任务说明	进行办公楼房间和公共区域的照度计算，检验照度值是否符合规范要求；验算功率密度值是否符合规范要求；进行照明质量评价
学习目标	初步具备照度计算、照明质量与节能评价的能力
工作依据	教材、土建施工图纸、灯具布置草图、手册、标准
实施步骤	1. 认真阅读《照明设计手册》和《建筑照明设计标准》，明确办公楼房间和公共区域照度标准值和允许偏差范围 2. 根据上一学习任务已得到的灯具布置方案，进行办公楼房间和公共区域的照度计算，检验照度值是否达到规范要求，完善灯具布置方案 3. 对照规范要求，验算功率密度值是否符合规范要求 4. 进行照明质量五要素评价 5. 完善并修改办公楼照明工程灯具平面布置图 6. 形成照明工程光照设计说明
任务成果	1. 办公楼照明工程灯具平面布置图 2. 办公楼照明工程光照设计说明

计算照度是光照设计很重要的一个内容。根据房间特点、灯具的布置形式、电光源的数量及容量来计算房间工作面的均匀照度值；同时还可以根据房间特点、规定的照度标准值、灯具的布置形式来确定电光源的数量或容量。以上两种方法都是平均照度的计算方法。某工作点的照度也可以根据灯具的布置形式、电光源的数量及容量来计算，这就是点照度的计算。

照度计算的基本方法包括点照度计算和平均照度计算，其中点照度计算以被照面上的一点为对象，用于局部照明计算。平均照度计算以整个被照面为对象，用于一般照明计算；平均照度计算包括利用系数法、单位容量法、灯数概算法等。

2.4.1 平均照度计算

照度计算公式及概念

1. 利用系数法

1）基本公式及概念

$$E_{av}=\frac{\Phi_s NUK}{A}$$

式中，E_{av}为工作面的平均照度，lx；N 为灯具数；Φ_s 为每个灯具中电光源额定总光通量，lm；U 为利用系数；K 为维护系数；A 为工作面面

积，m^2。

利用系数 U：最后落到工作面上的光通量与电光源发出的额定光通量之比，它表示照明光源光通量的被利用程度。利用系数受房间形状、装饰材料性质、灯具的配光特性、效率、悬挂高度的影响。利用系数 U（YG1－1 型 40W 荧光灯）见表 2－10。

表 2－10　利用系数 U（YG1－1 型 40W 荧光灯）

顶棚空间有效反射比 ρ_{cc}		0.70				0.50			
墙面平均反射比 ρ_W		0.70	0.50	0.30	0.10	0.70	0.50	0.30	0.10
室空间比 RCR	1	0.75	0.71	0.67	0.63	0.67	0.63	0.60	0.57
	2	0.68	0.61	0.55	0.50	0.60	0.54	0.50	0.46
	3	0.61	0.53	0.46	0.41	0.54	0.47	0.42	0.38
	4	0.56	0.46	0.39	0.34	0.49	0.41	0.36	0.31
	5	0.51	0.41	0.34	0.29	0.45	0.37	0.31	0.26
	6	0.47	0.37	0.30	0.25	0.41	0.33	0.27	0.23
	7	0.43	0.33	0.26	0.21	0.38	0.30	0.24	0.20
	8	0.40	0.29	0.23	0.18	0.35	0.27	0.21	0.17
	9	0.37	0.27	0.20	0.16	0.33	0.24	0.19	0.15
	10	0.34	0.24	0.17	0.13	0.30	0.21	0.16	0.12

维护系数 K（又称减光系数）：灯具在使用过程中，因电光源光通量衰减、灯具房间的污染等因素而引起照度下降，从而引入维护系数的概念。维护系数由电光源光通量衰减系数 K_1、灯具积尘减光系数 K_2 和房间积尘减光系数 K_3 决定，即 $K=K_1K_2K_3$。

$$K=\frac{\text{某电光源规定时间产生照度}}{\text{初始照度}}$$

各系数见表 2－11～表 2－13。

表 2－11　电光源光通量衰减系数（K_1）

电光源类型	白炽灯	荧光灯	卤钨灯	高压钠灯	高压汞灯
K_1	0.85	0.8	0.9	0.75	0.87

表 2－12　灯具积尘减光系数（K_2）

房间清洁程度	灯具清洁次数/（次/年）	K_2		
		直接型灯具	半间接型灯具	间接型灯具
比较清洁	2	0.95	0.87	0.85
一般清洁	2	0.86	0.76	0.60
不清洁	3	0.75	0.65	0.50

表 2-13　房间积尘减光系数（K_3）

房间清洁程度	K_3		
	直接型灯具	半间接型灯具	间接型灯具
比较清洁	0.95	0.90	0.85
一般清洁	0.92	0.80	0.73
不清洁	0.90	0.75	0.55

2）计算步骤

确定房间各特征量；确定顶棚空间有效反射比；确定墙面平均反射比；确定利用系数；确定地面空间有效反射比；确定利用系数的修正值；确定室内平均照度。

（1）确定房间的空间系数。房间空间划分及参数如图 2.23 所示。

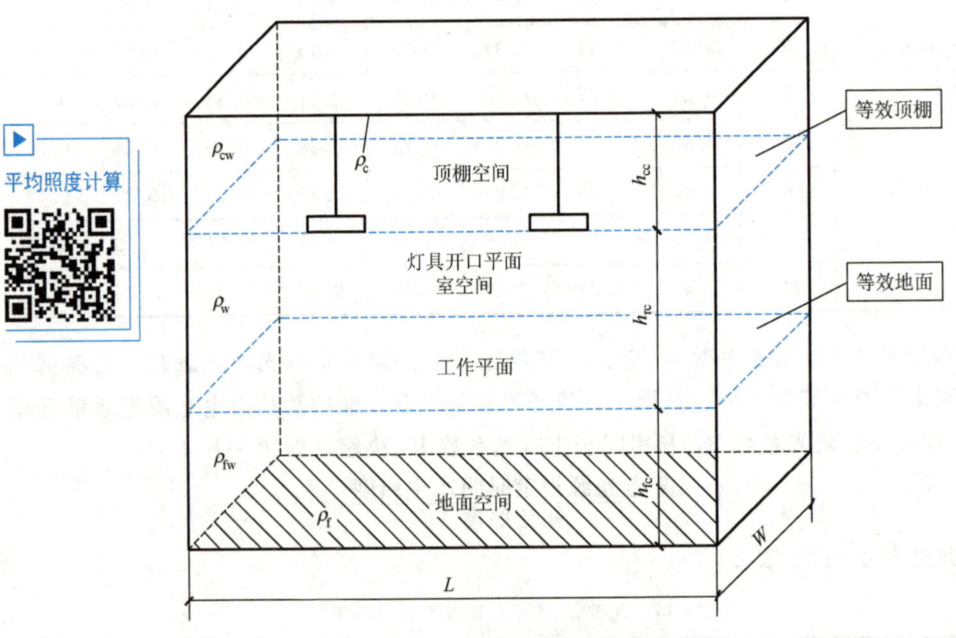

图 2.23　房间空间划分及参数

① 室形指数（RI）：用以表示照明房间的几何特征。

$$\text{室形指数}=\frac{\text{等效地面面积}+\text{等效顶棚面积}}{\text{室空间部分墙面面积}}$$

对矩形房间

$$\text{RI}=\frac{2LW}{2(L+W)h_{rc}}=\frac{LW}{(L+W)h_{rc}}$$

一般将室形指数划分为 0.6、0.8、1.0、1.25、1.5、2.0、2.5、3.0、4.0、5.0 十个等级。RI↑→房间矮宽→光通量利用系数↑。

② 室空间比：用以表示房间的空间特征。将室内划分为三个空间：顶棚空间、地面空间、室空间。

顶棚空间比　$$\text{CCR}=\frac{5h_{cc}(L+W)}{LW}$$

地面空间比 $$FCR=\frac{5h_{fc}(L+W)}{LW}$$

室空间比 $$RCR=\frac{5h_{rc}(L+W)}{LW}$$

RCR 共有十个等级，分别为 1、2、3、4、5、6、7、8、9、10。

（2）**确定顶棚空间有效反射比 ρ_{cc}。**

顶棚空间有效反射比为

$$\rho_{cc}=\frac{\rho A_0}{A_s-\rho A_s+\rho A_0}$$

式中，A_0 为顶棚空间开口面积（实际顶棚面积或有效顶棚面积），m^2；A_s 为顶棚空间的内表面面积（实际顶棚面积与顶棚空间部分墙面面积之和），m^2；ρ 为顶棚空间内表面的平均反射比。若第 i 块表面的面积为 A_i，ρ_i 是该表面的实际比，则

$$\rho=\frac{\sum\rho_i A_i}{\sum A_i}$$

（3）**确定墙面平均反射比 ρ_w。**当室空间墙面由多种材料组成时，其平均反射比的计算公式是

$$\rho_{wa}=\frac{\sum\rho_i A_i}{\sum A_i}$$

若只考虑玻璃窗的影响，则

$$\rho_{wa}=\frac{\rho_w(A_w-A_g)+\rho_g A_g}{A_w}$$

（4）**根据灯具的利用系数表，确定利用系数 U。**以上求出 RCR、ρ_{cc}、ρ_{wa} 的值，按灯具形式查利用系数表求出利用系数 U 的值。

若 RCR 不为表中的数值，则采用插入法求得。

$$U=U_1+\frac{U_2-U_1}{RCR_2-RCR_1}(RCR-RCR_1)$$

（5）**确定地面空间有效反射比。**由地面和地面空间部分墙面构成的地面空间内表面的平均反射比为

$$\rho_{fa}=\frac{\rho_f A_f+\rho_{wf}A_{wf}}{A_f+A_{wf}}$$

地面空间有效反射比为

$$\rho_{fc}=\frac{\rho_{fa}A_f}{(A_f+A_{wf})-\rho_{fa}(A_f+A_{wf})+\rho_{fa}A_f}$$

或 $$\rho_{fc}=\frac{2.5\rho_{fa}}{2.5(1-\rho_{fa})FCR}$$

（6）**确定利用系数的修正值。**当 RCR、ρ_{fc}、ρ_{wa} 不是表中分级的整数时，可以从修正系数表中查接近 ρ_{fc}、列表中接近 RCR 的两组数（RCR_1、γ_1）（RCR_2、γ_2），然后用下列插入法求出对应于实际 RCR 的修正值 γ。

$$\gamma=\gamma_1+\frac{\gamma_2-\gamma_1}{RCR_2-RCR_1}(RCR-RCR_1)$$

（7）确定室内平均照度。做完以上各步骤后再按下面公式来求室内平均照度。

$$E_{av}=\frac{N\Phi_s K\gamma U}{A}$$

如果是已知平均照度，可以用以下公式来确定所需灯具的数量，进而进行灯具的布置。

$$N=\frac{E_{av}A}{\Phi_s K\gamma U}$$

确定利用系数U时，应注意的问题：若反射比不是10的整数倍，可四舍五入；不同灯具的利用系数表不能混用；若RCR不是整数，可用直线内插法计算；若ρ_{fc}与利用系数表编制条件不同（≠20%）则应修正。

【例2.3】 某教室长度为9m，宽度为6m，房间高度为3m，工作面距地高为0.75m。当采用单管筒式40W的荧光灯作照明时，若要满足照度值不低于250lx，试确定照明器的只数（$\rho_c=0.7$，$\rho_w=0.7$，$\rho_f=0.3$）。

【解】（1）求RCR。取$h_{cc}=0.5$m，则

$$h_{rc}=3-0.75-0.5=1.75(\text{m})$$

$$\text{RCR}=\frac{5h_{rc}(L+W)}{LW}=\frac{5\times1.75\times(9+6)}{9\times6}\approx2.43$$

（2）求ρ_{cc}。

$$\rho_{ca}=\frac{\rho_c A_c+\rho_{wc}A_{wc}}{A_c+A_{wc}}=\frac{0.7\times9\times6+0.7\times(15\times2\times0.5)}{15\times2\times0.5+9\times6}=0.7$$

$$\begin{aligned}\rho_{cc}&=\frac{\rho_{ca}A_c}{(A_c+A_{wc})-\rho_{ca}(A_c+A_{wc})+\rho_{ca}A_c}\\&=\frac{0.7\times54}{(15\times2\times0.5+54)(1-0.7)+0.7\times54}\approx0.646\end{aligned}$$

ρ_{cc}取0.7。

（3）求ρ_{wa}。由题目已知条件得$\rho_{wa}=0.7$。

（4）求利用系数U。经查表得$(\text{RCR}_1、U_1)=(2、0.85)$，$(\text{RCR}_2、U_2)=(3、0.78)$。用插入法求$U$。

$$\begin{aligned}U&=U_1+\frac{U_2-U_1}{\text{RCR}_2-\text{RCR}_1}(\text{RCR}-\text{RCR}_1)\\&=0.85+\frac{0.78-0.85}{3-2}\times(2.43-2)\approx0.82\end{aligned}$$

（5）求ρ_{fc}。

$$\rho_{fa}=\frac{\rho_f A_f+\rho_{wf}A_{wf}}{A_f+A_{wf}}=\frac{0.3\times54+0.7\times(15\times2\times0.75)}{15\times2\times0.75+54}\approx0.42$$

$$\begin{aligned}\rho_{fc}&=\frac{\rho_{fa}A_f}{(A_f+A_{wf})-\rho_{fa}(A_f+A_{wf})+\rho_{fa}A_f}\\&=\frac{0.42\times54}{(15\times2\times0.75+54)\times(1-0.42)+0.42\times54}\approx0.34\end{aligned}$$

ρ_{fc}取0.3。

（6）求γ。经查表得$(\text{RCR}_1、\gamma_1)=(2、1.068)$，$(\text{RCR}_2、\gamma_2)=(3、1.061)$。

用插入法求 γ。

$$\gamma=\gamma_1+\frac{\gamma_2-\gamma_1}{\mathrm{RCR}_2-\mathrm{RCR}_1}(\mathrm{RCR}-\mathrm{RCR}_1)$$

$$=1.068+\frac{1.061-1.068}{3-2}\times(2.43-2)\approx1.065$$

(7) 求 N。查维护系数表得 $K_1=0.8$、$K_2=K_3=0.95$，则 $K=K_1K_2K_3=0.722$。

$$N=\frac{E_{\mathrm{av}}LW}{\Phi_{\mathrm{s}}K\gamma U}=\frac{250\times54}{2000\times1.065\times0.82\times0.722}\approx10.7(\text{盏})$$

为了布灯方便，取 $N=12$ 盏。

2. 单位容量法

(1) 基本公式为

$$\sum P = P_0A$$

式中，$\sum P$ 为受照房间的电光源总功率，W；P_0 为电光源的比功率（单位面积安装功率），$\mathrm{W/m^2}$；A 为受照房间总面积，$\mathrm{m^2}$。

YG1-1 型荧光灯的比功率见表 2-14。

表 2-14　YG1-1 型荧光灯的比功率

计算高度/m	房间面积/m²	平均照度/lx					
		30	50	75	100	150	200
2～3	10～15	3.2	5.2	7.8	10.4	15.6	21
	15～25	2.7	4.5	6.7	8.9	13.4	18
2～3	25～50	2.4	3.9	5.8	7.7	11.6	15.4
	50～150	2.1	3.4	5.1	6.8	10.2	13.6
	150～300	1.9	3.2	4.7	6.3	9.4	12.5
	300 以上	1.8	3.0	4.5	5.9	8.9	11.8
3～4	10～15	4.5	7.5	11.3	15	23	30
	15～20	3.8	6.2	9.3	12.4	19	25
	20～30	3.2	5.3	8.0	10.8	15.9	21.2
	30～50	2.7	4.5	6.8	9.0	13.6	18.1
	50～120	2.4	3.9	5.8	7.7	11.6	15.4
	120～300	2.1	3.4	5.1	6.8	10.2	13.5
	300 以上	1.9	3.2	4.9	6.3	9.5	12.6

(2) 单位容量计算表的编制条件。

① 室内顶棚反射比为 70%，墙面反射比为 50%，地面反射比为 20%。由于是近似计算，一般不必详细计算各面的有效反射比，而是用实际反射比进行计算。

② 维护系数 K 为 0.7。

③ 白炽灯的光效为 12.5lm/W（220V，100W），荧光灯的光效为 60lm/W（220V，

40W）。

④ 灯具效率大于或等于70%，当装有遮光格栅时大于或等于55%。

⑤ 灯具配光分类符合国际照明委员会（CIE）的规定。

⑥ 房间的长度小于宽度的4倍。

⑦ 照明器的布置按照距高比的要求进行均匀布置。

【例2.4】 某办公室的建筑面积为4.1m×5.6m，采用YG1-1筒式荧光灯照明。办公桌高0.8m，灯具吊高3m，试计算需要安装的灯具数量。

【解】 采用单位容量法计算。

根据题意，$h=3-0.8=2.2(\text{m})$，$A=4.1\times5.6=22.96(\text{m}^2)$，假定平均照度为150lx，查表得单位面积安装功率为$P_0=13.4\text{W/m}^2$（带罩的）。

$$\sum P=P_0A=13.4\times22.96\approx307.66(\text{W})$$

如果每套灯具安装30W荧光灯一只，即$P=30\text{W}$，则

$$N=\sum P/P=307.66/30\approx10.3(\text{套})$$

3. 灯数概算法

（1）**方法：把利用系数法计算的结果（面积与灯具数量关系）制成曲线。**

（2）**使用条件**。

① 灯具类型及电光源的种类和容量。

② 计算高度。

③ 房间的面积。

④ 房间的顶棚、墙壁、地面的反射比。

（3）**换算**。概算曲线是在假设受照面上的平均照度为100lx、维护系数K'的条件下绘制的。因此，如果实际需要的平均照度为E、实际采用的维护系数为K，那么实际采用的灯具数量n可按下列公式进行换算。

$$n=\frac{EK'N}{100K}$$

式中，n为实际采用的灯具数量；N为根据曲线查得的灯具数量；K为实际采用的维护系数；K'为概算曲线上假设的维护系数（常取0.7）；E为设计需要的平均照度，lx。

【例2.5】 某车间长48m，宽18m，工作面高0.8m，灯具距工作面10m；顶棚空间有效反射比$\rho_{cc}=0.5$，墙面平均反射比$\rho_w=0.3$，地面空间有效反射比$\rho_{fc}=0.2$；选用CDG101-NG400型灯具照明。若工作面照度要求达到50lx，试用灯具概算曲线计算所需灯数。

【解】 工作面面积$A=48\times18=864(\text{m}^2)$，计算高度$h=10\text{m}$。

由曲线得$\rho_{cc}=0.5$、$\rho_w=0.3$、$\rho_{fc}=0.2$；$h=10\text{m}$时，$N=5.5$。

当照度为50lx时所需灯数

$$n=\frac{50}{100}\times5.5=2.75(\text{个})$$

根据实际照明现场情况，取$n=3$个。

2.4.2 照明质量与节能评价

光照设计的目的在于正确运用经济上的合理性和技术上的可行性，从而创造满意的视觉条件，在量的方面，要有合适的照度（亮度）；在质的方面，要解决眩光、阴影等问题。为了获得良好的照明质量，通常必须考虑以下几个主要因素。

1. 照度水平

照度是决定被照物体明亮程度的间接指标，合适的照度可以降低视觉疲劳，提高劳动生产率，因此常将照度水平作为衡量照明质量最基本的技术指标之一。为了满足人们的视觉要求，在综合考虑视觉功效、舒适的视觉环境、技术经济性、建筑技术的发展水平和电力的节约等因素的前提下，各国均制定有符合本国国情的照度标准，并以推荐照度的形式给出各种作业所需要的照度标准值，作为照明设计或评价照明质量的依据。

（1）照度标准。

根据我国的经济情况和电力供应水平，在现行的《建筑照明设计标准》（GB 50034—2013）中规定的照度等级为：0.5lx、1lx、2lx、3lx、5lx、10lx、15lx、20lx、30lx、50lx、75lx、100lx、150lx、200lx、300lx、500lx、750lx、1000lx、1500lx、2000lx、3000lx、5000lx。设计照度与照度标准值的偏差不应超过±10%。住宅建筑照度标准值和教育建筑照度标准值见表2-15和表2-16。

表2-15 住宅建筑照度标准值

房间或场所		参考平面及其高度	照度标准值/lx	*Ra*
起居室	一般活动	0.75m水平面	100	80
	书写、阅读		300*	
卧室	一般活动	0.75m水平面	75	80
	床头、阅读		150*	
餐厅		0.75m餐桌面	150	80
厨房	一般活动	0.75m水平面	100	80
	操作台	台面	150*	
卫生间		0.75m水平面	100	80
电梯前厅		地面	75	60
走道、楼梯间		地面	50	60
车库		地面	30	60

表2-16 教育建筑照度标准值

房间或场所	参考平面及其高度	照度标准值/lx	UGR	U_0	*Ra*
教室、阅览室	课桌面	300	19	0.60	80
实验室	实验桌面	300	19	0.60	80

续表

房间或场所	参考平面及其高度	照度标准值/lx	UGR	U_0	Ra
美术教室	桌面	500	19	0.60	90
多媒体教室	0.75m 水平面	300	19	0.60	80
电子信息机房	0.75m 水平面	500	19	0.60	80
计算机教室、电子阅览室	0.75m 水平面	500	19	0.60	80
楼梯间	地面	100	22	0.40	80
教室黑板	黑板面	500*	—	0.70	80
学生宿舍	地面	150	22	0.40	80

注：* 指混合照明照度。

（2）照度均匀度。

① 衡量办法：最低均匀度$=E_{min}/E_{max}$，平均均匀度$=E_{min}/E_{av}$。

工作区内一般照明的平均均匀度不应小于 0.7，但同时不应大于最大值；工作房间内交通区的照度不应小于工作区平均照度的 1/3。

② 设计方法。灯具实际距高比小于所选灯具最大允许距高比；房间边行灯具距墙应为灯（行）间距的 1/3～1/2，如果墙面反射比太低，这一数值还可降低；要求更高时，可采用间接型、半间接型灯具或照明光带等方式。

2. 亮度分布

（1）作业环境中各表面的亮度分布是光照设计的补充，是决定物体可见度的重要因素之一。

（2）相近环境的亮度应尽可能低于被观察物的亮度，CIE 推荐被观察物的亮度如为它相近环境的 3 倍时，视觉清晰度较好，即相近环境与被观察物本身的反射比最好控制在 0.3～0.5 的范围内。

（3）在工作房间，为了减弱灯具及顶棚之间的亮度对比，特别是采用嵌入式暗装灯具时，顶棚的反射比尽量要高（不低于 0.6）；为避免顶棚显得太暗，顶棚照度不应低于作业照度的 1/10。

3. 光色和显色性

光色分类见表 2-1，电光源显色性分类见表 2-2。

4. 眩光

（1）直接眩光：由电光源和灯具直接引起。

（2）间接眩光：由电光源和灯具通过反射比高的表面镜面（定向扩散）反射引起。

5. 阴影

（1）产生原因：定向的光照射在物体上。

（2）解决办法：改变电光源位置；增加电光源数量；宜采用漫射光照明；对以直射光为主的照明应使用宽配光的照明器均匀布置。

6. 照明功率密度（LPD）

为实现照明节能，在新修订的照明设计标准中，专门规定了各种建筑房间或场所的最

大允许照明功率密度（W/m²），作为建筑照明节能的评价指标。它是单位面积上的照明安装功率（包括电光源、镇流器或变压器）。

例如，学校建筑功率密度值见表2－17。

表2－17　学校建筑功率密度值

房间或场所	照明功率密度/(W/m²)		照度标准值/lx
	现行值	目标值	
教室、阅览室	≤9.0	≤8.0	300
实验室	≤9.0	≤8.0	300
美术教室	≤15.0	≤13.5	500
多媒体教室	≤9.0	≤8.0	300

当房间或场所的照度高于或低于标准规定的照度时，为了节电，其照明功率密度可根据标准中所规定的数值按比例增减。

在标准中规定了住宅、图书馆、办公、商店、旅馆、医疗、教育和工业建筑等的照明功率密度值。此外，**设装饰性灯具场所，可将实际采用的装饰性灯具总功率的50%计入照明功率密度值的计算。设有重点照明的商店营业厅，该楼层营业厅的照明功率密度值应增加5W/m²。**

练习题2.4

一、填空题

1. 照度计算目的如下。

（1）评价房间照明________。

（2）验证________布置是否合理。

2. 利用系数法：根据房间特点、灯具的________、电光源的________及容量来计算房间工作面的均匀照度值；同时还可以根据房间特点、规定的________标准值、灯具的________形式来确定电光源的容量或数量。

（1）平均照度计算公式为________________。

（2）如果是根据照度标准值和其他条件计算电光源数量，则公式为________________。

3. 建筑照明质量主要考虑________要求、显色性要求、限制________等因素。

4. 根据《建筑照明设计标准》，在一般情况下，设计照度与照度标准值相比较，可有－________～＋________的偏差。

5. 眩光分为直接眩光和________眩光。

6.《建筑照明设计标准》规定，住宅建筑现行照明功率密度LPD≤________。

二、计算题

1. 某实验室平面尺寸为24m×10m，桌面高度为0.8m，灯具吸顶安装吊高为3.8m。如果采用YG6－2型2×40 W吸顶荧光灯照明，光通量为2×2400lm，灯具效率为86%。

查照明手册得知利用系数为0.56，若平均照度不低于150lx，试确定房间的灯具数。

2. 某教室的平面尺寸为3m×6m，采用YG1-1简式荧光灯照明。若平均照度不低于150lx，办公桌高0.8m，灯具吊高2.5m，试计算需要安装灯具的数量。

3. 一教室长6.6m、宽6.6m、高3.6m，在离顶棚0.5m的高度处安装了8只YG1-1型40W荧光灯，课桌高度为0.8m，教室内地面反射比为0.1，墙面反射比为0.5，地面空间墙面反射比为0.3，顶棚反射比为0.8，试计算课桌面上的平均照度（40W荧光灯光通量取2200lm）。

4. 若题3中室空间墙上开窗，面积为$30m^2$，窗户的反射比为0.1，求平均照度。

5. 若题3中要求课桌面上的平均照度不低于150lx，试布置灯具并画出平面布置图。

6. 若题4中要求课桌面上的平均照度不低于300lx，试布置灯具并画出平面布置图。

项目3 照明工程电气设计

照明工程电气设计是电气照明系统设计的另一重要组成部分，一般是在光照设计的基础上进行的，其主要任务是保证电光源和灯具能正常、安全、可靠而经济的工作。其主要内容包括照明工程电气设计的任务及步骤、照明负荷分级及供电要求、供电电压及供电网络的选择与设计、照明线路的计算、照明线路保护及设备的选择、导线及电缆的选择与敷设。

任务3.1 照明配电系统设计

任务说明	根据《工业与民用供配电设计手册》《建筑照明设计标准》中对办公楼照明工程配电系统设计的要求，进行该照明工程配电系统设计，画出配电系统图
学习目标	初步具备照明工程配电系统设计的能力
工作依据	教材、土建施工图纸、手册、规范
实施步骤	1. 认真学习《工业与民用供配电设计手册》《建筑照明设计标准》关于照明工程配电系统设计的要求 2. 了解工程建筑资料、负荷等级、建设标准 3. 根据负荷性质确定电源形式 4. 确定配电形式 5. 进行负荷分配 6. 画出办公楼配电系统图
任务成果	办公楼配电系统图

3.1.1 照明工程电气设计的任务及步骤

1. 电气设计任务

（1）正确选择供电电压、配电方式，确保照明设备对电能质量的要求，以保证照明质量和照明设备的使用寿命。

（2）进行负荷计算，以正确地选择导线型号、截面及控制与保护电器的规格、型号。

（3）选择合理、方便的控制方式，以便照明系统的管理、维护和节能。

（4）选择合理的保护方法，确保照明装置和人身的电气安全。

（5）减少电气部分的投资和年运行费。

拓展讨论

请同学们了解行业专著——《建筑物电气装置 600 问》作者王厚余先生的事迹，深刻感受党的二十大报告中提出的坚持尊重劳动、尊重知识、尊重人才。

2. 电气设计步骤

（1）**收集资料，了解情况（建筑资料、负荷等级、建设标准）**。收集原始资料，主要了解电源情况、照明负荷对供电连续性的要求。

（2）**确定电源形式（电源个数、偏差调整、备用电源），负荷分级及供电要求，**根据照明负荷性质确定供电电源形式。

（3）**确定配电形式（树干式、放射式、链式、混合式）**。确定照明配电系统，包括配电分区的划分，设多少个配电箱，各配电箱供给的区域、楼层，确定配电箱的安装位置及方式，确定电源点至各配电箱之间的接线方式。确定照明控制的方式。确定灯具的开关控制方式，以便确定开关的数量和安装位置。确定电能的计量方式。

（4）**进行负荷分配（三相均衡，最大相 115%、最小相 85%）**。

（5）**负荷计算（需要系数法）**。进行负荷计算、电压损失计算、无功功率补偿计算和保护装置整定计算。

（6）**电气设备选择（导线选择、敷设方式、开关选择）**。确定照明线路各级保护设备，确定照明配电系统的接地形式及电气安全措施；选择导线型号、截面及敷设方式。

3.1.2 照明配电系统供电质量

照明配电系统的供电质量主要取决于供电可靠性和供电电压的质量。

1. 供电可靠性

供电可靠性即供电的不间断性，供电可靠性指标是根据用电负荷的等级要求制定的。用电负荷分三个级别，分别采用相应的供电方式以便达到不同要求的供电可靠性。

1）**负荷分级**

根据对供电可靠性的要求及中断供电在政治、经济上所造成的损失或影响的程度，电力负荷分为三级。

(1) 一级负荷。符合下列条件之一者均属于一级照明负荷。

中断正常照明用电将造成人身伤亡者，如医院的急诊室、手术室等处的照明。

中断正常照明用电将造成重大的政治影响者，如国家、省、自治区、直辖市等各政府主要办公室、会议室、接待室的照明等。

中断正常照明用电将造成重大的经济损失者，如大型企业的指挥、控制中心的照明等；中断正常照明用电将造成公共场所秩序严重混乱者，如大型体育场馆等大量人员集中的公共场所的照明，以及机场、大型火车站、海港客运站等交通设施的候机（车、船）室、售票处、检票口的照明等。

在一级负荷中，当中断供电将发生爆炸、火灾及严重中毒事故等场所的照明负荷，特别重要的交通枢纽、重要的通信枢纽、国宾馆、国家级及承担重大国事活动的会堂、国家级大型体育中心、经常用于重要国际活动的大量人员集中的公共场所的照明负荷，以及中断供电将影响实时处理计算机及计算机网络正常工作的照明负荷，应视为特别重要负荷。

(2) 二级负荷。下列场所的照明负荷均属于二级负荷。

中断正常照明用电将造成较大的政治影响者；中断正常照明用电将造成较大的经济损失者；中断正常照明用电将造成公共场所秩序混乱者，如高层住宅的楼梯照明，疏散标志照明，省市图书馆和阅览室的照明，大型影剧院、大型商场等重要公共场所的照明等。

(3) 三级负荷。不属于一、二级负荷者均属于三级负荷。

2) 负荷对电源的要求

(1) 一级负荷对电源的要求。一级负荷应由两个电源供电，且当其中一个电源发生故障时，另一个电源不应同时受到损坏。根据我国目前的实际供电水平及经济和技术条件，符合下列条件之一的，即可认为满足上述两个电源的供电要求：电源来自两个不同的发电厂；电源来自两个不同的区域变电所，且区域变电所的进线电压不低于35kV。

一级负荷中特别重要负荷，除由满足上述条件的两个电源供电外，尚应增设应急电源专门对此类负荷供电。应急电源不能与电网电源并列运行，并严禁将其他负荷接入该应急供电系统。

(2) 二级负荷对电源的要求。二级负荷应由两个电源供电，即应由两回线路供电，供电变压器也应有两台（两台变压器不一定在同一变电所）。做到当发生电力变压器故障或电力线路常见故障（不包括铁塔倾倒或龙卷风引起的极少见的故障）时，不致供电中断或中断后能迅速恢复。

在负荷较小或地区供电条件困难时，可由一回6kV及以上专用架空线供电；当采用电缆线路时，应采用两根电缆组成的电缆段供电，其每根电缆应能承受100%的二级负荷；为了解决线路和变配电设备的检修及突然停电后，设备能安全停产问题，设备可用小容量柴油发电站，其容量由实际需要确定。

(3) 三级负荷对电源的要求。三级负荷对电源无特殊要求，一般由单电源供电即可。

2. 供电电压的质量

1) 电压偏移

电源电压一般情况下为交流220V，少数情况（1500W及以上的高强度气体放电灯）下为交流380V，移动式灯具电压不超过50V，潮湿场所不超过25V，水下场所可采用交流 12V。当需要直流应急照明电源时，电压可根据容量大小、使用要求确定。

电压偏移对照明质量及照明设备影响很大，灯泡（管）端电压偏高，会缩短光源的寿命；电压偏低，会使光源的光通量输出降低，造成照度不足；当电压过低时，还会导致气体放电光源不能正常点燃。

正常情况下，照明器端电压偏差允许值宜符合以下要求：在一般工作场所为±5%；在视觉要求较高的屋内场所为+5%，−2.5%；对于远离变电所的小面积一般工作场所，难以满足上述要求时，可为+5%，−10%；应急照明、道路照明和警卫照明为+5%，−10%。

2）电压波动与闪变

电压波动指电压的快速变化。闪变指电压波动的影响，是人眼对灯闪的生理感觉。

在照明配电系统中，电压波动主要是由于负荷急剧的波动而造成系统电压的瞬时升降，如电动机满载启动、电焊机的工作等。电压波动会引起光源光通量的变化，从而使灯具发光闪烁，刺激眼睛，影响工作和学习，从而导致照明质量下降，同时会降低光源寿命。

3）改善电压质量的措施

（1）照明负荷宜与冲击性负荷（如大功率焊接机、大型吊车的电动机等）采用独立的回路供电，即分别由专线单独供电或较大功率负荷由专用变压器供电，以限制冲击性负荷对照明负荷的影响。

（2）照明负荷与冲击性负荷共用配电线路时，应合理减少系统阻抗，如尽量缩短线路长度，适当加大导线和电缆的截面等，以尽可能减少线路上的电压损失。

（3）无窗厂房或工艺设备对电压质量要求较高的场所，宜采用有载自动调压变压器。

（4）合理采用无功功率补偿措施，通过减少无功功率，可有效地降低系统的压降，以补偿负荷变化所引起的电压偏移和电压波动。

（5）分配单相负荷时，应尽量做到三相平衡，以尽可能地减少因三相负荷分布不均所造成的相间的电压偏差。

3.1.3 照明供电方式

1. 基本原则

（1）照明负荷应根据其中断供电可能造成的影响及损失，合理地确定负荷等级，并应根据照明的类别，结合电力供电方式统一考虑，正确选择照明配电系统的方案。

（2）正常照明负荷宜与电力负荷合用变压器，但不宜与较大冲击性电力负荷合用。如必须合用时，应由专用馈电线供电，并校核电压波动值。对于照明容量较大而又集中的场所，如果电压波动或偏差过大，严重影响照明质量或灯泡寿命，则可装设照明专用变压器或调压装置。

（3）备用照明（供继续和暂时继续工作的照明）应由两路电源或两回线路供电，其具体方案如下。

① 当有两路高压电源供电时，备用照明的供电干线应接自两段高压母线上的不同变压器。当有两路低压电源供电时，备用照明的供电干线应从两段低压配电干线分别接引。

② 当设有自备发电机组时，备用照明的一路电源应接自发电机作为专用供电回路，另一路可接自正常照明电源。在重要场所，尚应设置带有蓄电池的应急照明灯或用蓄电池组供电的备用照明，供发电机组投运前的过渡期间使用。

③ 当供电条件不具备两路电源或两回线路时，备用电源宜采用蓄电池组，或设置带有蓄电池的应急照明灯。

(4) 当备用照明作为正常照明的一部分并经常使用时，其配电线路及控制开关应分开装设。当备用照明仅在事故情况下使用时，则当正常照明因故停电，备用照明应自动投入工作。在有专人值班时，可采用手动切换。

(5) 疏散照明最好由另一台变压器供电。当只有一台变压器时，可在母线处或建筑物进线处与正常照明分开，还可采用带充电电池（荧光灯还需带有直流逆变器）的应急照明灯。

(6) 在照明分支回路中，应避免采用三相低压断路器对三个单相分支回路进行控制和保护。

(7) 照明系统中的每一单相回路的电流不宜超过 16A，灯具数量不宜超过 25 个。连接建筑物组合灯具的每一单相回路的电流不宜超过 25A，电光源数量不宜超过 60 个。连接高强度气体放电灯的单相分支回路的电流不应超过 30A。

(8) 插座不宜和照明灯接在同一分支回路上，而宜由单独回路供电。当插座为单独回路时，数量不宜超过 10 个（组）。备用照明、疏散照明的回路上不应设置插座。

(9) 为减轻气体放电光源的频闪效应，可将其同一灯具或不同灯具的相邻灯管分接在不同相序的线路上。

(10) 机床和固定工作台的局部照明一般由电力线路供电。

(11) 移动式照明可由电力或照明线路供电。

(12) 道路照明可以集中由一个变电所供电，也可以分别由几个变电所供电，但尽可能在一处集中控制。控制方式可采用手动或自动，控制点应设在有人值班的地方。

(13) 露天工作场地、露天堆场的照明可由道路照明线路供电，也可由附近有关建筑物供电。

(14) 三相配电干线的各相负荷宜分配平衡，最大相负荷不宜超过三相负荷平均值的 115%，最小相负荷不宜小于三相负荷平均值的 85%。

2. 电压选择

(1) 照明网络一般采用 220/380V 三相四线制中性点直接接地系统，灯用电压一般为 220V。

(2) **安全电压限值有两挡：正常环境 50V；潮湿环境 25V。安全电压及设备额定电压不应超过此限值**。目前，我国常用于正常环境的手提行灯电压为 36V。在不便于工作的狭窄地点，且工作者接触有良好接地的大块金属面（如在锅炉、金属容器内）时，可用电压 12V 的手提行灯。

(3) 在特别潮湿、高温、有导电灰尘或导电地面（如金属或其他特别潮湿的土、砖、混凝土地面等）的场所，当灯具安装高度距地面为 2.4m 及以下时，容易触及的固定式或移动式照明器的电压可选用 24V，或采取其他防电击措施。

3. 常用照明配电系统

(1) 照明和电力负荷在母线上分开供电，疏散照明与正常照明分开供电。一台变压器供电如图 3.1 所示。

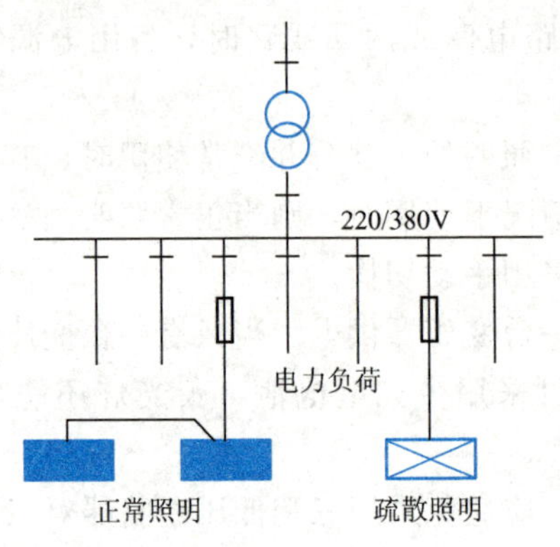

图 3.1　一台变压器供电

(2) 对外无低压联络线时，正常照明接自总断路器前。一台变压器及一路备用电源线如图 3.2 所示。

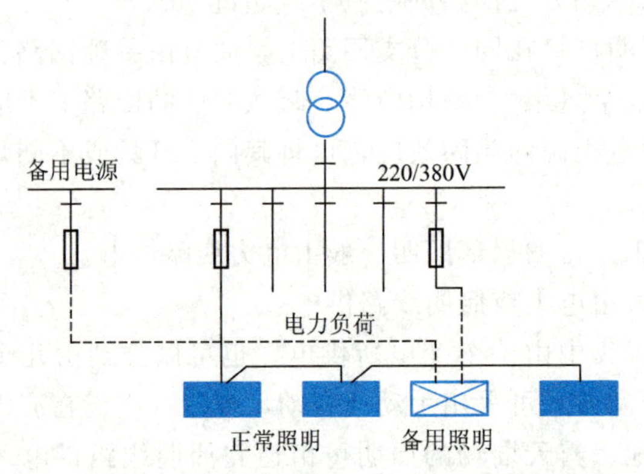

图 3.2　一台变压器及一路备用电源线

(3) 照明与电力负荷在母线上分开供电，暂时继续工作用的备用照明可由蓄电池组供电。一台变压器及蓄电池组供电如图 3.3 所示。

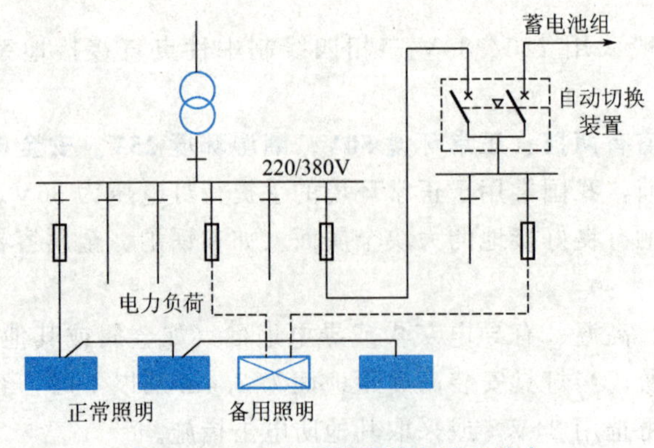

图 3.3　一台变压器及蓄电池组供电

(4) 照明与电力负荷在母线上分开供电，正常照明和应急照明由不同变压器供电。两台变压器供电如图 3.4 所示。

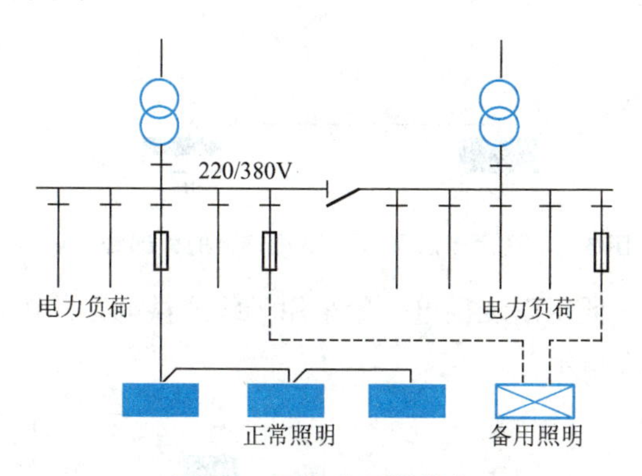

图 3.4　两台变压器供电

(5) 两段干线间设联络断路器，照明电压接自变压器低压总开关的后侧，当一台变压器停电，通过联络开关接到另一段干线上，应急照明由两段干线交叉供电。两台变压器——干线供电如图 3.5 所示。

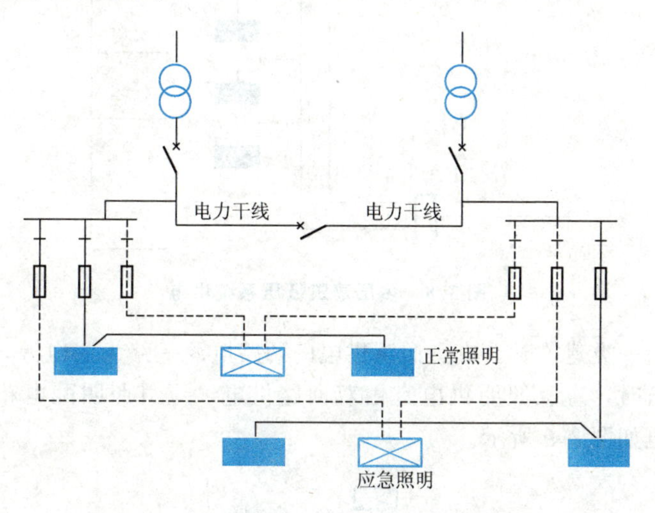

图 3.5　两台变压器——干线供电

(6) 外部线路供电适用于不设变电站的重要或较大建筑物，几个建筑物的正常照明可共用一路电源线，每个建筑物进线处都应装设带保护的总断路器。外部线路供电如图 3.6 所示。

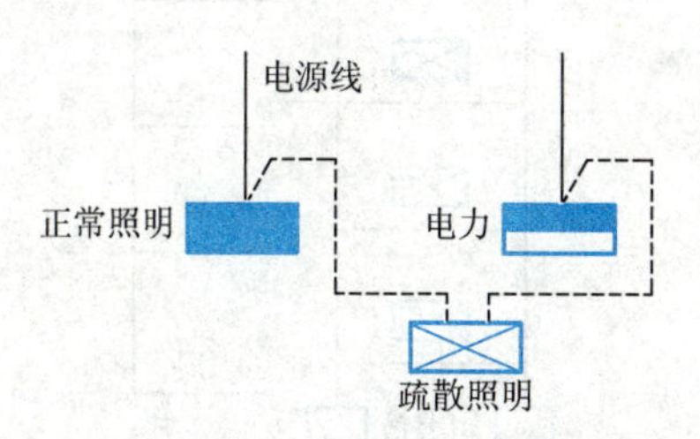

图 3.6　外部线路供电

（7）适用于次要或较小建筑物的外部线路供电，照明接于电力配电箱总断路器前，如图 3.7 所示。

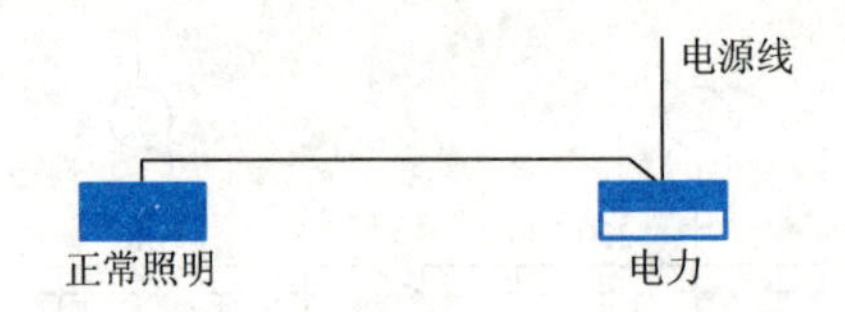

图 3.7　适用于次要或较小建筑物的外部线路供电

（8）在多层建筑内，低压系统供电一般采用干线式供电，总配电箱装在底层。多层建筑低压系统供电如图 3.8 所示。

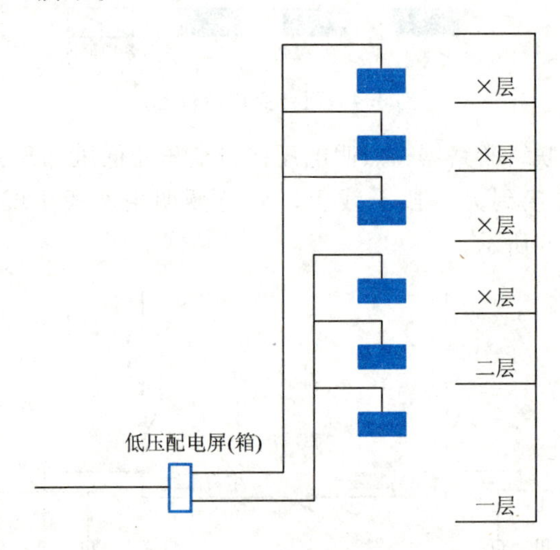

图 3.8　多层建筑低压系统供电

（9）当建筑为一类建筑时，应急照明供电的两路电源一路为主电源，另一路为应急电源；当为二类建筑时，应急照明供电宜由双回路供电，应急照明配电箱应按防火分区设置。应急照明供电如图 3.9 所示。

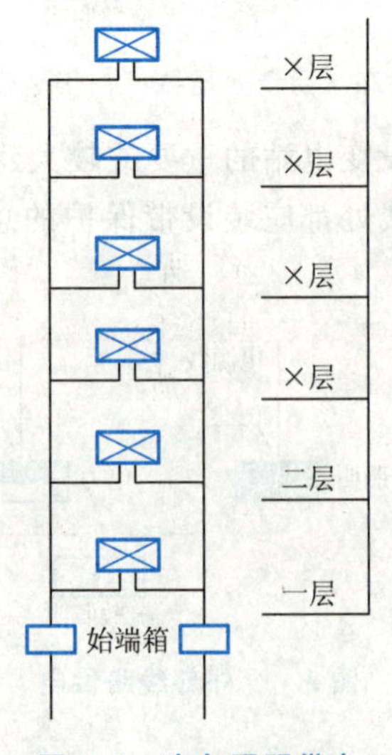

图 3.9　应急照明供电

3.1.4 照明供电网络

1. 照明供电网络组成

照明供电网络主要由馈电线、干线和分支线组成，照明网络的基本形式如图 3.10 所示。

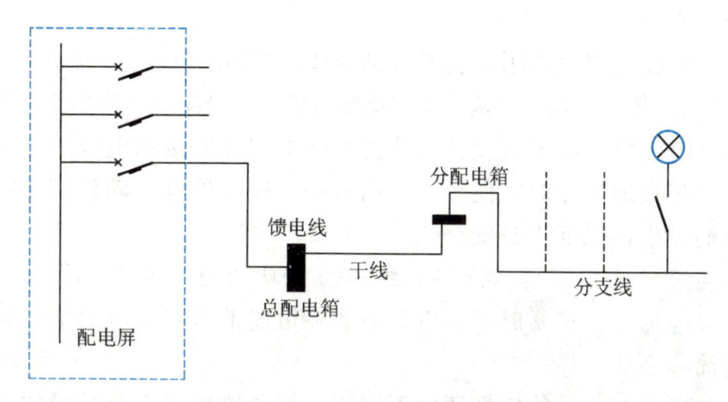

图 3.10 照明网络的基本形式

(1) 馈电线是将电能从变电所低压配电屏送至照明总配电箱的线路，对于无变电所的建筑物，其馈电线多指进户线，是由进户点到室内总配电箱的一段导线。

(2) 干线是将电能从总配电箱送至各个照明分配电箱的线路，该配电网络的组成段线路通常被称为供电线路。

(3) 分支线是将电能从分配电箱送至每一个照明负荷的线路，该段线路通常被称为配电线路。

2. 照明供电网络的接线形式

照明供电网络主要有三种接线形式，即放射式、树干式和混合式，如图 3.11 所示。

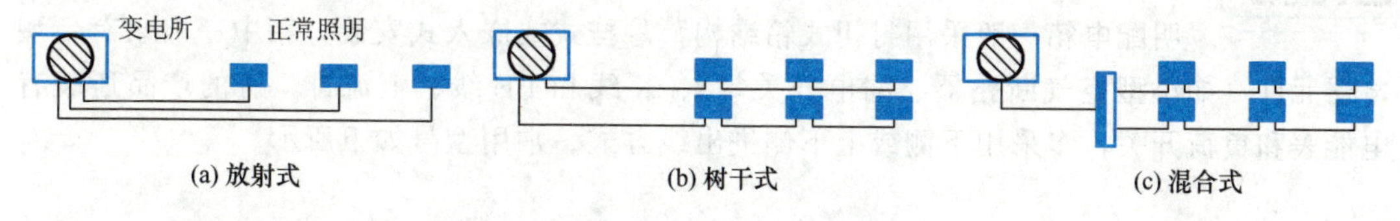

图 3.11 照明供电网络主要接线形式

(1) 放射式。放射式接线如图 3.11 (a) 所示。放射式接线方式中，各负荷独立受电，发生故障时互不影响，供电可靠性较高。但由于放射式接线占用的低压干线较多，有色金属消耗也较多，致使投资费用相应增加。因此放射式接线方式一般用于容量大、负荷集中或重要的用电设备。

(2) 树干式。树干式接线如图 3.11 (b) 所示。树干式接线方式与放射式比较，具有结构简单、投资费用较低、有色金属较节省的优点，但在供电可靠性方面不如放射式。因此树干式接线方式多用于一般负荷。

(3) 混合式。放射式与树干式的混合供电线路称为混合式接线，如图 3.11 (c) 所示。这种接线方式可以根据照明配电箱的布置、容量、线路走向等综合考虑。在照明供电网络中，这种接线方式是应用最为普遍的一种。

3. 照明供电网络接地形式

照明供电网络一般选用220/380V三相四线制中性点直接接地系统，**建筑物内照明配电形式一般采用TN-S、TN-C-S系统，户外照明宜采用TT接地系统**。

下面解释几个名词。

（1）**系统中性点**：三相电力系统中三相绕组或三根相线的公共连接点。当中性点接地时，中性点称为“零点”。

（2）**中性线（N线）**：与系统中性点连接的导线。其功能包括：一是用于连接需要相电压的单相设备，二是用来传导三相不平衡电流和单相电流，三是减少负荷中性点的电位偏移。

（3）**保护线（PE线）**：将电气设备的外露可导电部分连接到电源的接地中性点上，当系统中设备发生单相接地故障时，便形成单相短路，使保护电器动作，切除故障设备，从而防止触电事故的发生，保证人身安全。

（4）**保护中性线（PEN线）**：兼有PE线和N线功能的导线。

（5）**外露可导电部分**：正常时不带电，但故障情况下可能带电的电气装置容易触及的金属外壳，有时简称**设备外壳**。

（6）**装置外可导电部分**：给定场所中不属于电气装置组成部分的导体，如场所中的金属管道等。

（7）**等电位连接**：使各外露可导电部分之间或装置外可导电部分之间电位基本相等的电气连接。

4. 照明配电设备

配电箱

照明配电设备主要有照明配电箱、进线断路器、出线断路器、插座、开关等。

1）**照明配电箱**

照明配电箱适用于工业与民用建筑在交流50Hz，额定电压不超过500V的照明控制回路中，作为线路的过载、短路保护及线路的正常转换之用。照明配电箱一般采用封闭式箱结构，悬挂式或嵌入式安装，箱中一般装有新型电器元件（如小型空气断路器、漏电开关等）、N线和PE线、汇流排，有的产品还装有电能表和负荷开关，多采用下侧或上下侧进出线方式。常用型号如下所示。

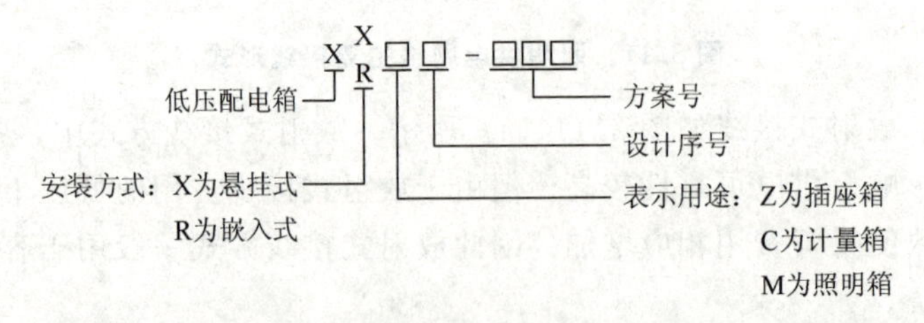

照明设计中，应首先根据负荷性质和用途，确定照明箱、计量箱、插座箱的选用，然后根据控制对象负荷电流的大小、电压等级及保护要求，确定配电箱内支路开关电器的容量、电压等级，按负荷管理所划分的区域确定回路数，并应留有1～2个备用回路。

选择配电箱时，还应根据使用环境和场合的要求，确定配电箱的结构形式（明装、暗装）、外观颜色及外壳防护等级（防火、防潮、防爆等）。实际工程中，照明配电箱一般设置在电源的进口处，同时应考虑便于操作、不妨碍交通，应尽量避免安装在有水或有易燃易爆物品的场所；照明配电箱应尽可能设置在负荷的中心，以节约用线和减少线路的电压损失。安装时，悬挂式或嵌入式配电箱的下边一般距地 1.4m，落地式配电箱的下边距地（楼）面高度一般为 0.3m。

2）进线断路器

进线断路器应根据负荷需要确定。若电表容量为 5（20）A、5（30）A 和 10（40）A，其相应进线断路器整定值分别为 20A、32A 和 40A；一般，当断路器电流整定值为 16A 时，如果负荷超过 3kW，就会出现跳闸断电，所以不能将大容量用电负荷集中装于一条支路上。

3）出线断路器

在进行配电箱回路分配时，在照明、插座和空调三个支路的基础上，当住户家用电器较多时，增加厨房、电热水器等支路也是必要的。照明支路的断路器一般采用 16A 的单极微断开关。为了保证人身安全，空调的插座支路应装有漏电保护装置，用于住宅的漏电开关动作电流不大于 30mA，时间不大于 0.1s。

4）插座

插座

插座主要用来插接移动电气设备和家用电器。插座的种类较多，分类的方法也很多，按相数分为单相和三相插座；按安装方式分为明装、暗装插座；按防护方式分为普通式和防水防尘式、防爆式插座。额定电压为 220～250V；额定电流有 10A、13A、15A、16A 几种规格。

干燥的正常环境，可采用普通型插座，潮湿环境可采用防潮型插座，有腐蚀性气体的场所或易燃易爆的环境，可采用防爆型插座。一般场所插座的安装高度为距地 0.3m，幼儿园等场所一般距地 1.8m。

5）开关

开关的种类也很多，按使用方式分为拉线开关和跷板开关；按安装方式分为明装开关和暗装开关；按控制数量分为单联、双联、三联开关；按控制方式分为单控、双控开关；按外壳防护形式分为普通式、防水防尘式、防爆式开关等。

开关的额定电压为 220V、额定电流为 3～10A。工程中，同一建筑物内的开关应采用同一系列的产品，并应操作灵活、接触可靠，还要考虑使用环境以选择适合的外壳防护形式。

开关的安装位置一般与所控的灯相对应，且安装高度应符合规范要求：拉线开关一般距天花板 0.2～0.5m，跷板开关一般距地 1.3m，安装于门旁的开关距门框的距离 0.15～0.2m。

开关和插座的型号说明如下。

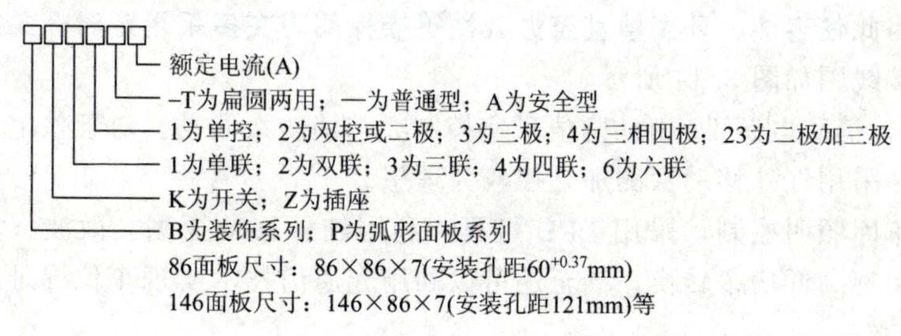

3.1.5 照明控制方式

1. 照明控制的原则

照明控制的基本原则是安全、可靠、灵活、经济。安全性是控制系统最基本的要求；控制系统本身应具有可靠性，不能失控，为实现可靠性系统要尽量简单；照明控制应具有灵活性，能够适应建筑空间布局的经常变化；照明工程性价比好，要考虑投资效益，因此照明控制方案要考虑经济性。

2. 照明控制的作用

照明控制的作用体现在以下四个方面。

（1）照明控制是实现节能的重要手段，现在的照明工程强调照明功率密度不能超过标准要求，通过合理的照明控制和管理，节能效果显著。

（2）照明控制减少了开灯时间，可以延长电光源寿命。

（3）照明控制可以根据不同的照明需求，改善工作环境，提高照明质量。

（4）对于同一个空间，照明控制可实现多种照明效果。

3. 照明控制的方式

照明控制的种类很多，控制方式多样，通常有以下几种形式。

传统照明控制

1）跷板开关或拉线开关控制

传统的控制形式把跷板开关或拉线开关设置于门口，开关触点为机械式，对于面积较大的房间，灯具较多时，采用双联、三联、四联开关或多个开关，此种形式简单、可靠，其原理接线图如图 3.12 所示。

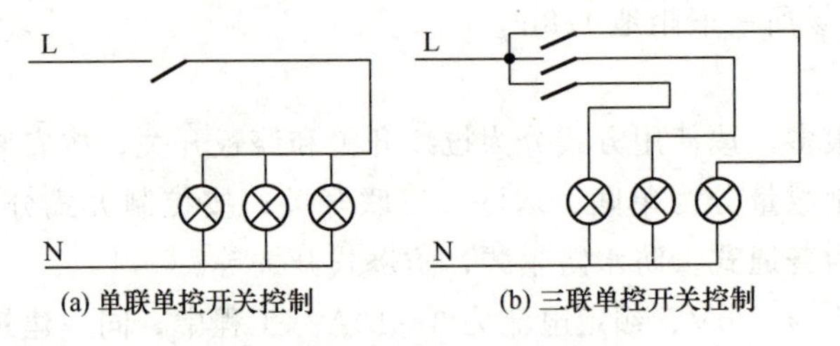

(a) 单联单控开关控制　　(b) 三联单控开关控制

图 3.12　面板开关控制原理接线图

对于楼道和楼梯照明，多采用双控方式（有的长楼道采用三地控制），在楼道和楼梯入口安装双控跷板开关，楼道中间需要开关控制处设置多地控制开关，其特点是在任意入口处都可以开闭照明装置，但平面布线复杂，其原理接线图如图 3.13 所示。

2）定时开关或声光控开关控制

为节能考虑，在楼梯口安装双控开关，但如果人们没有好的节能习惯，楼梯也会出现长明灯现象，因此住宅楼、公寓楼甚至办公楼等楼梯间现在多采用定时开关或声光控开关控制，其原理接线图如图 3.14 所示。

图 3.14 中，消防电源 Le 由消防值班室控制或与消防泵联动。对于住宅楼、公寓楼的楼梯照明开关，采用红外移动探测加光控较为理想。

对于地下车库照明控制，采用 LED 灯具，利用红外移动探测、微波（雷达）感应等技术，很容易实现高低功率转换，甚至还可以利用光通信技术实现车位寻址功能，这是车

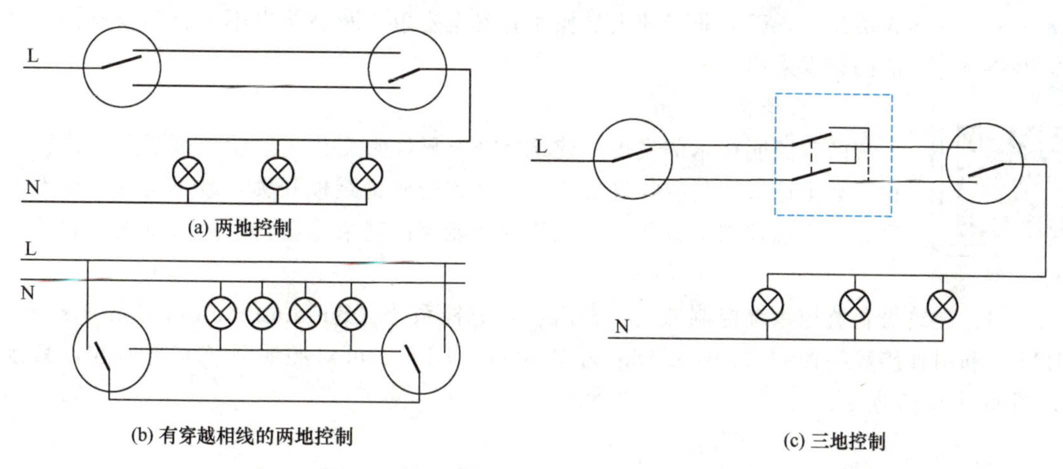

图 3.13 面板开关双控或三地控制原理接线图

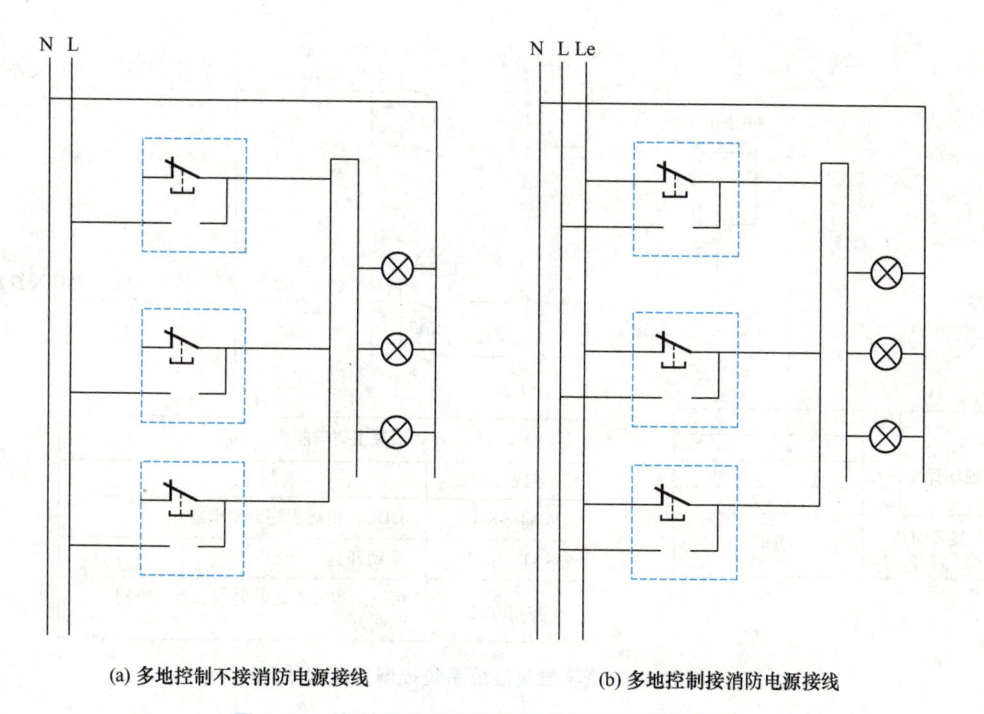

图 3.14 定时开关或声光控开关控制原理接线图

库照明控制的趋势。

对于室外泛光、园林景观照明，一般由值班室统一控制，为便于管理应做到具有手动和自动功能。手动主要是为了调试、检修和应急的需要，自动有利于运行，自动又分为定时控制、光控等。为了节能，灯光开启宜做到平时、一般节日、重大节日三级控制，并与城市夜景照明相协调，能与整个城市夜景照明联网控制。

3）断路器控制

对于大空间的照明，如大型厂房、库房、展厅等，照明灯具较多，一般按区域控制。如果采用面板开关控制，其控制容量受限，控制线路复杂，往往在大空间门口设置照明配电箱，直接采用照明配电箱内的断路器控制，这种方式简单易行，但断路器一般应为专业人员操作，因为非专业人员操作有安全隐患。断路器也不适合频繁操作，目前已较少采用。

照明的智能控制

4）智能控制

随着照明技术的发展，建筑空间布局经常变化，照明控制要适应这种变化，如果还采用传统控制方式，势必到处放置跷板开关，既不美观，也不方便，为增加控制的方便性，照明的智能控制越来越多，下述为智能控制的几种类型。

（1）建筑设备监控系统控制照明。建筑设备监控系统（Building Automation System，BAS）利用直接数字控制（Direct Digital Control，DDC）可对照明系统实施监控，其接线图如图 3.15 所示。

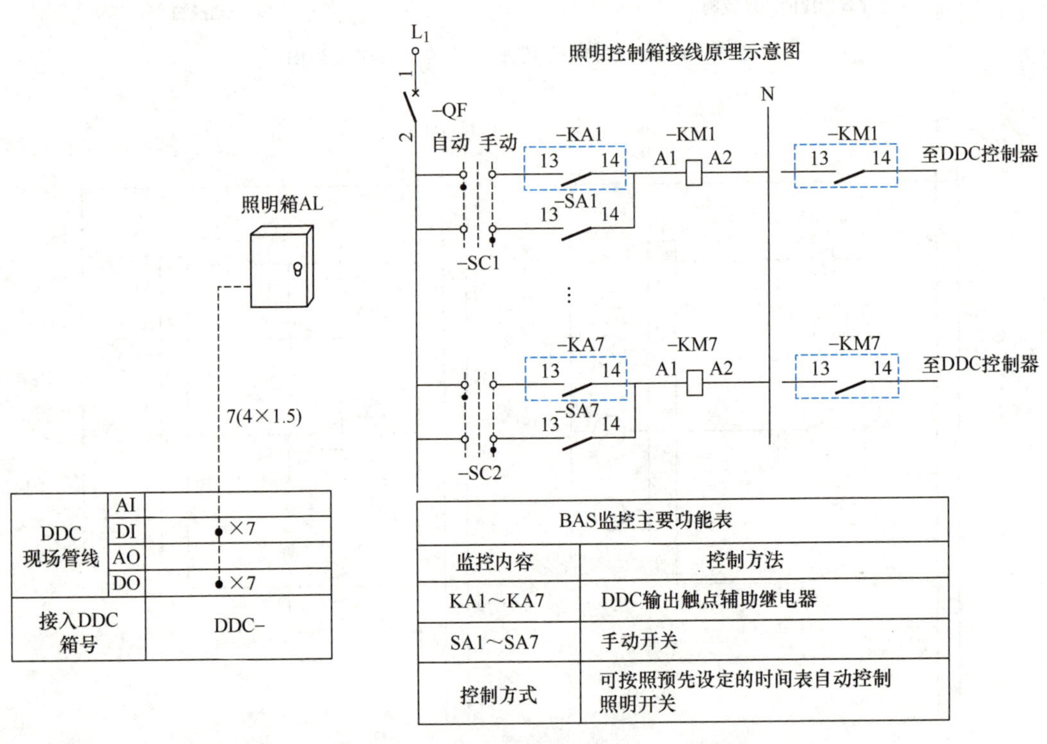

图 3.15　建筑设备监控系统控制照明接线图

根据《建筑设备监控系统工程技术规范》（JGJ/T 334—2014）中对照明监控系统的监控功能的规定，实际工程应用中可将照明监控系统分为以下几个部分。

① 公共区域（门厅、走廊、楼梯等）照明监控系统。除保留部分值班照明外，其余的灯在下班后及夜间应关闭，可按预先设定的时间表，编制程序进行开关控制，并监视开关状态。按照预先设定的时间表，自动监控照明开关的开启和关闭。在人流高峰时，打开全部灯，夜间打开少量灯，紧急情况下打开事故照明灯。

② 办公室场所照明监控系统。办公场合宜采用辐射入室内的自然光和人工照明协调配合的方式。在办公环境里，当自然光照和灯具照明达到一种合适的平衡时，人们的工作效率会更高。为了保持合适的照度水平，当日光比较充足时，人工照明的水平必须成比例地下降。在实际工作中，应根据对照明空间的照明质量要求，实测的室内自然光照度分布

曲线选择调光方式和控制方式。调光时，根据工作面上的照度标准和自然光传感器检测的自然光亮度变化信号，自动控制照明灯具。根据白天工作区与夜间工作区的使用特点，分别编制控制程序；如人员一般在白天工作，其中又分为工作、休息、午餐等不同时间段，灯具应能按程序自动进行控制。

③ 障碍照明、建筑物立面景观照明监控系统。航空障碍灯一般装设在建筑物顶端，属于一级负荷，应接入应急照明回路，由障碍灯控制器根据预先设定的时间程序控制，并进行闪烁，或根据室外自然环境的照度来控制光电器件的动作，从而实现自动通断。建筑物立面景观照明可采用投光灯，投光灯的开启、断开可编制时间程序进行定时控制，同时监视开关状态。

④ 应急照明的应急启、停控制、状态显示。应急照明在建筑物发生意外（停电或火灾）时自动开启，安防监控报警时可联动相应区域的照明开启。当有火警时，联动正常照明系统关闭，应急照明打开；当有保安报警时，联动相应区域的照明开启，并且保证市电停电后的应急照明、疏散照明。

某办公楼 BAS 选用 DDC 对照明系统实施监控，监控原理图如图 3.16 所示，图中 n 表示配电箱回路数。

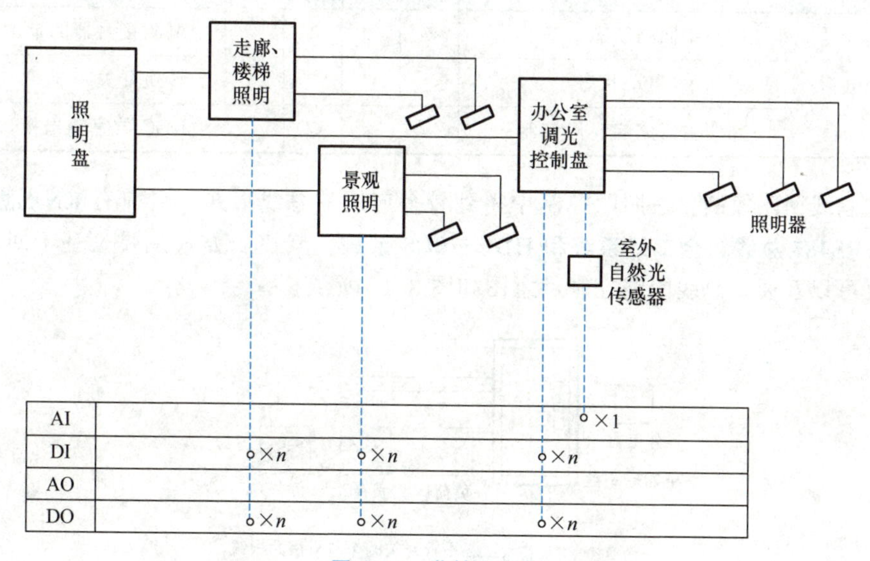

图 3.16 监控原理图

办公楼照明分配电箱监控系统监控点见表 3-1，办公楼照明主配电箱监控系统监控点见表 3-2。

表 3-1 办公楼照明分配电箱监控系统监控点

设备名称	监控内容	点类型				接口位置
		DI	AI	DO	AO	
走廊、楼梯公共照明配电箱	公共照明电源开关状态	√				电源接触器的辅助触点
	公共照明电源手/自动状态	√				电源箱控制回路
	公共照明电源开关控制			√		DDC 数字输出接口

续表

设备名称	监控内容	点类型				接口位置
		DI	AI	DO	AO	
景观照明配电箱	景观照明电源开关状态	√				电源接触器的辅助触点
	景观照明电源手/自动状态	√				电源箱控制回路
	景观照明电源开关控制			√		DDC 数字输出接口
办公室照明配电箱	室外自然光照度测量		√			照度传感器
	办公室照明电源开关状态	√				电源接触器的辅助触点
	办公室照明电源手/自动状态	√				电源箱控制回路
	办公室照明电源开关控制			√		DDC 数字输出接口

表 3-2　办公楼照明主配电箱监控系统监控点

设备名称	监控内容	点类型				接口位置
		DI	AI	DO	AO	
照明配电箱	照明主回路状态	√				电源接触器的辅助触点
	照明手/自动状态	√				转换开关
	照明主回路启、停控制			√		DDC 数字输出接口

(2) 总线回路控制。在照明控制中得到较多应用的总线形式，目前有**KNX 协议的安装总线、RS485 总线、全二线系统和 HDL-BUS 系统**。其控制方式主要是基于回路控制，控制协议可以互通。总线回路控制示意图如图 3.17 所示。

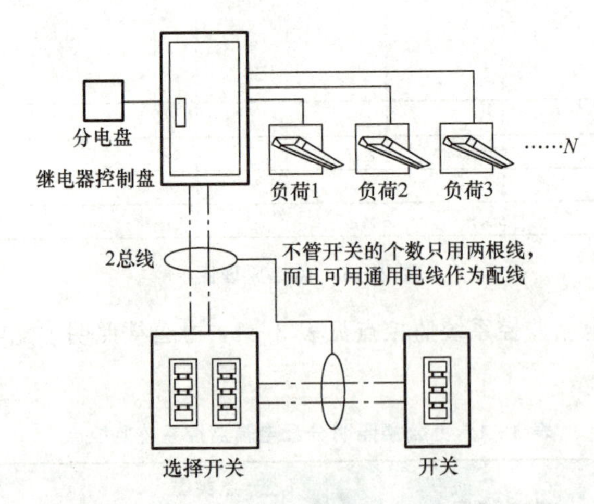

图 3.17　总线回路控制示意图

(3) 数字可寻址照明接口。数字可寻址照明接口（Digital Addressable Lighting Interface，DALI）最初是专为荧光灯电子镇流器设计的，也可置入普通照明灯具中去，目前也用于 LED 驱动器。

DALI 控制总线采用主从结构，一个接口最多能接**64 个可寻址的控制装置或设备（独**

立地址)，最多能接**16个可寻址分组（组地址)**，每个分组最多可以设定16个场景（场景值)，通过网络技术可以把多个接口互联起来控制大量的接口和灯具。其采用异步串行协议，通过前向帧和后向帧实现控制信息的下达和灯具状态的反馈。DALI寻址示意图如图3.18所示。

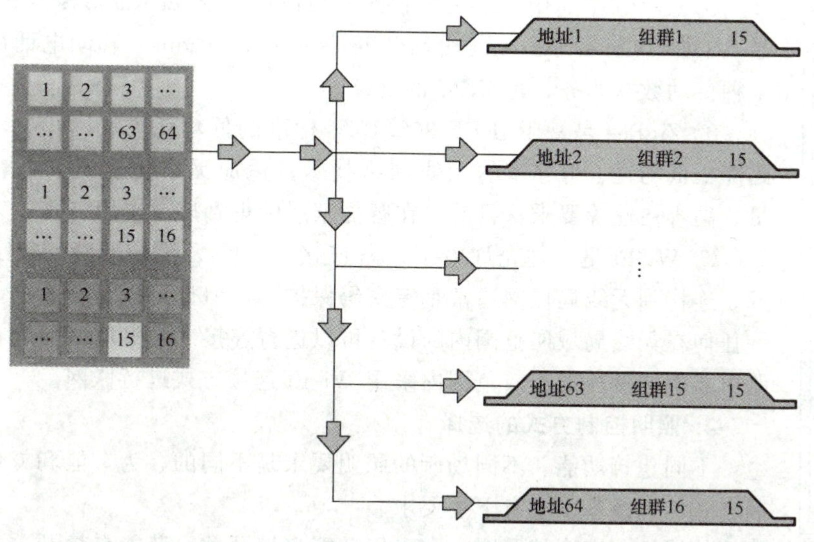

图3.18 DALI寻址示意图

DALI可做到精确地控制，可以单灯单控，即对单个灯具可独立寻址，不要求单独回路，与强电回路无关，还可以方便控制与调整，修改控制参数的同时不改变已有布线方式。

DALI标准的线路电压为16V，允许范围为9.5～22.5V。DALI系统最大电流为250mA；数据传输速率为1200bps，可保证设备之间通信不被干扰；在控制导线截面面积为1.5mm^{2}的前提下，控制线路长度可达到300m；控制总线和电源线可以采用一根多芯导线或在同一管道中敷设；可采用多种布线方式如树干式或混合式，如图3.19所示。

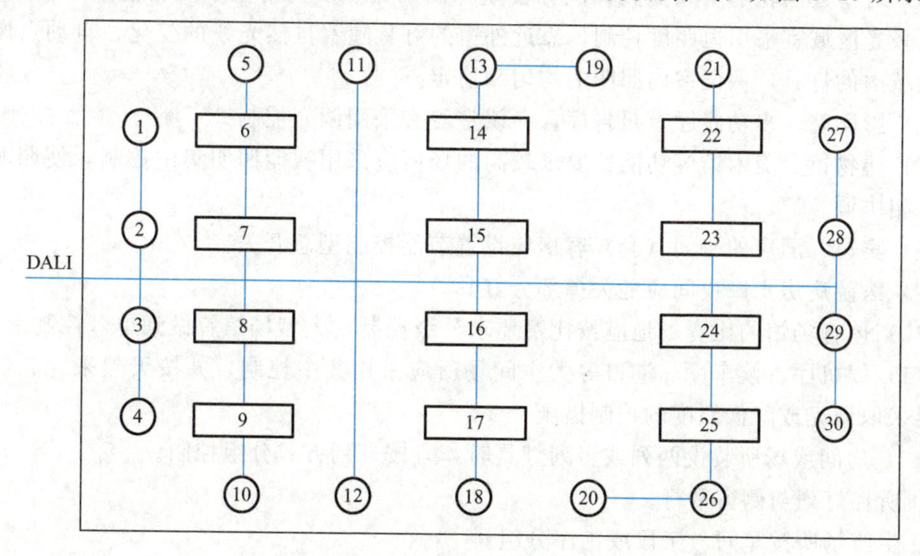

图3.19 DALI系统布线方式

（4）无线控制。

照明无线控制技术发展很快，声光控制、红外移动探测、微波（雷达）感应等技术在建筑照明控制中得到广泛应用。基于网络的无线控制技术也逐步应用于照明控制中，主要有 GPRS、ZigBee、Wi-Fi 等。

基于GPRS的城市照明控制网络

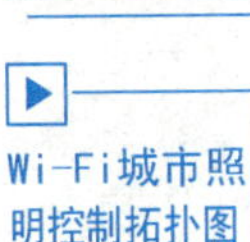

① GPRS 是通用分组无线业务（General Packet Radio Service）的简称，是 GSM（Global System for Mobile Communications）移动电话用户可用的一种移动数据业务，是 GSM 的延续。

② ZigBee 是基于 IEEE 802.15.4 标准的低功耗局域网协议，是一种短距离、低功耗、低速率的无线网络技术，适应无线传感器的低花费、低能量、高容错性等要求，目前，在智能家居中得到广泛应用。

③ Wi-Fi 是一种允许电子设备连接到一个无线局域网（WLAN）的技术。连接到无线局域网通常是有密码保护的，但也可以是开放的，这样就允许任何在无线局域网范围内的设备可以进行连接。常见的情况是在一个无线路由器电波覆盖的有效范围内采用 Wi-Fi 连接方式进行联网。

Wi-Fi城市照明控制拓扑图

4. 照明控制方式的选择

不同建筑功能、不同场所的照明要求是不同的，为节能和方便，照明控制方式的选择基本上有下述要求。

（1）居住建筑的楼梯、走廊的照明，宜采用节能自熄开关，节能自熄开关宜采用红外移动探测加光控开关，应急照明应有应急时强制点亮的措施。

（2）高级公寓、别墅宜采用智能照明控制系统。

（3）公共建筑和工业建筑的走廊、楼梯、门厅等公共场所的照明，宜采用集中控制，并按建筑使用条件和天然采光状况采取分区、分组控制措施。公共建筑包括学校、办公楼、宾馆、商场、体育场馆、影剧院、候机厅、候车厅等。

（4）对于小开间房间，可采用面板开关控制，每个照明开关所控电光源数量不宜太多，每个房间灯的开关数量不宜少于 2 个（只设置 1 只电光源的除外）。

（5）对于大面积的房间如大开间办公室、图书馆、厂房等宜采用智能照明控制系统，在自然采光区域宜采用恒照度控制，靠近外窗的灯具随着自然光线的变化，自动点燃或关闭该区域内的灯具，保证室内照明的均匀和稳定。

（6）影剧院、多功能厅、报告厅、会议室等宜采用调光控制。

（7）博物馆、美术馆等功能性要求较高的场所应采用智能照明集中控制，使照明与环境要求相协调。

（8）宾馆、酒店的每间（套）客房应设置节能控制型总开关。

（9）医院病房走廊夜间应能关掉部分灯具。

（10）体育场馆的比赛场地应按比赛要求分级控制，大型场馆宜做到单灯控制。

（11）候机厅、候车厅、港口等大空间场所应采用集中控制，并按天然采光状况及具体需要采取调光或降低照度的控制措施。

（12）房间或场所装设两列或多列灯具时，宜按下列方式分组控制。

① 所控灯列与侧窗平行。

② 生产场所按车间、工段或工序分组。

③ 电化教室、会议厅、多功能厅、报告厅等场所，按靠近或远离讲台分组。

(13) 有条件的场所，宜采用下列控制方式。

① 天然采光良好的场所，按该场所照度自动开关灯或调光。

② 个人使用的办公室，采用人体感应或动静感应等方式自动开关灯。

③ 旅馆的门厅、电梯大堂和客房层走廊等场所，采用夜间定时降低照度的自动调光装置。

④ 大、中型建筑，按具体条件采用集中或集散的、多功能或单一功能的自动控制系统。

(14) 道路照明应根据所在地区的地理位置和季节变化合理确定开关灯时间，并应根据天空亮度变化进行修正，采用光控和时控相结合的控制方式。

(15) 道路照明采用集中遥控系统时，远动终端宜具有在通信中断的情况下自动开关路灯的控制功能和手动应急控制功能。同一照明系统内的照明设施应分区或分组集中控制。

(16) 道路照明采用双光源时，在“半夜”应能关闭一个光源；采用单光源时，宜采用恒功率及功率转换控制，在“半夜”能转换至低功率运行。

(17) 景观照明应具备平时、一般节日、重大节日开灯控制模式。

(18) 建筑物功能复杂、照明环境要求较高时，宜采用专用智能照明控制系统，该系统应具有相对的独立性，宜作为BAS的子系统，应与BAS有接口。建筑物仅采用BAS而不采用专用智能照明控制系统时，公共区域的照明宜纳入BAS控制范围。

(19) 应急照明应与消防系统联动，保安照明应与安全防护系统联动。

练习题3.1

一、填空题

1. 照明工程电气设计是在________设计的基础上进行的，主要包括________的计算、供电线路上电压损失的计算、照明________的选择、照明线路的保护和________的选择等内容。

2. 中断供电将造成人身伤亡的为________级负荷，中断供电将影响重要用电单位的正常工作的为________级负荷。不属于一级和二级负荷者应为________级负荷。

3. 完成以下关于供电要求的练习题。

(1) 由低压配电屏供电的计算电流：三相的不宜大于________A，单相的不宜超过________A。

(2) 室内每一单相分支回路的电流，对于一般电光源的照明不宜超过________A，对于高强度气体放电灯或它的混合照明不宜超过________A。

(3) 室内每一分支回路的长度，对于三相220/380V线路，一般不宜超过________m；对于单相220V线路，一般不宜超过________m。

(4) 每一回路连接的照明配电箱一般不超过________个，高层住宅的配电一般以________层为一个供电区段。

(5) 灯具为单独回路时数量不宜超过________个，大型建筑组合灯具每一单相回路电光源数量不宜超过60个，建筑物轮廓灯每一单相回路不宜超过________个。

(6) 三相照明回路各相负荷的分配宜保持平衡，在每个分配电箱中的最大与最小相负荷电流差不宜超过________。

(7) 特别重要照明负荷，宜在负荷末级配电箱采用自动切换电源的方式供电，也可采用由两个专用回路各带________的照明灯具的配电方式。

二、简述题

1. 照明网络的主要接线形式有哪些？画图说明。

2. 照明控制的方式有哪些？应当如何选择？

3. 根据《建筑设备监控系统工程技术规范》(JGJ/T 334—2014)，工程中可将照明监控系统分为哪几个部分？对照明监控系统的监控功能如何规定？

任务 3.2　照明负荷计算

任务说明	完成办公楼照明工程负荷计算
学习目标	初步具备负荷计算的能力
工作依据	教材、图纸、手册、规范
实施步骤	1. 依据上个学习单元所设计的配电系统图，确定负荷计算步骤 2. 确定照明分支线路的计算负荷：$P_c=P_e(K_d=1)$ 3. 确定照明干线上的计算负荷：$P_c=K_d\sum P_e$ 若要求 I_c，则单相 $I_c=P_c/U_p\cos\varphi$，三相 $I_c=P_c/\sqrt{3}U_l\cos\varphi$ 4. 确定进户线、低压总干线的计算负荷：$P_c=K_d\sum_{i=1}^{n}P_{ci}$ 5. 列出办公楼照明工程负荷计算表
任务成果	办公楼照明工程负荷计算表

负荷计算的目的是掌握用电情况，合理选择配电系统的设备和元件，如导线、电缆、开关电器、变压器等。负荷计算过小，则依此选用的设备和载流部分有过热危险，轻者使线路和配电设备寿命降低，重者影响供电系统的安全运行。负荷计算偏大，则造成设备的浪费和投资的增大。为此，正确进行负荷计算是供电设计的前提，也是实现供电系统安全、经济运行的必要手段。

照明负荷计算就是计算照明电路所消耗功率的大小，也可以说是求照明线路电流的大小，但并不是求功率和电流的实际值，而是求“计算功率”和“计算电流”，二者均被称作“计算负荷”。

求照明负荷的目的是合理地选择供电导线、变压器和开关设备等元件，使电气设备和材料得到充分的利用，同时也是确定电能消耗量的依据。

照明负荷计算的方法通常采用需要系数法、负荷密度法和综合单位指标法。

3.2.1 需要系数法计算

1. 计算负荷

计算负荷指消耗电能最多的半个小时的平均功率，用 P_c、Q_c、S_c、I_c 表示，工程上一般用 P_{js}、Q_{js}、S_{js} 和 I_{js} 表示。计算负荷是按发热条件选择导线及开关电器的依据，并可用来计算电压损失。

采用需要系数法进行照明负荷计算时，应首先统计出各分支线路中照明设备的总安装容量，然后求出各照明分支线的计算负荷，最后求照明干线、低压总干线、进户线的计算负荷。

1）**照明分支线路的设备总容量 P_e**

对于热辐射光源的白炽灯、卤钨灯，自镇流的气体放电灯和 LED 灯，照明分支线路的设备总容量等于各灯管额定功率 P_N 之和，即

$$P_e = \sum_{i=1}^{n} P_{Ni}$$

对于气体放电灯，设备总容量等于灯管（泡）额定功率 P_N 与镇流器、触发器等附件的功率损耗之和，即

$$P_e = \sum_{i=1}^{n} (1+\alpha) P_{Ni}$$

式中，α 为镇流器等电气附件的功率损耗与灯功率之比，电光源设备功率应取总输入功率或灯功率加镇流器功率损耗，见表 3-3。

需要系数法就是利用设备功率 P_e 确定计算负荷 P_c 的方法，表达式为

$$P_c = K_d P_e$$

其中 K_d 就是需要系数。

表 3-3　电光源灯功率和总输入功率

电光源类型	配用的镇流器	灯功率/W	总输入功率/W	镇流器功率损耗与灯功率之比（%）
T8 直管荧光灯	高频电子镇流器	36	36～38	
		18	20～22	
	节能电感镇流器	36	41～43	
		18	23～25	
T5 直管荧光灯	高频电子镇流器	28	32～34	
		14	18～20	

续表

<table>
<tr><th colspan="2">电光源类型</th><th>配用的镇流器</th><th>灯功率/W</th><th>总输入功率/W</th><th>镇流器功率损耗与灯功率之比（%）</th></tr>
<tr><td colspan="2" rowspan="4">高压钠灯</td><td rowspan="2">节能电感镇流器</td><td>≥400</td><td></td><td>7～9</td></tr>
<tr><td>≤250</td><td></td><td>8～11</td></tr>
<tr><td rowspan="2">电子式镇流器</td><td>≥400</td><td></td><td>7～8</td></tr>
<tr><td>≤250</td><td></td><td>8～10</td></tr>
<tr><td rowspan="4">金属卤化物灯</td><td rowspan="2">钪钠灯</td><td rowspan="4">节能电感镇流器</td><td>≥400</td><td></td><td>12～15</td></tr>
<tr><td>≤250</td><td></td><td>15～17</td></tr>
<tr><td rowspan="2">钠铊铟灯</td><td>≥400</td><td></td><td>10～12</td></tr>
<tr><td>≤250</td><td></td><td>12～14</td></tr>
</table>

对于民用建筑内的插座，当未明确接入设备时，每组（一个标准 75 或 86 系列面板上有 2 孔和 3 孔插座各一个）插座按 100W 计算。

2）分支线路的计算负荷 P_c

照明分支线路的计算负荷就等于接于线路上照明设备的总容量 P_e，即

$$P_c = P_e$$

3）干线的计算负荷 P_c

照明负荷一般都属于单相用电设备，设计时，首先应当考虑尽量将它们均匀地分接到三相线路上，当计算范围内的单相设备容量之和小于或等于总设备容量的 15%时，按三相平衡负荷容量确定干线的计算负荷，计算公式为

$$P_c = K_d P_e$$

在实际照明工程中要做到三相负荷平衡往往是比较困难的，当照明负荷为不均匀分布时，照明干线的计算负荷应按三相中负荷最大一相进行计算，即求出照明干线的等效三相负荷 P_c，即

$$P_c = 3K_d P_{em}$$

需要系数表示的是不同性质的建筑对照明负荷需要的程度，即主要反映各照明设备同时开启的情况，一般按表 3-4 选取。

表 3-4　照明用电设备需要系数 K_d

建筑分类	K_d	建筑分类	K_d
生产厂房（有天然采光）	0.80～0.90	设计室	0.90～0.95
生产厂房（无天然采光）	0.90～1.00	科研楼	0.80～0.90
锅炉房	0.90	综合商业服务楼	0.75～0.85
仓库	0.50～0.70	商店	0.85～0.90
办公楼	0.70～0.80	体育馆	0.70～0.80
展览馆	0.70～0.80	托儿所、幼儿园	0.80～0.90

续表

建筑分类	K_d	建筑分类	K_d
旅馆	0.60～0.70	集体宿舍	0.60～0.80
医院	0.50	食堂、餐厅	0.80～0.90
学校	0.60～0.70		

照明用电设备功率因数见表 3－5。

表 3－5　照明用电设备功率因数

电光源类别		cosφ	tanφ	电光源类别	cosφ	tanφ
白炽灯、卤钨灯		1.00	0.00	金属卤化物灯	0.40～0.55	2.29～1.52
荧光灯	电感镇流器（无补偿）	0.50	1.73	氙灯	0.90	0.48
	电感镇流器（有补偿）	0.90	0.48	霓虹灯	0.40～0.50	2.29～1.73
	电子镇流器（>25W）	0.95～0.98	0.33～0.20	LED 灯（≤5W）	0.40	2.29
高压汞灯		0.40～0.55	2.29～1.52	LED 灯（>5W）	0.70	1.02
高压钠灯		0.26～0.50	2.29～1.73	LED 灯（宣称高功率因数者）	0.90	0.48

2. 计算电流

照明设备多以热辐射光源和各种气体放电光源为主，致使各类照明设备的性质不同。白炽灯、卤钨灯等热辐射光源属于纯电阻性负荷，其电流与电压同相位，即功率因数 $\cos\varphi=1$，而各种气体放电光源的照明设备，由于必须配接镇流器或触发器等电气附件，致使其电流总是滞后电压一个相位角，因此其功率因数 $\cos\varphi<1$。**在求照明系统的计算电流时，必须考虑这个因素，不能将各类照明设备的电流（或功率）直接相加作为总电流（或总功率）。**有如下两种情况。

1）**一种电光源的照明线路**

单相照明线路的计算电流为

$$I_c=\frac{P_c}{U_p\cos\varphi}$$

三相照明线路的计算电流为

$$I_c=\frac{P_c}{\sqrt{3}U_l\cos\varphi}$$

2）**多种电光源混合的照明线路**

多种电光源混合的照明线路，其计算电流只能进行矢量相加。为了便于计算，通常先求出每一种电光源的计算电流，然后把每一种电光源的计算电流分解为有功分量和无功分量。

$$I_{cp}=I_c\cos\varphi$$

$$I_{cq}=I_c\sin\varphi$$

再将系统中所有电光源的有功电流和无功电流分别相加，得出总的有功电流和无功电流，最后根据下列公式计算该系统总的计算电流。

$$I_c = \sqrt{(\sum I_{cp})^2 + (\sum I_{cq})^2}$$

上面三个式子适用于单相照明线路的计算，而对于三相照明线路，可应用上述公式分别求出每一相的计算电流，选取最大一相的计算电流作为三相电路计算电流，并以此作为系统选择导线、开关等电气设备的依据。

3. 计算思路及步骤

需要系数法的计算思路为 $P_e \rightarrow P_c \rightarrow I_c \rightarrow P_c$。

1）**确定 P_e**

热辐射光源和电子镇流器的气体放电光源 $P_e = P_N$，带有耗电附件的气体放电光源 $P_e = (1+\alpha)P_N$，插座每组按 $P_e = 100\text{W}$ 计算。

当计算范围内的单相设备容量的和小于或等于总容量的15%时，按三相平衡负荷容量确定，即 $P_e = P_{ea} + P_{eb} + P_{ec}$；当单相设备容量的和大于总容量的15%时，取三相中最大的3倍，即 $P_e = 3P_{max}$。

2）**确定 P_c**

公式　　$P_c = K_d P_e$

照明分支线路的计算负荷　　$P_c = P_e \ (K_d = 1)$

照明干线上的计算负荷　　$P_c = K_d \sum P_e$

3）**计算 I_c**

单相　　$I_c = P_c / U\cos\varphi$

三相　　$I_c = P_c / \sqrt{3} U\cos\varphi$

4）**进户线计算负荷 P_c**

$$P_c = K_d \sum_{i=1}^{n} P_{ci}$$

【例 3.1】 某生产建筑物中的三相供电线路上接250W荧光高压汞灯和白炽灯两种电光源，各相负荷分配见表3-6，求线路计算电流。

表 3-6　各相负荷分配

相　　序	250W 荧光高压汞灯	白炽灯
L_1（A相）	4盏共1kW	2kW
L_2（B相）	8盏共2kW	1kW
L_3（C相）	2盏共0.5kW	3kW

【解】

(1) 求每相荧光高压汞灯的有功计算功率。

A相：1000×(1+0.2)=1200(W)

B相：2000×(1+0.2)=2400(W)

C相：500×(1+0.2)=600(W)

(2) 求每相白炽灯的有功计算功率。

A 相：2000W

B 相：1000W

C 相：3000W

(3) 求每相荧光高压汞灯的有功计算电流。

A 相：1200/220≈5.45(A)

B 相：2400/220≈10.91(A)

C 相：600/220≈2.73(A)

(4) 求每相荧光高压汞灯的无功计算电流。

A 相：5.45×1.48≈8.07(A)

B 相：10.91×1.48≈16.15(A)

C 相：2.73×1.48≈4.04(A)

(5) 求每相白炽灯的计算电流。

A 相：2000/220≈9.09(A)

B 相：1000/220≈4.55(A)

C 相：3000/220≈13.64(A)

(6) 求各相总的计算电流。

$$I_{cA}=\sqrt{(5.45+9.09)^2+8.07^2}\approx 16.63(\text{A})$$

$$I_{cB}=\sqrt{(10.91+4.55)^2+16.15^2}\approx 22.36(\text{A})$$

$$I_{cC}=\sqrt{(2.73+13.64)^2+4.04^2}\approx 16.86(\text{A})$$

3.2.2 利用各种用电指标的负荷计算方法

1. 负荷密度法

负荷密度法是一种估算方法，适用于初步设计阶段。

计算公式为

$$P_c=\frac{P_0 A}{1000}(\text{kW})$$

式中，P_0 为单位面积功率，即负荷密度，W/m²；A 为建筑面积，m²。

用电指标是由经统计和处理的经验数据得到的，单位建筑面积计算负荷见表 3-7。

表 3-7 单位建筑面积计算负荷

建筑物名称	单位建筑面积计算负荷/(W/m²)		建筑物名称	单位建筑面积计算负荷/(W/m²)	
	白炽灯	荧光灯		白炽灯	荧光灯
一般住宅	6～12		餐厅	8～16	
高级住宅	10～20		高级餐厅	15～30	

续表

建筑物名称	单位建筑面积计算负荷/(W/m²)		建筑物名称	单位建筑面积计算负荷/(W/m²)	
	白炽灯	荧光灯		白炽灯	荧光灯
一般办公楼		8～10	旅馆、招待所	11～18	
高级办公楼	15～23		高级宾馆	26～35	
科研楼		12～18	文化馆	15～18	
教学楼		11～15	电影院	12～20	
图书馆		8～15	剧院	12～27	
大、中型商场		10～17	体育练习馆	12～24	
展览厅	16～40		门诊楼	12～25	
锅炉房	5～8		病房楼	8～10	
车房	4～9		车库	57	

2. 综合单位指标法

综合单位指标法适用于方案设计阶段。

计算公式为

$$P_c = K_d P_a N$$

式中，P_c——计算有功功率，kW；

K_d——住宅用电负荷需要系数；

P_a——有功负荷的单位指标，kW/床、kW/户、kW/人等；

N——综合单位的数量，床数、户数、人数等。

综合单位指标法在住宅设计中应用最广。表 3-8 列出了住宅用电负荷的几种指标，住宅用电负荷需要系数见表 3-9。

表 3-8　住宅用电负荷和电能表选择

每套建筑面积 S /m²	用电负荷 /kW	电能表 /A	每套建筑面积 S /m²	用电负荷 /kW	电能表 /A
JGJ 242—2011《住宅建筑电气设计规范》			南方电网公司		
$S\leqslant 60$	≥3	5（20）	$S\leqslant 80$	4	
$60<S\leqslant 90$	≥4	10（40）	$80<S\leqslant 120$	6	
$90<S\leqslant 150$	≥6	10（40）	$121<S\leqslant 150$	8～10	
$S>150$	超出面积可按 40～50W/m²		$S>150$ 的高档住宅、别墅	12～20	
			香港中华电力公司		
上海市电力公司			$20\leqslant S\leqslant 50$	2.8kVA	
$S\leqslant 120$	8		$50<S\leqslant 90$	3.2kVA	

续表

每套建筑面积 S /m^2	用电负荷 /kW	电能表 /A	每套建筑面积 S /m^2	用电负荷 /kW	电能表 /A
120<S≤150	12		90<S≤160	4.2kVA	
S>150	80W/m^2		S>160	4.6kVA	
别墅	≥100W/m^2		豪华式和有中央空调	0.45kVA/m^2	

表3-9 住宅用电负荷需要系数

按单相配电计算时所连接的基本户数	按三相配电计算时所连接的基本户数	需要系数
1～3	3～9	0.90～1.00
4～8	12～24	0.65～0.90
9～12	27～36	0.50～0.65
13～24	39～72	0.45～0.50
25～124	75～372	0.40～0.45
125～259	375～777	0.30～0.40
260～300	780～900	0.26～0.30

【例3.2】 某住宅每户用电负荷为6kW，255户均匀分配接入三相配电系统，求三相计算功率（需要系数取上限）。

【解】 按三相配电，每相基本户数是255/3＝85，查表3-9取需要系数为0.45。

根据公式 $P_c = K_d P_a N = 0.45 \times 6 \times 255 = 688.5(kW)$

练习题3.2

一、填空题

1. 照明负荷计算就是计算照明电路所消耗________的大小，也可以说是求照明线路________的大小，但并不是求功率和电流的实际值，而是求“计算功率”和“计算电流”，二者均被称作“________”。

2. 计算负荷指消耗电能最多的________小时的平均功率，用 P_c、Q_c、S_c、I_c 表示，工程上一般用 P_{js}、Q_{js}、S_{js} 和 I_{js} 表示。

3. 照明负荷计算的方法通常采用________、负荷密度法和综合单位指标法。

二、问答题

1. 照明负荷计算的目的是什么？

2. 简述需要系数法进行照明负荷计算的步骤。

三、计算题

1. 某建筑物所带负荷为照明负荷，从分配电箱引出三条支线，分别带100W白炽灯15只、13只、14只，带电感镇流器的40W荧光灯10只、12只、10只，求干线的计算电流。

2. 某照明配电系统图如图 3.20 所示，已知照明干线上的需要系数 $K_d=0.7$，功率因数 $\cos\varphi=0.9$，试求照明干线上的计算负荷。

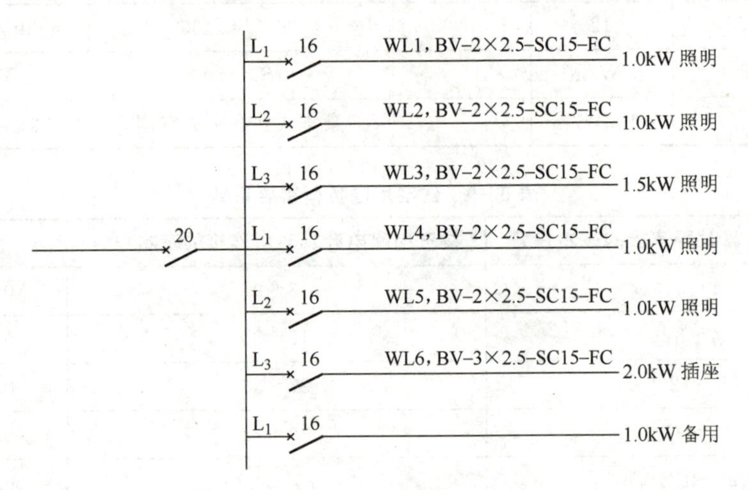

图 3.20 某照明配电系统图

任务 3.3 导线、电缆敷设与选择

任务说明	在上个学习单元负荷计算结果的基础上，根据《工业与民用供配电设计手册》《照明设计手册》中对照明工程导线和电缆选择的要求，进行该办公楼照明工程导线、电缆的选择并列表
学习目标	初步具有照明工程导线和电缆选择的能力
工作依据	教材、图纸、负荷计算结果、手册、规范
实施步骤	1. 认真阅读《工业与民用供配电设计手册》《照明设计手册》关于照明工程导线和电缆选择的要求 2. 根据上个学习单元负荷计算结果和配电网络图，按允许载流量选择导线和电缆截面（照明分支线、插座分支线、干线、入户线） 3. 按照机械强度进行校验 4. 按电压损失进行校验 5. 列出导线和电缆选择表
任务成果	办公楼照明工程导线和电缆选择表

正确地敷设和选择导线和电缆，对于保证民用建筑供配电系统安全、可靠、经济、合理地运行，有着重要的意义。导线选择是设计中一项重要的内容。选择不当，则不能保证

电气线路的正常运行，或造成浪费。在进行导线选择时，要从导线的电压、材料、绝缘及护套、截面等方面考虑，还要区分相线、中性线和保护线的区别。

照明线路的特点是距离长、负荷分散，照明配电网络导线和电缆的选择原则如下。

（1）按使用环境和敷设方法选择导线和电缆的类型。

（2）按线缆敷设的环境条件来选择线缆的绝缘材质。

（3）按机械强度选择导线的最小允许截面。

（4）按允许载流量选择导线和电缆的截面。

（5）按电压损失校验导线和电缆的截面。

3.3.1 导线和电缆敷设

1. 照明线路中导线的敷设方式

室内导线的敷设方式分明敷设和暗敷设两类。

（1）明敷设。绝缘导线采用瓷珠、绝缘子，广泛用在工厂单层厂房中跨沿屋架敷设；或采用瓷（塑料）夹板、铝皮卡及槽板（塑料）沿墙、顶棚或屋架，在辅助厂房及次要的民用建筑中敷设；或穿管、放于电缆桥架内敷设于墙壁、柱子、顶棚的表面及支架等处。

导线明敷设的优点是施工简便、维护直观、耗费较低。选择明敷设方式时应注意，在有可能遇到机械损伤的地方，如沿柱子、吊车梁敷设应穿钢管或用其他措施保护；配电箱几回路出线沿同一方向穿管明敷设时，可合穿一根管子，但管内导线总数不应超过 8 根，并且不同电压或不同种类的照明回路不能共管敷设。

（2）暗敷设。绝缘导线穿电线管、水煤气管（焊接钢管）、硬质塑料管或难燃塑料电线套管，埋入墙内或地坪内，电线管和焊接钢管也可敷设在顶棚内或多孔混凝土板板孔中。

暗敷设的优点是不易受到机械等因素的外伤，不易受潮，还能达到美观的要求。导线因有管子保护，电线管、水煤气管本身是导体，如果接零和接地正确，可大大减少配电故障；难燃塑料电线套管质量轻、价格便宜、施工方便，可以在埋墙、暗敷顶棚内代替钢管。

2. 照明线路中电缆的敷设方式

（1）明敷设。室内外电缆明敷设一般采用的方法有支架、吊架、托盘、桥架、钢索等。

电力工程电缆敷设规范

（2）电缆在管道内的敷设。管道通常为钢管、塑料管，但也有瓦管、混凝土管和石棉水泥管，多用于下列场所：电缆从室外引入室内穿过墙或基础时、穿过室内楼板处、从电缆沟道引至用电设备、可能受到机械损伤的地方、容易与人接触的地方。

（3）电缆沟敷设。电缆根数较多，但不超过 18 根，在水平通道不够，与地下其他管道交叉不多的情况下，可采用电缆沟敷设。

（4）电缆直埋。电缆在土壤中直埋，埋深应不小于 0.7m。

3.3.2 导线和电缆类型选择

导线和电缆类型的选择主要包括选择额定电压、导体材料、绝缘材料、内外护层等。选择

时应主要从工程的重要程度、环境条件、敷设方法、节约短缺材料和经济可靠等方面考虑。

1）额定电压

绝缘导线和电缆的额定电压应不低于使用地点的额定电压。

2）导体材料

在满足线路敷设要求的前提下，优先选用铝芯导线和电缆。但是，在有爆炸危险的场所、有剧烈振动的场所、移动式局部照明及重要的民用公共建筑等处均应采用铜芯导线或电缆。如在室内建筑中，电气线路一般采用暗敷方式，考虑施工、经久耐用和安全等问题，一般选用铜芯导线和电缆。

3）绝缘及护套

导线和电缆的绝缘材料主要有塑料、橡皮等。在建筑物表面直接敷设时，应选用塑料绝缘线和塑料护套线。选择导线和电缆的绝缘材料时，应首先考虑敷设方式及环境条件，其次应考虑经济性，由于塑料绝缘线的生产工艺简单，绝缘性能好，成本低，因此应尽量选用塑料绝缘线。塑料绝缘线（BV、BLV）的绝缘性能良好，价格较低，由于不耐高温，绝缘容易老化，因此塑料绝缘线不宜在室外敷设。橡皮绝缘线（BX、BLX）的性能优于前者。氯丁橡皮绝缘线（BXF、BLXF）的特点是耐油性能好、不易发霉、不延燃、光老化过程缓慢，因此可以在室外敷设。

4）电缆外护层及铠装

电力电缆的外护层及铠装种类较多，要根据其敷设方式（室内外、电缆沟、管道、竖井、埋地、水下等）、环境条件（易燃、移动、腐蚀等）选用。

5）常用导线和电缆

BV：塑料绝缘铜芯导线，用于交流500V、直流1000V及以下的线路中，供穿钢管或PVC管明敷或暗敷用，不宜在室外敷设。

YJV：交联聚乙烯绝缘、聚氯乙烯护套铜芯电力电缆，具有载流量大、质量轻的优点，既可敷设于室内、沟道中、管子内，也可埋设在土壤中。在高层或大型民用建筑中，消防设施线路应采用阻燃（ZR）、耐高温（NT）或耐火（NH）的电力电缆。交联聚乙烯绝缘电力电缆外形结构如图3.21所示。

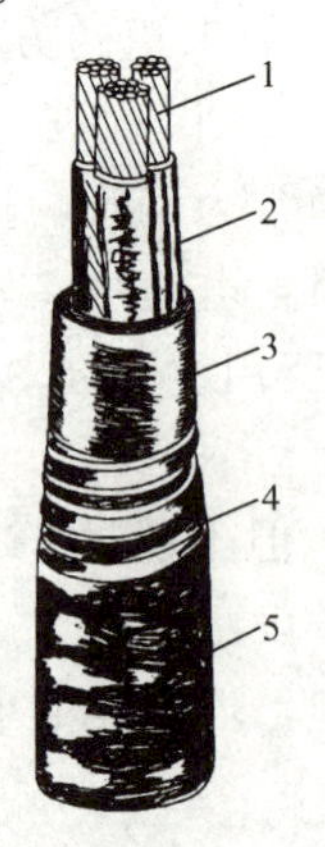

1—缆芯（铜芯或铝芯）；2—交联聚乙烯绝缘层；3—聚氯乙烯护套（内护层）；
4—钢铠或铝铠（外护层）；5—聚氯乙烯外套（外护层）。

图3.21　交联聚乙烯绝缘电力电缆外形结构

导线和电缆型号与敷设条件见表3-10。

表3-10 导线和电缆型号与敷设条件

类别	型号		绝缘材料、类型	敷设条件
	铜芯	铝芯		
导线	BX	BLX	橡皮绝缘	室内架空或穿管敷设，交流500V、直流1000V以下
	BXF	BLXF	氯丁橡皮绝缘	室外架空或穿管敷设，交流500V、直流1000V以下，尤其适用于室外架空
	BV (BV_{-105})	BLV (BLV_{-105})	聚氯乙烯绝缘（耐热105℃）	室内明敷或穿管敷设，交流500V、直流1000V以下电气设备及电气线路
软线	(ZR—) RV		(阻燃型) 聚氯乙烯绝缘	交流250V及以下的照明，各种电器（阻燃型适用于有阻燃要求的场所）
	(ZR—) RVB		(阻燃型) 聚氯乙烯绝缘平型	
	(ZR—) RVS		(阻燃型) 聚氯乙烯绝缘绞型	
电力电缆	(NH—) VV	VLV	(耐火型) 聚氯乙烯绝缘，聚氯乙烯护套	敷设在室内、隧道内及管道中，不承受机械外力作用（耐火型适用于照明、电梯、消防、报警系统、应急供电回路及地铁、核电站、火电站等与防火安全及消防救火有关的场所）
	ZQD	ZLQD	不滴流浸渍剂纸绝缘裸铅包	敷设在室内、沟道中及管子内，对电缆没有机械损伤，且对铅护层有中性环境
	ZQ	ZLQ	油浸纸绝缘裸铅包	
	(ZR—) YJV	(ZR—) YJLV	(阻燃型) 交联聚乙烯绝缘、聚氯乙烯护套	敷设在室内、隧道内及管道中，也可敷设在土壤中，不承受机械外力作用，但可承受一定的敷设牵引力（阻燃型适用于高层建筑、地铁、地下隧道、核电站、火电站等与防火安全及消防救火有关的场所）
	YJVF	YJLVF	交联聚乙烯绝缘、分相聚氯乙烯护套	
绝缘电力电缆	(NH—) VV_{29}	VLV_{29}	(耐火型) 聚氯乙烯绝缘、聚氯乙烯护套内钢带铠装	敷设在地下，能承受机械外力作用，但不能承受大的拉力（耐火型适用于照明、电梯、消防、报警系统、应急供电回路及地铁、核电站、火电站等与防火安全及消防救火有关的场所）
	VV_{30}	VLV_{30}	聚氯乙烯绝缘、聚氯乙烯护套内钢丝铠装	敷设在室内、矿井中，能承受机械外力作用，能承受相当的拉力
	ZQD_{12}	$ZLQD_{12}$	不滴流浸渍剂纸绝缘铅包钢带铠装	用于垂直或高落差敷设，敷设在土壤中，能承受机械损伤，但不能承受大的拉力

续表

类别	型号		绝缘材料、类型	敷设条件
	铜芯	铝芯		
绝缘电力电缆	ZQD_{22}	$ZLQD_{22}$	不滴流浸渍剂纸绝缘铅包钢带铠装聚氯乙烯护套	用于垂直或高落差敷设，敷设在对钢带有严重腐蚀的环境中，能承受机械损伤，但不能承受大的拉力
	ZQ_{12}	ZLQ_{12}	油浸纸绝缘铅包钢带铠装	敷设在土壤中，能承受机械损伤，但不能承受大的拉力
	ZQ_{22}	ZLQ_{22}	油浸纸绝缘铅包钢带铠装聚氯乙烯护套	敷设在对钢带有严重腐蚀的环境中，能承受机械损伤，但不能承受大的拉力
	YJV_{29}	$YJLV_{29}$	交联聚乙烯绝缘、聚氯乙烯护套内钢带铠装	敷设在土壤中，能承受机械外力作用，不能承受大的拉力
	$YJVF_{30}$	$YJLVF_{30}$	交联聚乙烯绝缘、分相聚氯乙烯护套裸细钢丝铠装	敷设在室内、矿井中，能承受机械外力作用，能承受相当的拉力

3.3.3 导线和电缆截面选择

导线的选择必须满足下列条件。

（1）**发热条件**：导线通过正常计算电流（I_{30}）时，其发热所产生的温升不应超过正常运行时的最高允许温度，以防因过热而引起导线绝缘损坏或加速老化。

（2）**电压损失**：导线在通过正常计算电流时产生的电压损失应小于正常运行时的允许电压损失，以保证供电质量。

（3）**经济电流密度**：对高电压、长距离输电线路和大电流低压线路，其导线的截面宜按经济电流密度选择，以使线路的年综合运行费用最小，节约电能和有色金属。

（4）**机械强度**：正常工作时，导线应有足够的机械强度，以防断线。通常所选截面应不小于该种导线在相应敷设方式下的最小允许截面，由于电缆具有高强度内外护套，机械强度很高，因此不必校验其机械强度，但需校验其短路热稳定度。

此外，对于绝缘导线和电缆，还应满足工作电压的要求；对于硬母线，还应校验短路动、热稳定度。

1. 按允许载流量条件选择导线和电缆截面

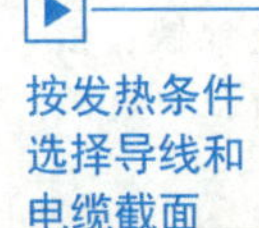

导线载流量是指导线或电缆在某一特定的环境和敷设条件下，其稳定工作温度不超过其绝缘允许最高持续工作温度的最大负荷电流。**按允许载流量条件选择导线截面也叫作按发热条件选择导线截面**。

由于负荷电流通过导线时会发热，使导线温度升高，而过高的温度将加速绝缘老化，甚至损坏绝缘，引起火灾。裸导线温度过高时将使导线接头处加速氧化，接触电阻增大，引起接头处过热，造成断路事故。为了确保正常运行中的导线温度不会超过允许值，生产厂家往往通过计算或试验的方法，将不同材料、不同截面的绝缘导线在不同环境温度和敷设方式时的允许载流量列成表格，供实际工程设计时选用。

1）**相线截面的选择**

$$I_{al} \geqslant I_{30}$$

式中，I_{30}为线路的计算电流；I_{al}为导线的允许载流量。

即在规定的环境温度条件下，导线长期连续运行所达到的稳定温度不超过允许值的最大电流。如果导线敷设地点的环境温度 θ'_0 与导线允许载流量所采用的环境温度 θ_0 不同，则导线的实际载流量可用允许载流量 I_{al}乘以温度校正系数 K_θ 进行校正，即

$$K_\theta = \sqrt{\frac{\theta_{al} - \theta'_0}{\theta_{al} - \theta_0}}$$

式中，θ_{al}为导体正常发热允许最高温度，一般可取 $\theta_{al} = 70℃$。

各种导线的允许载流量可查有关设计手册或本书附录。**铜芯导线的允许载流量为相同类型、相同截面铝芯导线的 1.29 倍。**

2）**中性线（N 线）截面的选择**

在三相四线制系统（TN 或 TT 系统）中，正常情况下中性线通过的电流仅为三相不平衡电流、零序电流及三次谐波电流，通常都很小，因此中性线的截面可按以下条件选择。

（1）一般三相四线制线路的中性线截面 S_N应不小于相线截面 S_ϕ 的 50%，即

$$S_N \geqslant 0.5 S_\phi$$

（2）三相四线制线路分支的两相三线线路和单相双线线路，由于其中性线电流与相线电流相等，因此它们的中性线截面 S_N应与相线截面 S_ϕ 相同，即 $S_N = S_\phi$。

（3）三次谐波电流突出的三相四线制线路（供整流设备的线路），由于各相的三次谐波电流都要通过中性线，将使得中性线电流接近甚至超过相线电流，因此其中性线截面 S_N宜大于或等于相线截面 S_ϕ，即 $S_N \geqslant S_\phi$。

3）**保护线（PE 线）截面的选择**

正常情况下，保护线不通过负荷电流，但当三相系统发生单相接地时，短路故障电流要通过保护线，因此保护线要考虑单相短路电流通过时的短路热稳定度。按有关规定，保护线的截面 S_{PE}可按以下条件选择。

（1）当 $S_\phi \leqslant 16mm^2$ 时，$S_{PE} \geqslant S_\phi$。

（2）当 $16mm^2 < S_\phi \leqslant 35mm^2$ 时，$S_{PE} \geqslant 16mm^2$。

（3）当 $S_\phi > 35mm^2$ 时，$S_{PE} \geqslant 0.5 S_\phi$。

4）**保护中性线（PEN 线）截面的选择**

保护中性线兼有保护线和中性线的双重功能，其截面选择应同时满足上述二者的要求，并取其中较大的截面作为保护中性线截面 S_{PEN}。

【例 3.3】 有一条采用 BV－500 型铜芯塑料线明敷的 220/380V 的 TN－S 线路，计算电流为 140A，当地最热月平均气温为 30℃。试按允许载流量条件选择此线路的导线截面。

【解】 TN－S 线路为含有中性线和保护线的三相四线制线路，因此除选择相线外，还要选择中性线和保护线。

（1）相线截面的选择。

查附表 D－8 可知，环境温度为 30℃时，35mm² 的 BV－500 型铜芯塑料线明敷 $I_{al}=156A$，满足发热条件，故相线截面 $S_{\phi}=35mm^2$。

（2）中性线截面的选择。

根据要求，可选择中性线截面为 $S_N=25mm^2$。

（3）保护线截面的选择。

$S_{\phi}\leqslant 16mm^2$ 时，选 $S_{PE}\geqslant S_{\phi}=16mm^2$。

2. 按经济电流密度选择导线和电缆截面

当沿电力线路传送电能时，会产生功率损耗和电能损耗。这些损耗的大小及其费用都与导线或电缆的截面大小有关，截面越细，损耗越大，所耗费用也越大。增大截面虽然使损耗和费用减小，但增大了线路的投资，可见，在此中间总可以找到一个最为理想的截面，使年运行费用最小，这个理想截面称为经济截面 S_{ec}，根据这个截面推导出来的电流密度称为经济电流密度 J_{ec}。

年运行费用包括线路年电能损耗费、年折旧维护费和年管理费（所占比重较小，通常可忽略）。

1）**年电能损耗费**

年电能损耗费＝线路的年电能损耗×电度电价

2）**年折旧维护费**

年折旧费＝线路建设总投资×年折旧率

年维修费＝线路建设总投资×年维修率

3）**年管理费**

年管理费包括人员工资、奖金、劳动防护用品等。

经济电流密度 J_{ec} 与年最大负荷利用小时数有关，年最大负荷利用小时数越大，负荷越平稳，损耗越大，经济截面因而也就越大，经济电流密度就会变小。我国现行的经济电流密度见表 3－11。

表 3－11　经济电流密度　　单位：A/mm²

线路类别	导线材料	年最大负荷利用小时数 T_{max}		
		3000h 以下	3000～5000h	5000h 以上
架空线路和母线	铜	3.00	2.25	1.75
	铝	1.65	1.15	0.90
电缆线路	铜	2.50	2.25	2.00
	铝	1.92	1.73	1.54

按经济电流密度计算经济截面 S_{ec} 的公式为

$$S_{ec}=I_{30}/J_{ec}$$

【例 3.4】 一条长 25km 的 35kV 架空线路，在 15km 处有负荷 2600kW，末端处有负荷 2000kW，$\cos\varphi$ 同为 0.85，两处负荷的 T_{max} 均为 5200h，当地最热月平均气温 30℃。试根据经济电流密度选择 LJ 型铝绞线，并校验其发热条件和机械强度。

【解】(1) 选择经济截面。

线路的计算电流为 $I_{30}=P_{30}/(\sqrt{3}U_N\cos\varphi)=4600/(\sqrt{3}\times35\times0.85)\approx89.3(A)$

由表3-11查得 $J_{ec}=0.90A/mm^2$，因此可得

$$S_{ec}=89.3/0.90\approx99.2(mm^2)$$

查附表D-1选标准截面 $95mm^2$，即选LJ-95型铝绞线。

(2) 校验发热条件。查附表D-1得，LJ-95的允许载流量（30℃时）$I_{al}=305A>89.3A$，满足发热条件。

(3) 校验机械强度。查附表D-7得，35kV铝绞线的最小截面 $S_{min}=35mm^2<S=95mm^2$，因此所选的LJ-95型铝绞线满足机械强度要求。

综合考虑，最终确定选择LJ-95。

3. 电压损失计算

照明线路的电压损失指的是线路首端与末端电压的代数差，工程上常用额定电压的百分数表示，其大小与线路导线截面（线路电阻和电抗）、各负荷功率等因素有关。导线和电缆在通过正常最大负荷电流时产生的电压损耗，不应超过其正常运行时允许的电压损耗。

线路上的电压损失 ΔU=电源端输出电压 U_1－负载端得到电压 U_2

$$相对电压损失\ \Delta u\%=\frac{U_1-U_2}{1000U_n}\times100\%$$

为保证供电质量，高低压输配电线路电压损失一般不超过线路额定电压的5%（$\Delta U_{al}\%\leqslant5\%$）；对视觉要求较高的照明线路，$\Delta U_{al}\%\leqslant2\%$。如果线路的电压损耗值超过了允许值，则应适当加大导线的截面，减小配电线路的电压降，以满足用电设备的要求。

(1) **终端只有一个集中负荷的三相线电压损失计算**。计算电压降的三相线路和电压相量图如图3.22所示。

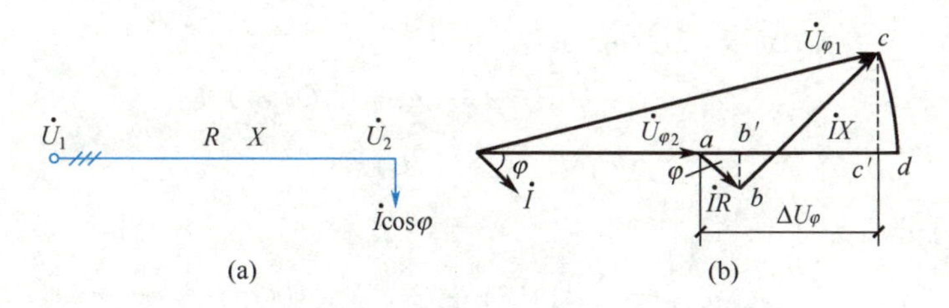

图3.22 计算电压降的三相线路和电压相量图

设三相功率为 P，线电流为 I，功率因数为 $\cos\varphi$，线路电阻为 R，电抗为 X，线路首端的相电压为 $U_{\varphi1}$，末端的相电压为 $U_{\varphi2}$。

由相量图可知，线路的相电压损失为

$$\Delta U_\varphi\approx ac'=ab'+b'c'=IR\cos\varphi+IX\sin\varphi=I(R\cos\varphi+X\sin\varphi)$$

把电流的表达式换算成线电压损失为

$$\Delta U=\sqrt{3}\Delta U_\varphi=\sqrt{3}I(R\cos\varphi+X\sin\varphi)=(PR+QX)/U_n$$

若以百分值表示，则为 $\Delta u\%=\Delta U/(1000U_n)\times100=(PR+QX)/(10U_n^2)$

(2) **终端带有多个集中负荷的三相线电压损失计算**。如果一条线路带有多个集中负

荷，并已知每段线路的负荷及阻抗，则可分别求出各段线路的电压损失，线路总的电压损失即为各段线路电压损失之和。下面以带两个集中负荷的三相线路为例，说明多个集中负荷电压损失的求法，如图 3.23 所示。

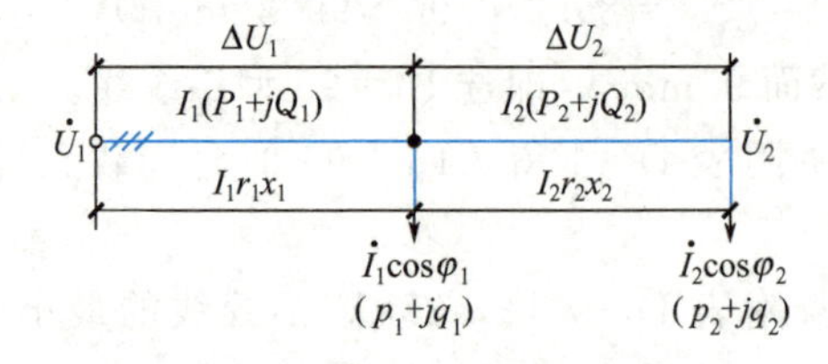

图 3.23　终端带有两个集中负荷的三相线电压损失

在图 3.23 中，以 P_1、Q_1、P_2、Q_2 表示通过各段线路的有功功率和无功功率，p_1、q_1、p_2、q_2 表示各个负荷的有功功率和无功功率，r_1、x_1、r_2、x_2 表示各段线路的电阻和电抗。

因此，对第一段线路有

$$P_1 = p_1 + p_2$$
$$Q_1 = q_1 + q_2$$

对第二段线路有

$$P_2 = p_2$$
$$Q_2 = q_2$$

各段线路的电压损失分别为

$$\Delta U_1 = (P_1 r_1 + Q_1 x_1)/U_n$$
$$\Delta U_2 = (P_2 r_2 + Q_2 x_2)/U_n$$

线路总的电压损失为

$$\begin{aligned}\Delta U &= \Delta U_1 + \Delta U_2 \\ &= (P_1 r_1 + P_2 r_2 + Q_1 x_1 + Q_2 x_2)/U_n \\ &= \sum (P_i r_i + Q_i x_i)/U_n\end{aligned}$$

电压损失百分值为

$$\Delta u\% = \sum (P_i r_i + Q_i x_i)/(10U_n^2)$$

【例 3.5】 试校验例 3.4 所选线路的电压损失，要求电压损失的百分值不超过 5%。已知 $r_0 = 0.36\Omega/\text{km}$、$x_0 = 0.34\Omega/\text{km}$，线路为等距三角形架设，线间距离为 1m。

【解】 例 3.4 中线路导线截面为 LJ－95，依据已知 $r_0 = 0.36\Omega/\text{km}$、$x_0 = 0.34\Omega/\text{km}$，由 $p_1 = 2600\text{kW}$、$p_2 = 2000\text{kW}$，可求得：$q_1 = 1618\text{kvar}$，$q_2 = 1240\text{kvar}$。

第一段线路参数 $P_1 = p_1 + p_2 = 2600 + 2000 = 4600(\text{kW})$

$$Q_1 = q_1 + q_2 = 1618 + 1240 = 2858(\text{kvar})$$
$$r_1 = 0.36 \times 15 = 5.4(\Omega)$$
$$x_1 = 0.34 \times 15 = 5.1(\Omega)$$

第二段线路参数 $P_2 = p_2 = 2000\text{kW}$

$$Q_2 = q_2 = 1240\text{kvar}$$
$$r_2 = 0.36 \times 10 = 3.6(\Omega)$$
$$x_2 = 0.34 \times 10 = 3.4(\Omega)$$

求出线路的电压损失为

$\Delta u\% = 4.15\% < 5\%$

满足电压损失要求。

（3）分布负荷电压损失计算。对于均匀分布负荷的线路电压损失如图 3.24 所示，单位长度线路上的负荷电流为 i_0，均匀分布负荷产生的电压损失相当于全部负荷集中于线路中点（均匀分布负荷等效的集中负荷）时的电压损失，可用下式计算。

$$\Delta U = \sqrt{3} I r_0 L/2 = P r_0 / U_n L/2$$

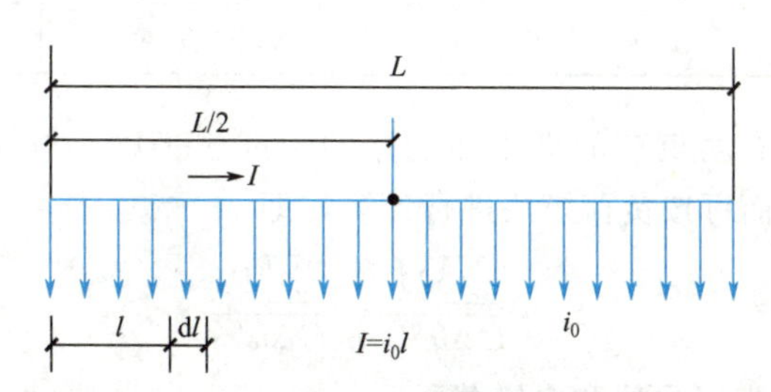

图 3.24　对于均匀分布负荷的线路电压损失

4. 按允许电压损失选择导线和电缆截面

按允许电压损失选择导线和电缆截面分两种情况：一是各段线路截面相同，二是各段线路截面不同。

一般情况下，当供电线路较短时常采用统一截面的导线和电缆。

$$\Delta u\% = \sum P_i r_i/(10U_n^2) + \sum Q_i x_i/(10U_n^2) = \Delta U_p\% + \Delta U_q\%$$

若全线截面一致，且不计电抗的影响，则电压损失为

$$\Delta u\% = \Delta U_p\% = \sum P_i l_i/(10\gamma U_n^2 S) = \sum M/CS$$

如果已知线路的允许电压损失（$\Delta U_{al}\%$），则该线路的导线和电缆截面为

$$S = \sum M/(C\Delta U_{al}\%)$$

对于低压线路而言，由于输电线的线间距离很近，电压又低，导线和电缆截面较小，线路的电阻比电抗值要大得多，由电抗影响所引起的电压损失误差较小，因此低压照明线路若按允许电压损失来选择导线和电缆的截面，只需要考虑线路的电阻和输送的功率，即忽略电抗的作用，认为功率因数近似为 1。

计算电压损失中的 C 值见表 3-12。

表 3-12　计算电压损失中的 C 值（$\cos\varphi=1$）

线路额定电压/V	供电系统	C值	
		铜	铝
220/380	三相四线	72	44.5
220/380	两相及零线	32	19.8

续表

线路额定电压/V	供电系统	C值	
		铜	铝
380	单相及直流	36.01	22.23
220		12.07	7.45
110		3.018	1.863
42		0.44	0.276
36		0.323	0.1995
24		0.144	0.087
12		0.0359	0.0222

这样电压损失仅与有功负荷的大小和线路的长度成正比，与导线和电缆的截面成反比，则导线和电缆的截面可按负荷矩法进行计算，即

$$S=\frac{\sum M}{C\Delta u\%}=\frac{\sum Pl}{C\Delta u\%}$$

5. 按机械强度要求选择导线和电缆截面

按允许载流量或电压损失选择导线和电缆的截面，还必须校验其机械强度，以保证导线在正常工作状态下不会断线。为保证导线的机械强度，导线的截面不应小于表3-13所列数值。电缆不必校验机械强度，只需校验其短路热稳定度。

表3-13 绝缘导线最小截面

<table>
<tr><th colspan="4" rowspan="2">敷设方式</th><th colspan="2">芯线最小截面/mm²</th></tr>
<tr><th>铜芯</th><th>铝芯</th></tr>
<tr><td colspan="4">照明用灯头引下线</td><td>1.0</td><td>2.5</td></tr>
<tr><td rowspan="5">敷设在绝缘支持件上的绝缘导线（L为支持点间距）</td><td>室内</td><td colspan="2">L≤2m</td><td>1.0</td><td>2.5</td></tr>
<tr><td rowspan="4">室外</td><td colspan="2">L≤2m</td><td>1.5</td><td>2.5</td></tr>
<tr><td colspan="2">2m<L≤6m</td><td>2.5</td><td>4.0</td></tr>
<tr><td colspan="2">6m<L≤15m</td><td>4.0</td><td>6.0</td></tr>
<tr><td colspan="2">15m<L≤25m</td><td>6.0</td><td>10.0</td></tr>
<tr><td colspan="4">绝缘导线穿管及绝缘导线槽板、线槽敷设、护套线扎头明敷</td><td>1.0</td><td>2.5</td></tr>
<tr><td colspan="2" rowspan="3">PE线和PEN线</td><td colspan="2">有机械保护时</td><td>1.5</td><td>2.5</td></tr>
<tr><td rowspan="2">无机械保护时</td><td>多芯线</td><td>2.5</td><td>4.0</td></tr>
<tr><td>单芯干线</td><td>10.0</td><td>16.0</td></tr>
</table>

一般10kV及以下的高压线路和低压动力线路，通常先按允许载流量条件来选择导线和电缆截面，再校验其电压损失和机械强度。低压照明线路，因其对电压水平要求较高，通常先按允许电压损失进行选择，再校验其允许载流量条件和机械强度。对长距离大电流

线路和35kV及以上的高压线路，则可先按经济电流密度确定经济截面，再校验其他条件。

6. 导线截面应与线路保护设备相配合

由于线路的导线截面是根据实际负荷选取的，因此，在系统正常运行时，负荷电流是不会超过导线的长期允许载流量的。但是为了避开线路中短时间过负荷的影响，同时又能可靠地保护线路，导线截面的选择还必须考虑与线路保护设备的配合。

练习题3.3

一、填空题

1. 按使用环境和________选择导线和电缆的类型。

2. 按线缆敷设的环境条件来选择线缆的绝缘________。

3. 按________选择导线的最小允许截面。

4. 按允许载流量选择导线和电缆的________。

5. 按________校验导线和电缆的截面。

6. 选导体材料：照明配电干线和分支线，应采用________绝缘电线或________。

7. 选绝缘材料：

(1) ________（BV、BLV）的绝缘性能良好，价格较低，由于不耐高温，绝缘容易老化，因此塑料绝缘线不宜在室________敷设。

(2) 在高层或大型民用建筑中，消防设施线路应采用________（ZR）、耐________（NT）或耐________（NH）的电力电缆。

8. 导线截面的选择主要考虑三方面。

(1) 满足________的要求：I_c＜导线允许载流量。

(2) 满足________强度的要求。

(3) 满足________的要求：3%～5%。

9. 根据规范有以下规定。

(1) 住户室内配电线路宜采用________敷设。

(2) 导线应采用________线，住宅单相进户线截面不应小于________mm^2，三相进户线截面不应小于6mm^2。

(3) 一般分支回路导线截面不应小于________mm^2，柜式空调器、电热水器等电源插座回路应根据________选择导线截面。单相电源回路的中性线应与________线截面相等。

二、计算题

1. 有一条采用BLX-500型铝芯橡皮线明敷的220/380V的TN-S线路，计算电流为140A，当地最热月平均气温为30℃。试按允许载流量条件选择此线路的导线截面，并表示出来。

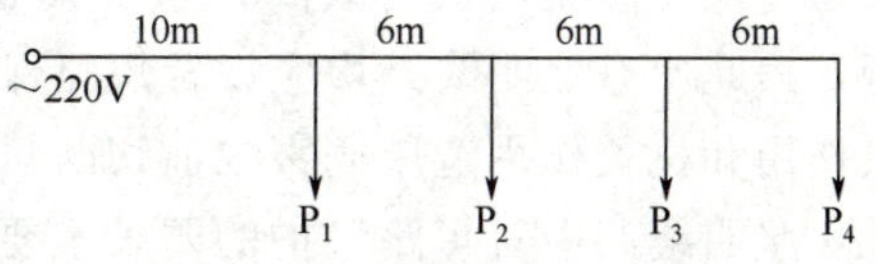

~220V　10m　6m　6m　6m　P_1　P_2　P_3　P_4

图3.25　照明配电线路

2. 如图3.25所示的照明配电线路中，P_1、P_2、P_3、P_4均为200W的白炽灯，线路的额定电压为220V，采用截面为4.0mm^2的铝导线，各负荷至电源的距离如图3.25所示。试求线路末端的电压损失。

任务 3.4　照明线路保护电器选择

任务说明	在前面负荷计算结果的基础上，根据《工业与民用供配电设计手册》《照明设计手册》中对照明工程电气设备选择的要求，进行该办公楼照明线路保护电器的选择并列表
学习目标	初步具有照明工程线路保护设备选择的能力
工作依据	教材、手册、规范、照明配电系统图、负荷计算结果
实施步骤	1. 认真学习《工业与民用供配电设计手册》《照明设计手册》关于照明工程线路保护设备选择的要求 2. 依据前面负荷计算结果和配电网络图，对各种保护电器（低压断路器、漏电保护器）的型号、参数、安装方式进行选择 3. 填写办公楼照明电气设备选择表
任务成果	办公楼照明线路保护电器选择表

3.4.1　照明配电线路的保护

运行中的照明配电线路和设备，由于绝缘老化、机械损伤或其他原因，可能发生各种故障，或出现不正常的工作状态，或造成人身触电事故。为确保照明设备、照明线路和人身的安全，必须采取有效的保护方式和安全措施，以便及时地发现这些故障或不正常状态，并通过相应的保护电器动作，自动地切断故障电路。

照明线路的主要故障形式是短路、过负荷及单相接地故障，因此照明线路中应装设短路保护、过负荷保护和接地故障保护，并要求保护方式与配电系统的特征（如线路配电方式、配电级数等）及接地形式相符合。

1. 短路保护

短路故障是指载流导体间的短路，即相间短路或相线与中性线间的短路，这是一种使回路中电流急剧增大的故障，系统设备或线路不能承受，也不能保证电气系统的正常运行，因此所有照明线路均应设置短路保护，保护电路应在短路电流对导体和连接件产生的热作用和机械作用造成危害之前切断短路电流。

照明线路中对短路保护的要求主要有以下几点。

（1）通常用熔断器或低压断路器的瞬时脱扣器作短路保护，且保护电器应装设在每回路的电源侧、线路的分支处和线路载流量减少处（包括导线截面的减小或导体类型、敷设方式和环境条件改变等导致的载流量减小）。

（2）配电线路短路保护电器的分断能力应大于安装处的预期短路电流。

(3) 短路保护电器应装设在低压配电线不接地的各相（或极）上，当相线与中性线截面相同时，或虽然中性线截面小于相线截面但已能被相线上的保护电器所保护时，可用相线上的保护电器保护中性线，而不需为中性线单独设置保护电器；当中性线不能被相线上的保护电器所保护时，则应为中性线设置保护电器。

(4) 中性线的保护要求：一般不需将中性线断开；若需要断开中性线，则应装设能同时切断相线和中性线的保护电器；当装设剩余电流动作的保护电器时，应将其所保护回路的所有带电导线断开，但在 TN 系统中，如能可靠地保持中性线为地电位，则中性线不需断开；系统中，严禁断开保护中性线，不得装设断开保护中性线的任何电器；当需要为保护中性线设置保护时，只能断开有关的相线回路。

2. 过负荷保护

过负荷是指超过设备或线路可以承受的长期工作负荷，且超过值不大的情况。过负荷会使系统中导体温度升高加快，所以应控制过负荷时间。

照明线路的过负荷保护要求如下。

(1) 照明线路中除不可能增加负荷或因电源容量限制而不会导致过载者外，均应装设过负荷保护。保护电器应在过负荷电流引起的导体温升对导体的绝缘、接头、端子造成严重损坏前切断负荷电流。

(2) 过负荷在系统正常运行中是不能完全避免的，如气体放电光源的启动或冲击性负荷的接入等，因此过负荷时不能立即将回路切除，而应根据过负荷量的大小和过负荷的时间来确定是否切除，即电气设备和线路的过负荷能力与切除故障时间应具有反时限关系。过负荷保护电器宜采用反时限保护特性的保护电器，通常用断路器长延时过电流脱扣器或熔断器作过负荷保护。

(3) 过负荷保护电器的分断能力可低于保护电器安装处的短路电流，但应能承受通过的短路能量。过负荷保护电器的约定动作电流应大于被保护照明线路的计算电流，但应小于被保护照明线路允许持续载流量的 1.45 倍。

3. 接地故障保护

(1) 接地故障是指因绝缘损坏致使相线对地或与地有联系的导体之间的短路，它包括相线与大地，以及 PE 线、PEN 线、配电设备和照明灯具的金属外壳、敷线管槽、建筑物金属构件、水管、暖气管及金属屋面之间的短路。

(2) 照明线路应设置接地故障保护，其保护电器应在线路故障时，接触电压导致人身间接电击伤亡及电气火灾、线路损坏之前，能迅速有效地切除故障电路。对于Ⅰ类设备，接地故障保护的基本目的是：当绝缘损坏，尽量降低接触安全电压值（将接触安全电压限制在 50V 之内），并限制此电压对人体的作用时间，避免伤亡事故。接地故障保护的随机因素多，比较复杂。接地故障保护的主要原则如下。

① 切断接地故障的时限，应根据系统接地形式和用电设备使用情况确定，但最长不宜超过 5s。

② 应设置总等电位连接，将电气线路的 PE 干线或 PEN 干线与建筑物金属构件和金属管道等导体连接。

(3) 一般照明线路的接地故障保护采用能承担短路保护的漏电保护器，其漏电动作电流依据断路器安装位置不同而异。一般情况下，照明线路的最末一级线路（如插座回路、

安装高度低于2.4m的照明灯具回路等）的漏电保护器的动作电流为30mA，分支线、支线、干线的漏电保护器的动作电流有50mA、100mA、300mA、500mA等。

3.4.2 照明线路保护电器

由于照明线路的主要故障形式中，变化最明显且最易检测到的电气参数为电流，因此保护电器一般是以反映电流过量而动作的。照明线路中常用的保护电器有熔断器、低压断路器、低压隔离开关、负荷开关和剩余电流保护装置等。

熔断器

1. 熔断器

熔断器是最简单和最早使用的一种保护电器。**当导体中通过过负荷电流或短路电流时，利用导体产生的热量使其自身熔断，从而切断故障电路**。低压熔断器是低压配电系统中应用非常广泛的保护器件，主要用来保护电气设备和配电线路免受过负荷电流和短路电流的损害。目前，在低压配电系统中常用的低压熔断器主要有瓷插式熔断器、螺旋式熔断器、有填料高分断式熔断器等几种。

在民用交流电50Hz、额定电压220V或380V、额定电流小于200A的低压照明线路和分支回路中，一般采用瓷插式熔断器作短路或过负荷保护。

熔断器的额定电流与熔体的额定电流是两个不同的值。熔断器的额定电流是指熔断器载流部分和接触部分设计所依据的电流。而熔体的额定电流是指熔体本身设计所依据的电流，即不同材料、不同截面的熔体所允许通过的最大电流。**在同一熔断器内，通常可分别装入不同额定电流的熔体，熔体的最大额定电流可与熔断器的额定电流相同**。

1）**瓷插式熔断器**

瓷插式熔断器如图3.26所示，这种熔断器一般用于民用交流电50Hz、额定电压380V或220V、额定电流小于200A的低压照明线路和分支回路中，作短路或过负荷保护用。

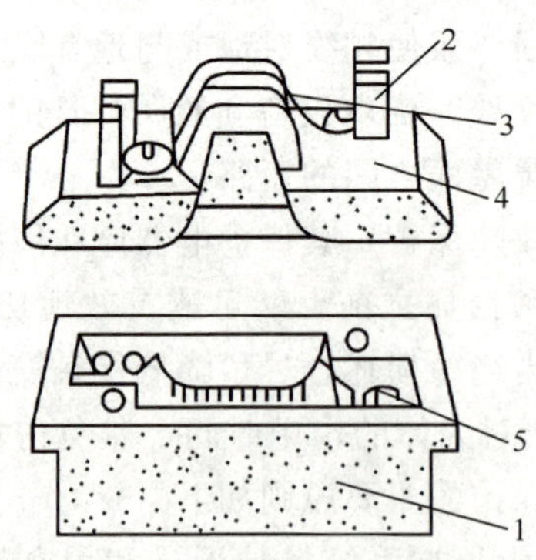

1—底座；2—动触头；3—熔体；4—瓷插件；5—静触头。

图3.26 瓷插式熔断器

2）**螺旋式熔断器**

螺旋式熔断器如图3.27所示，一般用于电气设备的控制系统中作短路或过负荷保护。其熔体支持部分是一个瓷管，内有石英砂和熔体，熔体两端焊在瓷管两端的导电金属端盖上，其上端盖中有一个染有红漆的熔断指示器。当熔体熔断时，熔断指示器弹出脱落。

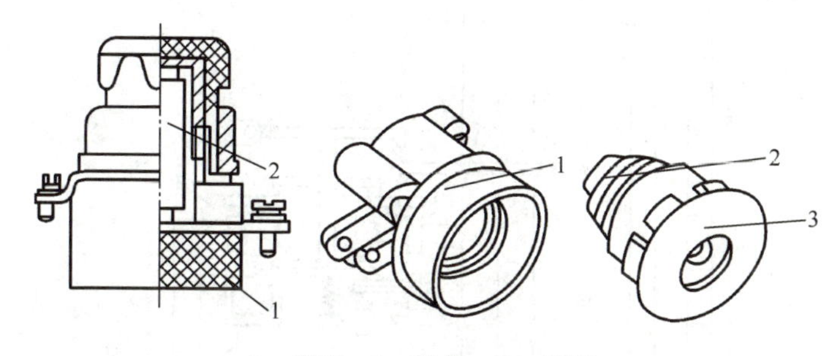

1—底座；2—熔体；3—端帽。

图 3.27 螺旋式熔断器

3）有填料高分断式熔断器

有填料高分断式熔断器广泛应用于各种低压电气线路和设备中作短路或过负荷保护。它具有较高的分断电流（120kA）能力，额定电流也可达 1250A。其熔体是采用紫铜箔冲制的网状多根并联形式的熔片，中间部位有锡桥，装配时将熔片围成笼状，以充分发挥填料与熔体接触的作用，这样既可均匀分布电弧能量而提高分断电流能力，又可使管体受热比较均匀而不易断裂。

2. 低压断路器

低压断路器又叫低压自动空气开关，除具有一般开关通断电路的功能外，同时还具有反映系统的故障状态，判断是否需要分断电路，并执行分断动作的功能，是一种既能分合负荷电流又能通断短路电流的开关电器。

断路器

拓展讨论

党的二十大报告中提出了坚持面向世界科技前沿、面向经济主战场、面向国家重大需求、面向人民生命健康，加快实现高水平科技自立自强。请结合该内容比较国内外断路器主要品牌及市场占有情况，说明国有企业的快速发展情况和优势。

图 3.28 为低压断路器工作原理，低压断路器由三个基本部分组成：主触头、脱扣器和自由脱扣器及操作机构。主触头是通断电路的主要部件，其极数有单极、二极、三极和四极。各种不同的脱扣器是实施保护功能的主要部件，照明线路中常用热脱扣器和瞬时脱扣器构成不同的组合形式。自由脱扣器及操作机构是联系主触头和脱扣器的中间传递部件。

（1）**低压断路器按保护性能可分为非选择型和选择型两类**。非选择型断路器一般为瞬时动作，只作短路保护用；也有的为长延时动作，只作过负荷保护用。选择型断路器有两段保护、三段保护和智能化保护等。两段保护为瞬时或短延时与长延时特性两段。三段保护为瞬时、短延时与长延时特性三段，其中瞬时和短延时特性适用于短路保护，而长延时特性适用于过负荷保护。图 3.29 为低压断路器的保护特性曲线。

（2）**低压断路器按结构形式可分为万能式断路器、塑料外壳式断路器和模数化小型断路器**。

① **万能式断路器**。万能式断路器一般具有一个有绝缘衬垫的钢制框架，所有部件均

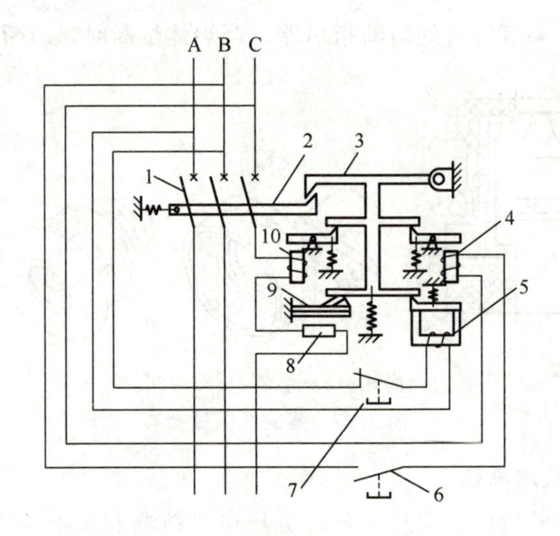

1—主触头；2—跳钩；3—锁扣；4—分励脱扣器；5—失压脱扣器；6、7—脱扣按钮；
8—加热电阻丝；9—热脱扣器；10—过流脱扣器。

图 3.28　低压断路器工作原理

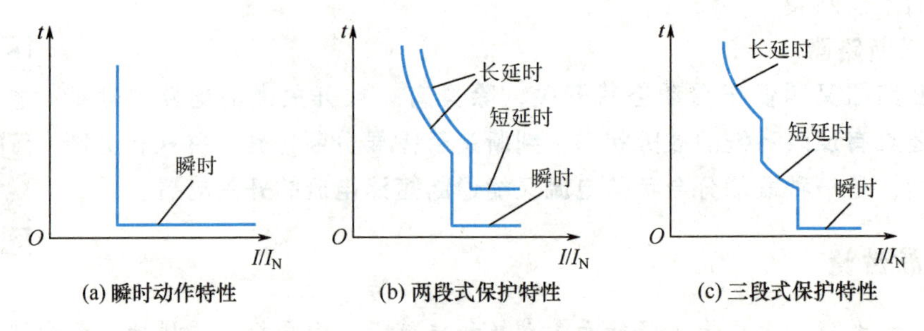

图 3.29　低压断路器的保护特性曲线

安装在这个框架内，所以又称框架式断路器。万能式断路器外形结构如图 3.30 所示。

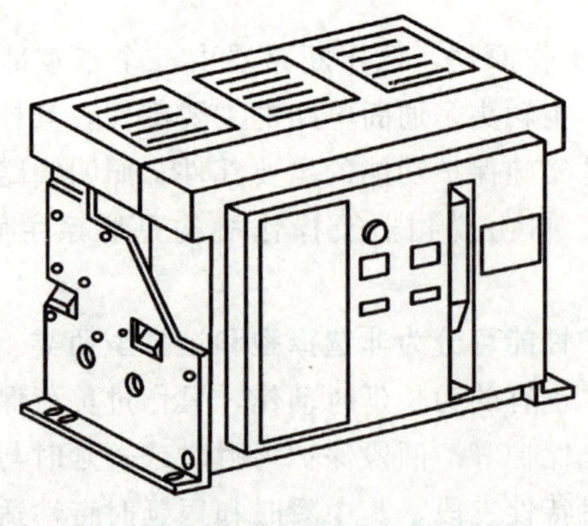

图 3.30　万能式断路器外形结构

② 塑料外壳式断路器。塑料外壳式断路器的主要特征是有一个采用聚酯绝缘材料模压而成的外壳，所有部件都装在这个封闭型外壳中。塑料外壳式断路器外形结构如图 3.31 所示。

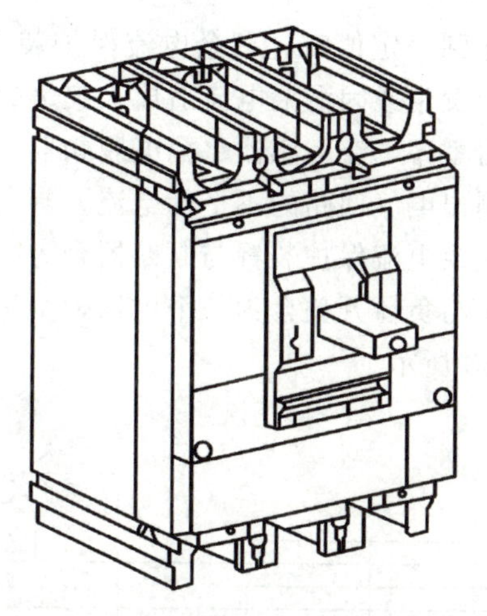

图 3.31　塑料外壳式断路器外形结构

③ **模数化小型断路器**。模数化小型断路器属于配电网的终端电器，是组成终端组合电器的主要部件之一。终端电器是指装于线路末端的电器，对有关系统和用电设备进行分合控制和保护。模数化小型断路器外形结构如图 3.32 所示。

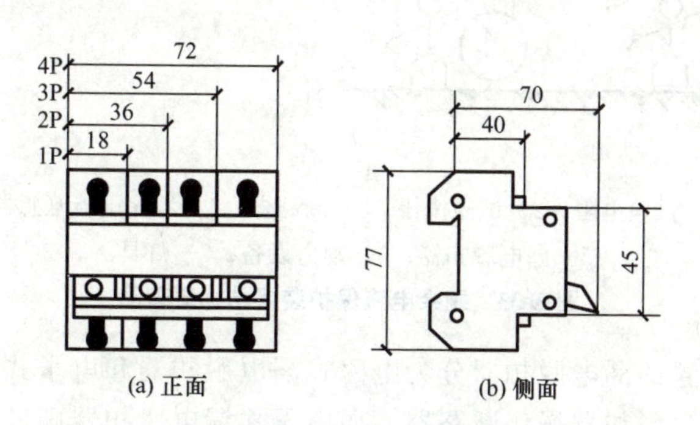

图 3.32　模数化小型断路器外形结构

3. 低压隔离开关

隔离开关

在断开位置能符合规定的隔离功能要求的开关电器称为低压隔离器。在断开位置能满足隔离器要求的开关称为低压隔离开关。

低压隔离开关是一种结构简单、应用十分广泛的手动电器，主要供无载通断电路用，即在不分断负载电流或分断时各极两触头间不会出现明显电压差的条件下接通或分断电路用。

4. 负荷开关

负荷开关有 HH 系列封闭式负荷开关和 HK 系列开启式负荷开关。负荷开关具有灭弧装置，可以通断正常的负荷电流。

剩余电流保护装置

HH 系列封闭式负荷开关又称铁壳开关，一般是三极，常用型号有 HH3、HH4 系列。它是刀开关和熔断器的组合产品，由铁壳、熔断器、闸刀、夹座和操作机构等组成。HK 系列开启式负荷开关，也称瓷底胶盖闸刀开关。

5. 剩余电流保护装置

剩余电流保护装置是对电气回路的不平衡电流进行检测并发出信号的装

置，当回路中有电流泄漏且达到一定值时，剩余电流保护装置可向断路器发出跳闸信号，切断电路，以避免触电事故的发生或因泄漏电流造成火灾事故的发生。

剩余电流保护装置主要由零序电流互感器、漏电脱扣器、试验装置等组成，其关键部件是零序电流互感器，用于测出电气回路的不平衡电流。剩余电流保护装置必须与断路器或负荷开关配合使用。若将剩余电流保护装置与断路器合为一个电器，则称为剩余电流断路器；若将剩余电流保护装置与负荷开关合为一个电器，则称为剩余电流开关。剩余电流保护装置结构原理图如图 3.33 所示。

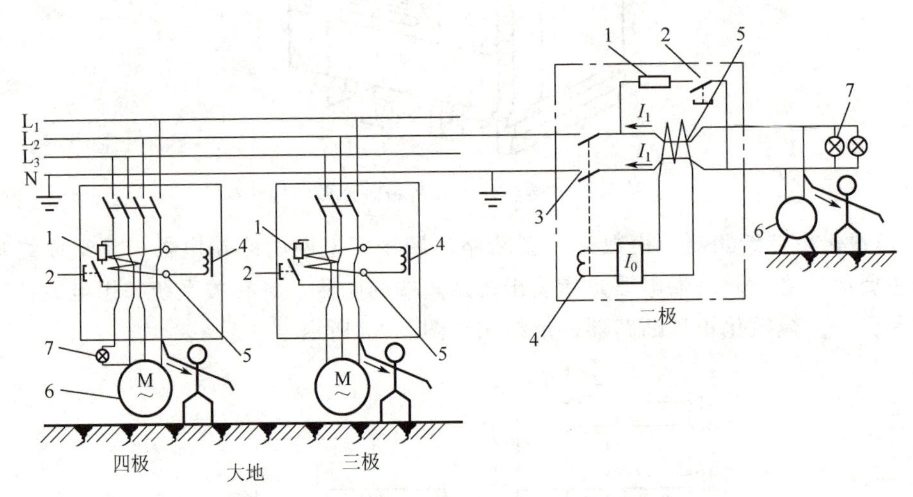

1—试验电阻；2—试验按钮；3—断路器；4—零序电流互感器；
5—漏电脱扣器；6—动力设备；7—灯具。

图 3.33 剩余电流保护装置结构原理图

剩余电流保护装置的漏电脱扣器分为电磁式漏电脱扣器和电子式漏电脱扣器。电磁式漏电脱扣器能直接通过脱扣器操作断路器，而电子式漏电脱扣器则需经过电子放大器将信号放大后才能使脱扣器动作操作断路器，它需要专门的电源才能工作。因此前者动作可靠性更高，但价格也较高。

3.4.3 照明线路保护电器的选择方法

选择照明线路保护电器时，首先要保证各保护电器的额定电压必须符合所在回路的标称电压，额定频率应符合网络要求；其次应根据使用场所的温度、湿度、灰尘、冲击、振动、海拔高度、腐蚀性介质、火灾与爆炸危险介质等条件选择电器相应的外壳防护等级。

低压断路器选择

下面介绍保护电器额定电流等参数的选择方法和各级保护之间的选择性要求。

1. 断路器选择

1）**低压断路器额定电流的确定**

低压断路器壳架等级额定电流（指塑壳或框架中所能装的最大过电流脱扣器的额定电流）和低压断路器的额定电流（指过电流脱扣器的额定电流）

应大于或等于线路的计算电流。

2）**脱扣器额定电流的整定**

照明用的低压断路器长延时和瞬时过电流脱扣器的整定电流的选择，应考虑电光源启动电流的影响，其整定电流分别为

$$I_{n1} \geqslant K_{k1} I_c$$

$$I_{n3} \geqslant K_{k3} I_c$$

式中，I_{n1}为断路器长延时过电流脱扣器的整定电流，A；I_{n3}为断路器瞬时过电流脱扣器的整定电流，A；K_{k1}为照明用低压断路器长延时过电流脱扣器的可靠系数；K_{k3}为照明用低压断路器瞬时过电流脱扣器的可靠系数。K_{k1}和K_{k3}这两个系数取决于电光源启动性能和保护电器特性。照明用低压断路器长延时和瞬时过电流脱扣器的可靠系数见表3-14。

表3-14　照明用低压断路器长延时和瞬时过电流脱扣器的可靠系数

低压断路器种类	可靠系数	白炽灯、荧光灯、卤钨灯	高压汞灯	高压钠灯、金属卤化物灯
带热脱扣器	K_{k1}	1.0	1.1	1.0
带瞬时脱扣器	K_{k3}	4～7	4～7	4～7

3）**按短路电流校验其动作灵敏度**

按短路电流校验其动作灵敏度，即

$$K_L^{(1)} \leqslant \frac{I_{d,min}^{(1)}}{I_d}$$

式中，$I_{d,min}^{(1)}$为被保护线路末端最小单相短路电流；I_d为低压断路器脱扣器的瞬时整定电流；$K_L^{(1)}$为单相短路灵敏系数，DZ型开关取1.5，其他型开关取2。

4）**按短路电流校验其分断能力**

对于分断时间大于0.02s的低压断路器，其极限分断电流（以交流电流周期分量有效值表示）应大于或等于被保护线路的三相短路电流周期分量有效值。

对于分断时间小于0.02s的低压断路器，其开断电流（冲击电流有效值）应大于或等于短路开始第一周期内的全电流有效值。

2. 漏电保护装置选择

选择漏电保护装置的动作电流值时，应充分考虑被保护线路或设备可能发生的正常泄漏电流值，必要时可通过实际测量取得被保护线路或设备的泄漏电流值。漏电保护装置动作电流可按表3-15确定，三级漏电保护设置地点及动作时间可按表3-16确定。

表3-15　漏电保护装置动作电流

类　别	动作电流/mA	类　别	动作电流/mA
手握式用电设备	15	家用电器回路及照明线路	≤30
医疗电气设备	6	成套开关柜、分配电箱等为100mA以上，用于总保护	200～500
建筑施工工地的用电设备	15～30		
环境恶劣或潮湿场所的用电设备（如高空作业、水下作业等处）	6～10	防止电气火灾	300

表 3-16　三级漏电保护设置地点及动作时间

方案		Ⅰ	Ⅱ	Ⅲ	Ⅳ
进线	动作电流/mA	500～1000	—	200～1000	200～1000
	动作时间/s	1～2	—	0.2～2	0.2～2
干线	动作电流/mA	200～500	100～1000	30～200	—
	动作时间/s	0.2～0.5	0.2～2	0.2 以下	—
分支线	动作电流/mA	30～200	30～200	—	30～200
	动作时间/s	0.1 以下	0.1 以下	—	0.1 以下
设备外壳接地电阻/Ω		100～500	100～500	100～500	100～500
设备外壳接地电压/V		15～20	15～20	15～20	15～20
可靠性比较		可靠性高经济性较差	可靠性最高	可靠性最差	可靠性较差

低压熔断器选择

3. 熔断器选择

1）**熔体的额定电流的选择**

熔体的额定电流应保证熔断器在正常工作电流和启动尖峰电流下无误动作，并按故障电流校验其切断时间。

（1）**按正常工作电流选择熔体的额定电流**，即

$$I_N \geqslant I_c$$

（2）**按启动尖峰电流选择熔体的额定电流**，即

$$I_N \geqslant K_m I_c$$

K_m 为照明线路熔体选择计算系数，由电光源启动状况和熔断器类型确定，照明线路熔体选择计算系数见表 3-17。

表 3-17　照明线路熔体选择计算系数

熔断器型号	熔体的额定电流/A	K_m		
		白炽灯、荧光灯、卤钨灯	高压汞灯	高压钠灯、金属卤化物灯
RL7	⩽63	1.0	1.1～1.5	1.2
RL6、NT00	⩽63	1.0	1.3～1.7	1.5

2）**熔断器的额定电流的选择**

（1）按熔体的额定电流及产品样本所列数据，确定熔断器的额定电流。熔断器的额定电流应大于或等于熔体的额定电流。

（2）按短路电流校验熔断器的分断能力。I_{co}应大于被保护线路最大预期短路电流 I_{ch}，即 $I_{co}>I_{ch}$，式中，I_{ch}为线路上短路冲击电流有效值。

4. 保护电器的级间配合

各级保护之间的配合应当保证保护装置动作的选择性，以尽可能地将故障限制在一定范围内。各级保护之间的配合可以采取以下措施：一是利用各级保护动作时间的差别，使

各级保护设备能有选择性地分闸，切断故障电流；二是利用上、下级保护设备整定电流的差别，使各级保护设备得以有选择性地分闸，切断故障电流。

（1）熔断器与熔断器的级间配合。在配电系统中上、下级保护均采用熔断器方式时，在过载和短路电流较小的情况下，可按时间-电流特性不相交或按上、下级熔体过电流选择比来选配。

例如电源侧熔体电流为160A，熔断器的熔体过电流选择比均为1.6：1，则负载侧熔体电流不大于100A，即能满足上、下级选择性配合要求。

（2）断路器与断路器的级间配合。当上、下级断路器出线端处的预期短路电流值有较大差别时（如上、下级均采用带瞬时脱扣器的断路器时），上级断路器的动作电流整定值应大于下级断路器出线端处的最大预期短路电流，以获得选择性保护。

（3）当连接导体阻抗低，上、下级断路器出线端处的预期短路电流值相差甚小时，则只有利用上级断路器带瞬时脱扣器使之延时动作来满足选择性要求。

（4）断路器与熔断器的级间配合。过负荷时，当熔断器的电流未达到上级断路器的瞬时脱扣器整定电流时，只要熔断器的特性与长延时脱扣器的动作特性不相交，便能满足选择性要求。

短路时，当断路器的预期短路电流达到或超过瞬时脱扣器的整定电流时，熔断器则必须将短路电流限制到脱扣器动作电流以下，才能满足选择性要求。为达到此要求，必须选用额定电流比断路器额定电流低得多的熔断器。如断路器带有短延时脱扣器，则对应于短延时脱扣器的整定电流，脱扣器的延时时间至少要比熔断器的动作时间长。

（5）熔断器与断路器的级间配合。

① 过负荷时，只要断路器长延时脱扣器的动作特性与熔断器的特性不相交，且对应断路器瞬时脱扣器的整定电流下具有一定的时间安全余量，便能满足选择性要求。

② 短路时，一般情况下，熔断器的时间-电流特性对应于短路电流的熔断时间，应比断路器瞬时脱扣器动作时间长1.0s以上。

练习题3.4

一、填空题

1. 照明线路应装设________保护、过负荷保护和________故障保护，主要由________和________实现。

2. 照明配电设备主要有________、________、________等。

3. 照明配电箱一般采用封闭式箱结构，悬挂式或________安装，箱中一般装有小型________、________、中性线（N线）和保护线（PE线）、汇流排等，配电箱选型重点是选择进、出断路器的________值。

4. 插座按相数分为________和________插座；按安装方式分为________、________插座；按防护方式分为普通式和________、防爆式插座。

5. 低压断路器的选用原则。

（1）低压断路器的额定电压U_N≥电源和负载的________。

（2）低压断路器的额定电流I_N≥负载________。

(3) 低压断路器脱扣器额定电流 I_N≥负载________。

(4) 低压断路器极限分断能力 I_{cu}≥电路最大________。

二、简述题

1. 照明电气系统设计时应进行哪些低压电气设备的选择？

2. 低压断路器在选择时，除满足正常工作条件外，主要考虑哪些故障情况下的保护？分别如何实现？

3. 低压熔断器在设置时，如何实现上、下级之间的配合？

项目4 供配电工程设计

任务4.1 高压配电系统设计

任务说明	通过对某10kV变电所相关数据的收集，进行高压配电系统合理性分析
学习目标	具备一般高压配电工程分析的能力
工作依据	教材、图纸、变电所实物、手册、规范
实施步骤	1. 分析工作电源与备用电源 2. 识读主接线图，并与实物形成对应关系，从而分析主接线的合理性 3. 抄录各开关、变压器等设备的型号及性能参数，并分析其合理性 4. 分析功率因数补偿方式、电能计量方式及其优缺点 5. 了解主要馈线的供电范围、敷设方式、线缆型号等 6. 了解防雷接地措施 7. 了解继电保护方式 8. 了解变电所设备运行环境
任务成果	分析变电所高压配电系统合理性的过程性资料

供配电系统设计应根据工程特点、规模和发展规划正确处理近期和远期发展的关系，做到远近期结合，以近期为主，适当考虑发展的可能，按照负荷的性质、用电容量、地区供电条件，合理确定设计方案。

4.1.1 高压配电系统

1. 电压选择

(1) **用电单位的供电电压应从用电容量、用电设备特性、供电距离、供电线路的回路**

数、用电单位的远景规划、当地公共电网现状和它的发展规划及经济合理等因素考虑决定。表4－1列出了我国3kV及以上交流三相系统的标称电压及电气设备的最高电压值，表4－2列出了各级电压线路的送电能力。

表4－1　我国3kV及以上交流三相系统的标称电压及电气设备的最高电压值

系统标称电压/kV	电气设备的最高电压/kV	系统标称电压/kV	电气设备的最高电压/kV
3	3.6	20	24
6	7.2		
10	12	35	40

表4－2　各级电压线路的送电能力

标称电压/kV	线路种类	送电容量/MW	供电距离/km	标称电压/kV	线路种类	送电容量/MW	供电距离/km
6	架空线	0.1～1.2	15～4	10	电缆	5	6以下
6	电缆	3	3以下	35	架空线	2～8	50～20
10	架空线	0.2～2	20～6	35	电缆	15	20以下

（2）配电电压的高低取决于供电电压、用电设备的电压，以及配电范围、负荷大小和分布情况等。供电电压为35kV及以上的用电单位，配电电压应采用10kV，当6kV用电设备（主要指高压电动机）的总容量较大，选用6kV配电电压在技术经济上合理时，则宜采用6kV。当企业有3kV电动机时，应配用10/3kV专用变压器，但不推荐以3kV作为配电电压。

（3）当能减少配变电级数，简化接线，节约电能和投资，提高电能质量时，供电电压为35kV及以上的用电单位，配电电压宜采用35kV。

拓展讨论

党的二十大报告提出，优化基础设施布局、结构、功能和系统集成，构建现代化基础设施体系。火神山医院是治疗新冠肺炎患者的重要场所，试分析其供配电系统，说出该系统采用哪种配电电压、接地方式和配电方式？

2. 接地方式选择

我国电力系统常用的接地方式有中性点有效接地系统、中性点非有效接地系统两大类。接地种类有中性点直接接地、中性点经消弧线圈（消弧电抗器）接地、中性点经电阻器接地、中性点不接地四种。其中，中性点经电阻器接地按接地电流大小又分为高阻接地和低阻接地。

中性点接地方式的选择是一个涉及电力系统许多方面的综合性技术问题，对电力系统设计与电力系统运行有着多方面的影响。在选择中性点接地方式时应该考虑的主要因素包括供电可靠性与故障范围、绝缘水平与绝缘配合、对电力系统继电保护的影响、对电力系统通信与信号系统的干扰、对电力系统稳定性的影响。

系统接地要求如下。

(1) 3～10kV 不直接连接发电机的系统和 35kV 系统，当单相接地故障电容电流不超过下列数值时，应采用不接地方式，当超过下列数值又需在接地故障条件下运行时，应采用经消弧线圈接地方式。

① 3～10kV 钢筋混凝土或金属杆塔的架空线路构成的系统和所有 35kV 系统，单相接地故障电容电流不超过 10A。

② 3～10kV 非钢筋混凝土或非金属杆塔的架空线路构成的系统：当电压为 3kV 和 6kV 时，单相接地故障电容电流不超过 30A；当电压为 10kV 时，单相接地故障电容电流不超过 20A。电压为 3～10kV 电缆线路构成的系统，单相接地故障电容电流不超过 30A。

(2) 6～35kV 主要由电缆线路构成的送、配电系统，单相接地故障电容电流较大时，可采用经低电阻、中电阻接地方式，但应考虑供电可靠性要求，故障时瞬态电压、瞬态电流对电气设备的影响、对通信的影响和继电保护技术要求及本地的运行经验等。

(3) 6kV 和 10kV 配电系统及发电厂厂用电系统，当单相接地故障电容电流较小时，为防止谐振、间歇性电弧接地过电压等对设备的损害，可采用经高电阻接地方式。

3. 配电方式选择

根据对供电可靠性的要求、变压器的容量及分布、地理环境等情况，高压配电系统宜采用放射式，也可采用树干式、环式及其组合方式。

(1) **放射式**：供电可靠性高，故障发生后影响范围较小，切换操作方便，保护简单，便于自动化，但配电线路和高压开关柜数量多而造价较高。

(2) **树干式**：配电线路和高压开关柜数量少且投资少，但故障影响范围较大，供电可靠性较差。

(3) **环式**：有闭路环式和开路环式两种，为简化保护，一般采用开路环式，其供电可靠性较高，运行比较灵活，但切换操作较频繁。

10(6)kV 配电系统接线方式如图 4.1～图 4.8 所示。

1) **单回路放射式**

单回路放射式如图 4.1 所示，一般用于配电给二、三级负荷或专用设备，但对二级负荷配电时，尽量要有备用电源。如另有独立备用电源，则可配电给一级负荷。

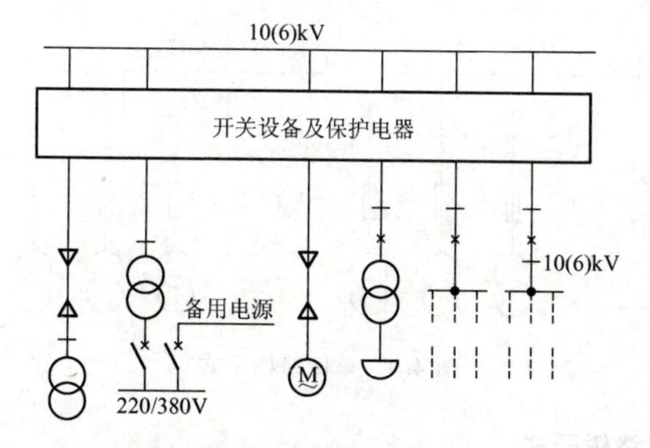

图 4.1 单回路放射式

2）双回路放射式

双回路放射式如图 4.2 所示，线路互为备用，用于配电给二级负荷。电源可靠时，可配电给一级负荷。

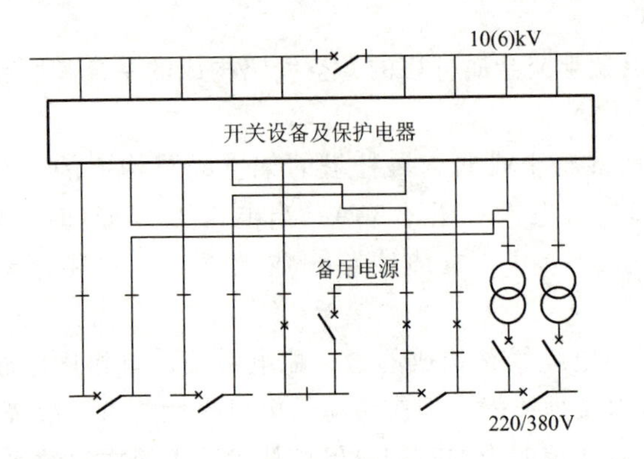

图 4.2　双回路放射式

3）有公共备用干线的放射式

有公共备用干线的放射式如图 4.3 所示，一般用于配电给二级负荷，如公共（热）备用干线电源可靠时，也可用于一级负荷。

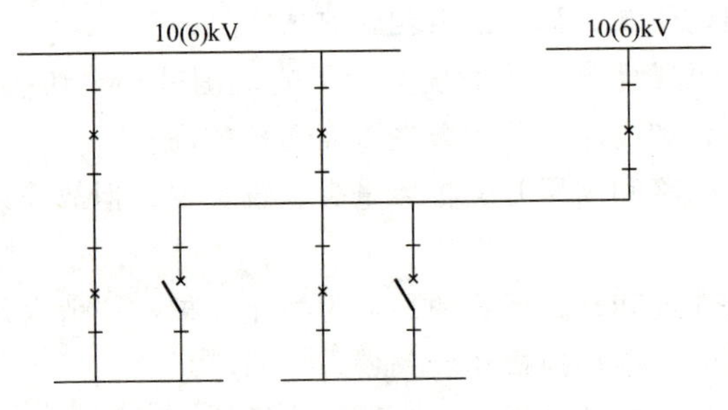

图 4.3　有公共备用干线的放射式

4）单回路树干式

单回路树干式如图 4.4 所示，一般用于对三级负荷配电。每条线路装接的变压器不超过 5 台，一般不超过 2000kVA。

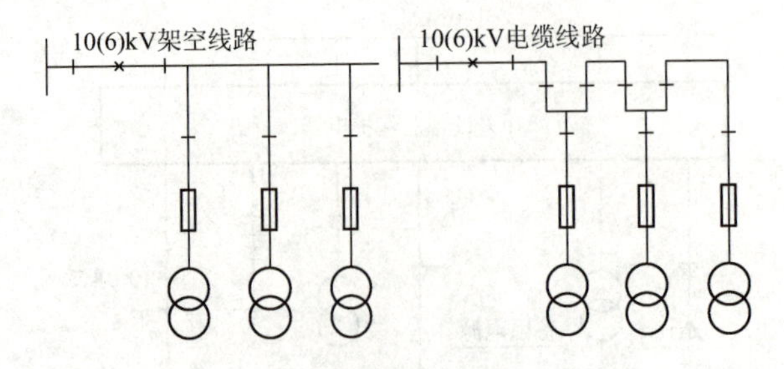

图 4.4　单回路树干式

5）单侧供电双回路树干式

单侧供电双回路树干式如图 4.5 所示。其供电可靠性稍低于双回路放射式，但投资较省，一般用于配电给二、三级负荷。当供电电源可靠时，也可配电给一级负荷。

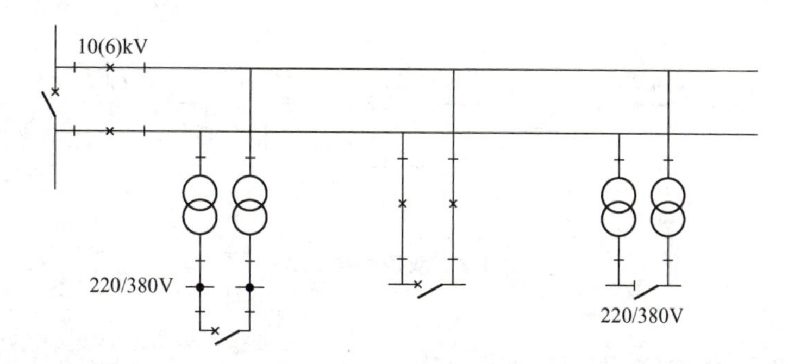

图 4.5 单侧供电双回路树干式

6）**双侧供电双回路树干式**

双侧供电双回路树干式如图 4.6 所示，分别由两个电源供电，与单侧供电双回路树干式相比，供电可靠性略有提高，主要用于配电给二级负荷。当供电电源可靠时，也可配电给一级负荷。

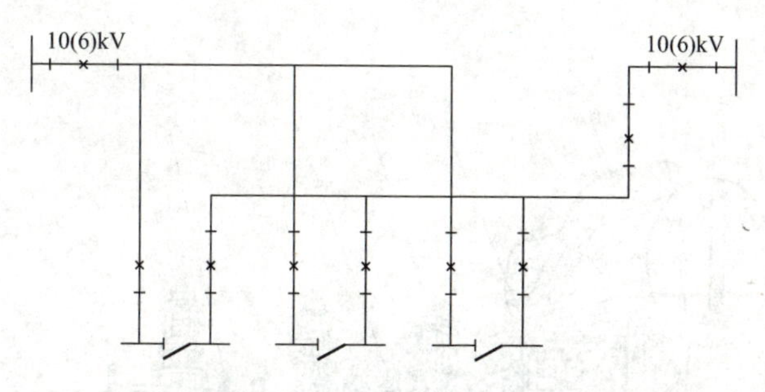

图 4.6 双侧供电双回路树干式

7）**单侧供电环式**

单侧供电环式如图 4.7 所示，用于对二、三级负荷配电，一般两回路电源同时工作开环运行，也可用一用一备闭环运行，供电可靠性较高。电力线路检修时可以对二级负荷配电，但保护装置和整定配合都比较复杂。

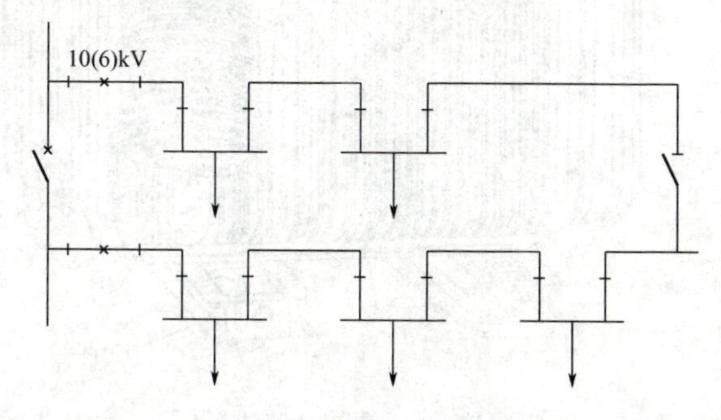

图 4.7 单侧供电环式

8）**双侧供电环式**

双侧供电环式如图 4.8 所示，用于对二、三级负荷配电，正常运行时一侧供电或在线

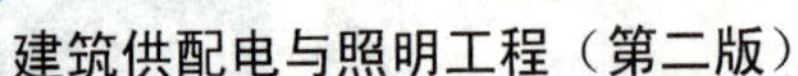

路的负荷分界处断开。配电系统应加闭锁，避免并联，故障后手动切换，寻找故障时要中断供电。

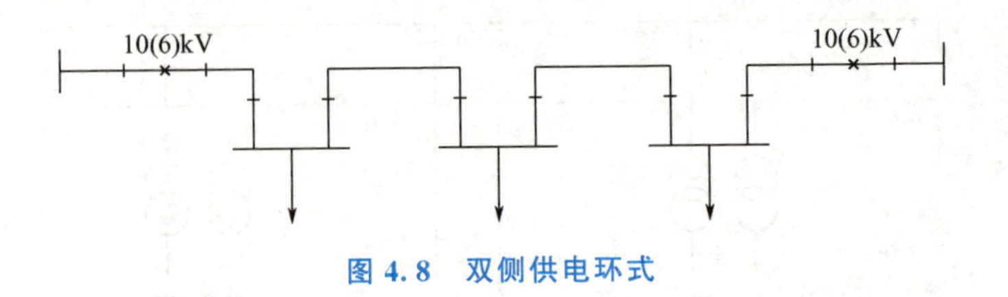

图 4.8　双侧供电环式

4.1.2　变压器选择

1. 变压器结构与型号含义

变压器按调压方式可分为无载调压和有载调压两大类；按绕组绝缘及冷却方式可分为油浸式、干式和充气式（SF_6）等，其中油浸式变压器又可分为油浸自冷式、油浸风冷式、强迫油循环式。三相油浸式电力变压器如图 4.9 所示，环氧树脂浇注绝缘的三相干式变压器如图 4.10 所示。

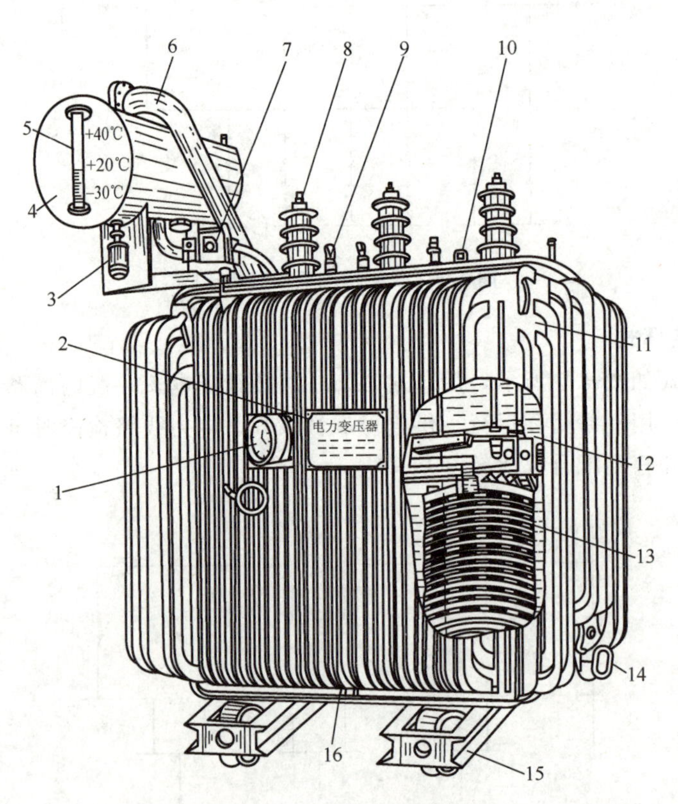

1—信号温度计；2—铭牌；3—吸湿器；4—油枕（储油柜）；5—油位指示器；6—防爆管；7—气体继电器；8—高压套管和接线端子；9—低压套管和接线端子；10—分接开关；11—油箱及散热油管；12—铁芯；13—绕组绝缘；14—放油阀；15—小车；16—接地端子。

图 4.9　三相油浸式电力变压器

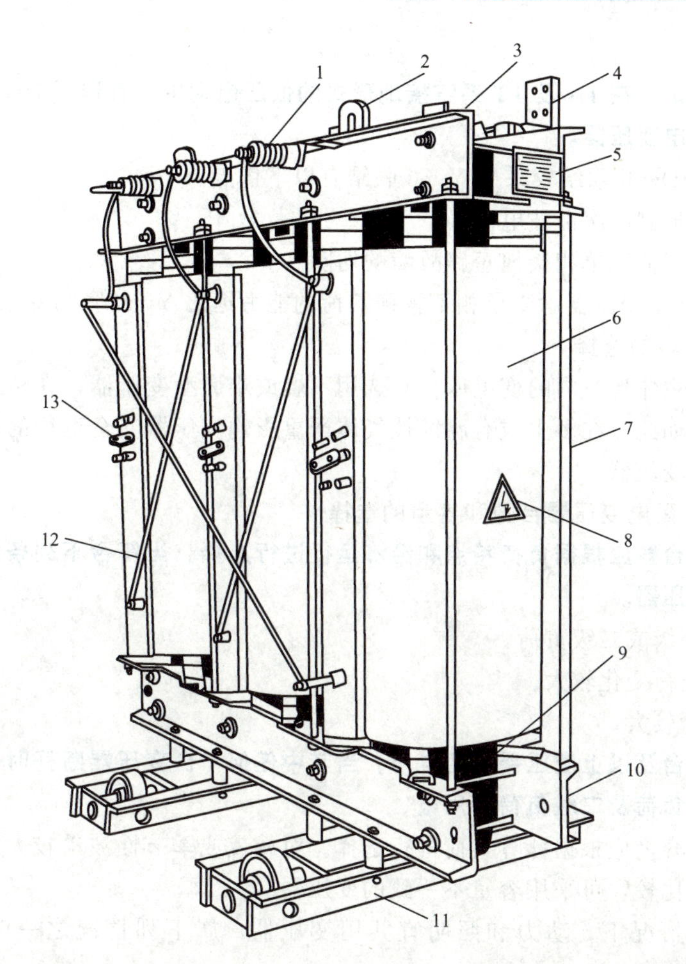

1—高压出线套管；2—吊环；3—上夹件；4—低压出线端子；5—铭牌；6—环氧树脂浇注绝缘绕组；7—上下夹件拉杆；8—警示标牌；9—铁芯；10—下夹件；11—底座；12—高压绕组相间连接导杆；13—高压分接头连接片。

图 4.10 环氧树脂浇注绝缘的三相干式变压器

电力变压器全型号的表示和含义如下。

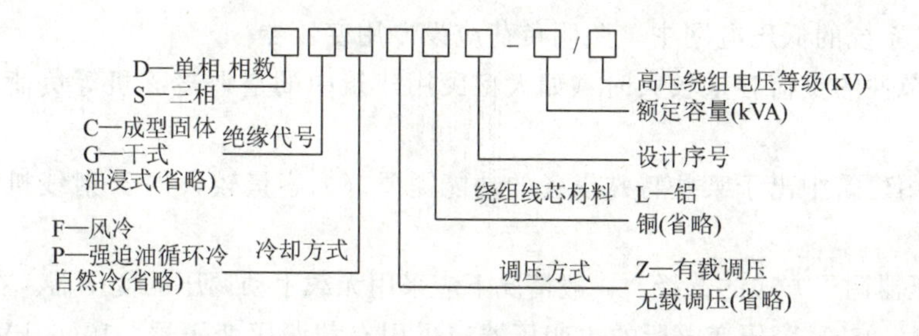

例如，S9－500/10 表示三相油浸自冷式铜线电力变压器，额定容量为 500kVA，高压额定电压为 10kV，设计序号是 9。

2. 变压器联结组别

6～10kV 电力变压器在其低压（400V）侧为三相四线制系统时，其联结组别有 Yyn0

和 Dynll 两种。

国家标准规定，在 TN 及 TT 系统接地形式的低压电网中，宜选用 Dynll 联结组别的三相变压器作为配电变压器。

变压器采用 Dynll 联结较采用 Yyn0 联结有以下优点。

（1）更有利抑制高次谐波电流。

（2）更有利于低压单相接地短路故障的切除。

（3）Dynll 联结变压器承受单相不平衡负荷的能力远比 Yyn0 联结变压器高得多。

3. 变压器类型的选择

多层或高层主体建筑内的变电所，宜选用不燃或难燃型变压器；在防火要求高的车间内的变电所也是如此。在多尘或有腐蚀性气体严重影响变压器安全运行的场所，应选用防尘型或防腐蚀型变压器。

4. 10(6)kV 配电变压器台数和容量的选择

（1）**变压器台数应根据负荷特点和经济运行进行选择，当符合下列条件之一时，宜装设两台及以上变压器。**

① 有大量一级或二级负荷。

② 季节性负荷变化较大。

③ 集中负荷较大。

（2）**装有两台及以上变压器的变电所，当其中任何一台变压器断开时，其余变压器的容量应满足一级负荷及二级负荷的用电。**

（3）变压器容量应根据计算负荷进行选择。对昼夜或季节性波动较大的负荷，配电变压器经技术经济比较，可采用容量不一致的变压器。

（4）在一般情况下，动力和照明宜共用变压器，属下列情况之一时，可设专用变压器。

① 当照明负荷较大，或动力和照明共用变压器由于负荷变动引起的电压闪变或电压升高，严重影响照明质量及灯泡寿命时，可设照明专用变压器。

② 当单台单相负荷很大时，可设单相变压器。

③ 当冲击性负荷（试验设备、电焊机群及大型电焊设备等）较大，严重影响电能质量时，可设专用变压器。

④ 在 IT 系统的低压电网中，照明负荷应设专用变压器。

⑤ 当季节性的负荷容量较大时（如大型民用建筑中的空调冷冻机等负荷），可设专用变压器。

⑥ 在民用建筑中出于某些特殊设备的功能需要（如容量较大的 X 射线机等），宜设专用变压器。

（5）变压器调压方式的选择。一般情况下应采用无载手动调压的变压器。在电压偏差不能满足要求时，35kV 降压变电所的主变压器应采用有载调压变压器。10(6)kV 配电变压器不宜采用有载调压变压器，但在当地 10(6)kV 电源电压偏差不能满足要求，且用电单位有对电压要求严格的设备，单独设置调压装置在技术经济上不合理时，也可采用 10(6)kV 有载调压变压器。

（6）电力变压器并列运行的条件。两台或多台变压器并列运行时，必须满足以下基本条件。

① 并列运行变压器的额定一次电压及二次电压必须对应相等。

② 并列运行变压器的阻抗电压（短路电压）必须相等。

③ 并列运行变压器的联结组别必须相同。

④ 并列运行变压器的容量比应小于 3∶1。

【例 4.1】 某 10/0.4kV 变电所，总计算负荷是 1200kVA，其中一、二级负荷 680kVA，试初步选择该变电所变压器的台数和容量。

【解】 由于变电所有一、二级负荷，因此选择两台变压器；每台 SNT≥680kVA 且变压器总容量 2SNT≥1200kVA，初步选择变压器容量为 800kVA。

4.1.3 变配电所的电气主接线

1. 变电所的构成

变电所由一次回路和二次回路构成。

1） **一次回路**

供配电系统中承担输送和分配电能任务的电路，称一次回路，也称主电路或主接（结）线。一次回路中所有的电气设备称为一次设备，如变压器、断路器、互感器等。

一次设备按功能分类如下。

（1）变换设备：按电力系统的要求，改变电压或电流大小的设备，如变压器、电流互感器、电压互感器等。

（2）控制设备：用来控制一次回路通、断的设备，如高低压断路器、开关等。

（3）保护设备：用来对电力系统进行过电流和过电压等保护的设备，如熔断器、避雷器等。

（4）补偿设备：用来补偿电力系统中无功功率以提高功率因数的设备，如并联电容器等。

（5）成套设备：（装置）按一次回路接线方案的要求，将有关的一次设备及其相关的二次设备组合为一体的电气装置，如高低压开关柜、低压配电箱等。

2） **二次回路**

凡用来控制、指示、监测和保护一次设备运行的电路，称二次回路，也称二次接（结）线。二次回路中所有的电气设备称为二次设备或二次元件，如仪表、继电器、操作电源等。

2. 主接线一般设计要求

主接线由各种主要电气设备（变压器、隔离开关、负荷开关、断路器、熔断器、互感器、电容器等设备）按一定顺序连接而成。

主接线图只表示相对电气连接关系而不表示实际位置，通常用单线来表示三相系统。

（1）35kV 变电所主接线设计应根据负荷容量大小、负荷性质、电源条件、变压器容量及台数、设备特点及进出线回路数等综合分析来确定。主接线应力求简单、运行可靠、操作方便、设备少并便于维修，且满足节约投资和便于扩建等要求。

（2）35kV采用室外配电装置，并有两回路电源线和两台变压器时，主接线可采用“桥形接线”。当电源线路较长时，应采用内桥接线，为了提高可靠性和灵活性，可增设带隔离开关的跨条。当电源线路较短，需经常切除变压器，或桥上有穿越功率时，应采用外桥接线。当35kV出线数为两回路以上或采用室内配电装置时，宜采用单母线或分段单母线接线。10(6)kV侧宜用分段单母线、单母线接线。

（3）10(6)kV配电所主接线宜采用单母线或分段单母线接线；当供电连续性要求较高，不允许停电检修断路器或母线时，可采用双母线接线。

（4）10(6)kV配电所专用电源线的进线开关宜采用断路器或带熔断器的负荷开关。当无继电保护和自动装置要求，且出线回路少、无须带负荷操作时，可采用隔离开关或隔离触头。

（5）在高压断路器的电源侧及可能反馈电能的一侧，必须装设高压隔离开关或隔离触头。

（6）向高压并联电容器组或频繁操作的高压用电设备供电的出线断路器兼作操作开关时，应采用具有高分断能力和频繁操作性能的断路器。

（7）10(6)kV母线的分段处，宜装设断路器，但符合下列情况时，可装设隔离开关或隔离触头。

① 事故时手动切换电源能满足要求。

② 不需要带负荷操作。

③ 继电保护或自动装置无要求。

④ 出线回路较少。

（8）10(6)kV两个配电所之间的联络线宜在供电可能性大的一侧配电所装设断路器，另一侧装隔离开关或负荷开关；如两侧供电可能性相同，则宜在两侧均装设断路器。

（9）变配电所每段高压母线上及架空线路末端必须装设避雷器。接在母线上的避雷器和电压互感器，宜合用一组隔离开关。架空进出线上的避雷器回路中，可不装设隔离开关。

（10）每段高压母线上都应装设一组电压互感器。电压互感器应采用专用熔断器保护。

（11）由地区电网供电的变配电所电源进线处，宜装设供计费用的专用电压及电流互感器或专用电能计量柜。

（12）所用变压器宜采用高压熔断器保护。

3. 10（6）kV变配电所的主接线

（1）带高压室的变电所，电源引自用电单位总变配电所，避雷器可以装在室外进线处，如图4.11所示。

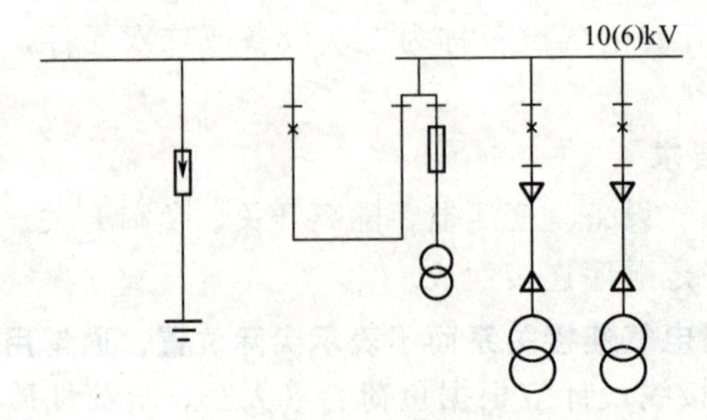

图4.11　带高压室的变电所，电源引自用电单位总变配电所

(2) 带高压室的变电所，电源引自电力系统装设的专用计量柜。若电力部门同意，进线断路器也可以不装，当进线上的避雷器安装在开关柜内时，则宜加隔离开关，如图 4.12 所示。

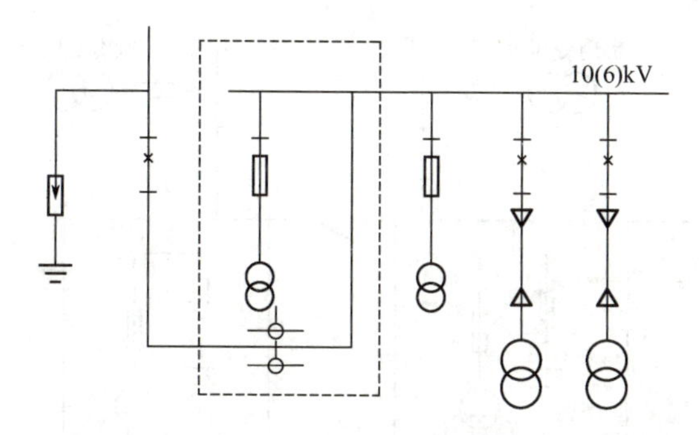

图 4.12 带高压室的变电所，电源引自电力系统装设的专用计量柜

(3) 单母线接线的电源引自电力系统，一路工作，一路备用，一般用于对二级负荷配电，需要装设计量装置时，两回电源线路的专用计量柜均装设在电源线路的送电端，如图 4.13 所示。

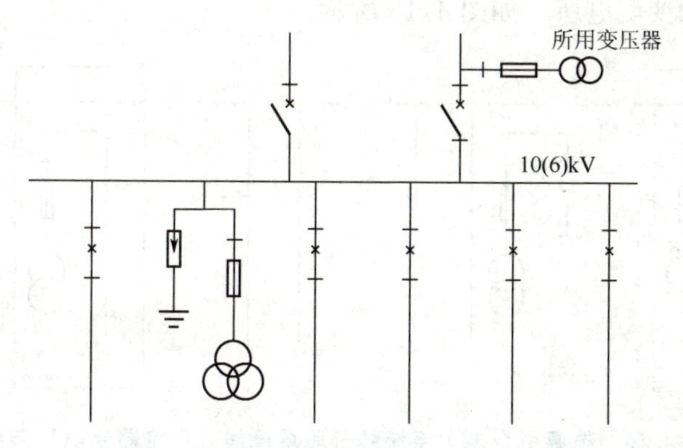

图 4.13 单母线接线

(4) 分段单母线（隔离开关受电）接线，电源引自本企业的总变配电所，放射式接线，供二、三级负荷用电，如图 4.14 所示。

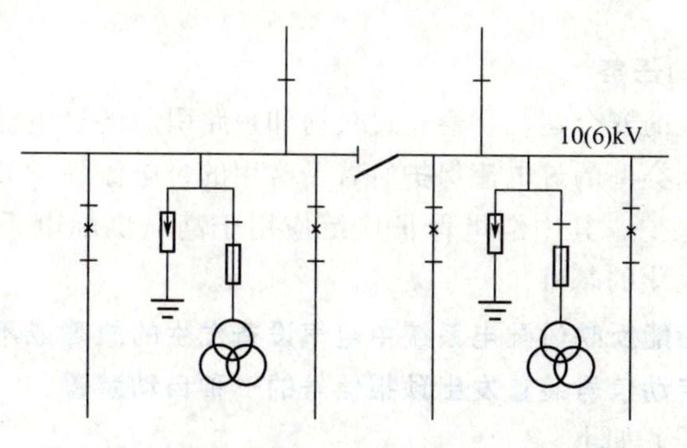

图 4.14 分段单母线（隔离开关受电）接线

（5）电源引自本企业总变电站的分段单母线（断路器受电）接线，适用两路工作电源，分段断路器自动投入或出线回路较多的变配电所，供一、二级负荷用电，所用变压器是否装设视情况而定，如图 4.15 所示。

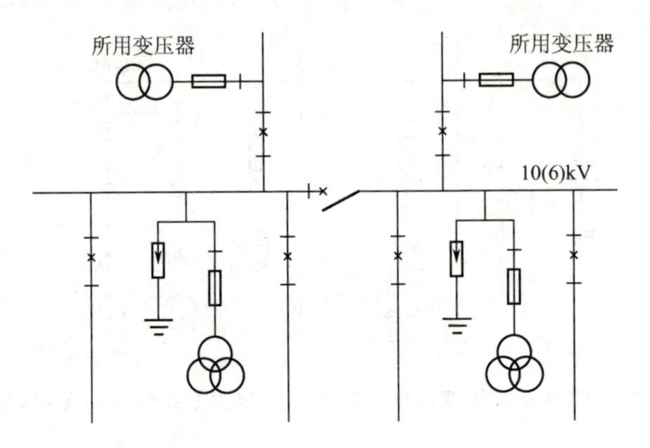

图 4.15　电源引自本企业总变电站的分段单母线（断路器受电）接线

（6）电源引自电力系统的分段单母线（断路器受电）接线，用于电源引自电力系统，需装设专用计量柜的变配电所，如图 4.16 所示。

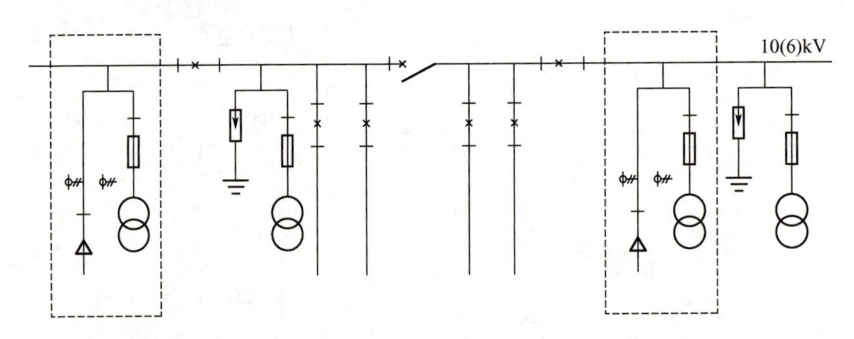

图 4.16　电源引自电力系统的分段单母线（断路器受电）接线

4.1.4　电力系统继电保护

1. 继电保护装置的任务

为保证供配电系统的安全运行，避免过负荷和短路引起的过电流对系统的影响，在供配电系统中应装设不同类型的过电流保护装置。常用的过电流保护装置有熔断器保护、低压断路器保护和继电保护。其中继电保护广泛应用于高压供配电系统中，其保护功能很多，是实现供配电自动化的基础。

继电保护装置是指能反映供配电系统中电气设备发生的故障或不正常工作状态，并能动作于断路器跳闸或启动信号装置发出预报信号的一种自动装置。

继电保护的主要任务如下。

（1）自动、迅速、有选择性地将故障元件从供配电系统切除，使其他非故障部分迅速恢复正常供电。

(2) 能正确反映电气设备的不正常工作状态，发出预报信号，以便操作人员采取措施，恢复电气设备正常工作。

(3) 与供配电系统的自动装置（如自动重合闸装置、备用电源自动投入装置等）配合，提高供配电系统的运行可靠性。建筑供配电系统继电保护的特点是简单、有效、可靠，且有较强的抗干扰能力。

2. 对继电保护的基本要求

继电保护的设计应以合理的运行方式和可能的故障类型为依据，并应满足选择性、速动性、可靠性、灵敏性四项基本要求。

1) **选择性**

选择性是指首先由故障设备或线路本身的保护切除故障。当供配电系统发生短路故障时，继电保护装置动作，只切除故障元件，并使停电范围最小，以减小故障停电造成的影响。保护装置这种能挑选故障元件的能力称为保护的选择性。

2) **速动性**

为了减小由于故障引起的损失，减少用户在故障时低电压下的工作时间，以及提高电力系统运行的稳定性，要求继电保护装置在发生故障时尽快动作并将故障切除。快速地切除故障部分可以防止故障扩大，减轻故障电流对电气设备的损坏程度，加快供配电系统电压的恢复，提高供配电系统运行的可靠性。由于既要满足选择性，又要满足速动性，因此建筑供配电系统的继电保护允许带一定时限，以满足因保护的选择性而牺牲一点速动性。对供配电系统，允许延时切除故障的时间一般为0.5～2.0s。

3) **可靠性**

可靠性是指保护装置应该动作时动作，不应该动作时不动作。为保证可靠性，宜选用尽可能简单的保护方式，采用可靠的元件和尽可能简单的回路构成性能良好的装置，并应有必要的检测、闭锁和双重化等措施。保护装置应便于整定、调试和运行维护。

4) **灵敏性**

灵敏性是指继电保护在其保护范围内对发生的故障或不正常工作状态的反应能力。过电流保护的灵敏度 S_P 用其保护区内在电力系统为最小运行方式时的最小短路电流 $I_{k,min}$ 与保护装置一次动作电流（保护装置动作电流换算到一次回路的值）$I_{OP,1}$ 的比值来表示。

$$S_P = \frac{I_{k,min}}{I_{OP,1}}$$

对不同作用的保护装置和被保护设备，所要求的灵敏度是不同的。

另外，上述介绍的四项基本要求对于一个具体的保护装置不一定都是同等重要的，而应有所侧重。例如，电力变压器是供配电系统中最关键的设备，对其保护装置的灵敏度要求较高；而对一般电力线路的保护装置，就要求其选择性较高。

3. 继电保护基本原理

供配电系统发生故障时，会引起电流增大、电压降低、电压和电流间相位角改变等。因此，利用上述物理量故障时与正常时的差别，可构成各种不同工作原理的继电保护装置。继电保护的种类很多，但是其工作原理基本相同，它主要由测量、逻辑和执行三部分组成，继电保护原理结构方框图如图4.17所示。

(1) **测量部分**：用来测量被保护设备输入的有关信号（电流、电压等），并和已给定

的整定值进行比较，判断是否应该启动。

（2）**逻辑部分**：根据测量部分各输出量的大小、性质及其组合或输出顺序，使保护装置按照一定的逻辑程序工作，并将信号传输给执行部分。

（3）**执行部分**：根据逻辑部分传输的信号，最后完成保护装置所负担的任务，给出跳闸或信号脉冲。

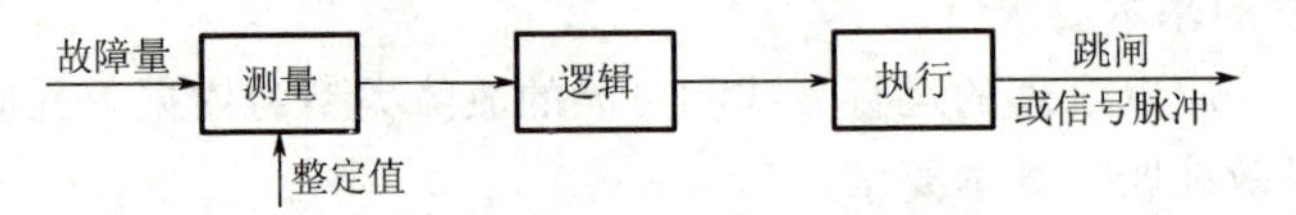

图 4.17　继电保护原理结构方框图

图 4.18 为线路过电流保护基本原理示意，用以说明继电保护的组成和基本原理。图中，电流继电器 KA 的线圈接于被保护线路电流互感器 TA 的二次回路，即保护的测量回路，它监视被保护线路的运行状态，测量线路中电流的大小。在正常运行情况下，当线路中通过最大负荷电流时，继电器不动作；当被保护线路 K 点发生短路时，线路上的电流突然增大，电流互感器 TA 二次回路的电流也按变比相应增大，当通过电流继电器 KA 的电流大于其整定值时，继电器立即动作，触点闭合，接通逻辑电路中时间继电器 KT 的线圈回路，时间继电器启动并根据短路故障持续的时间做出保护动作的逻辑判断，时间继电器 KT 动作，其延时触点闭合，接通执行电路中的信号继电器 KS 和断路器 QF 的跳闸线圈。

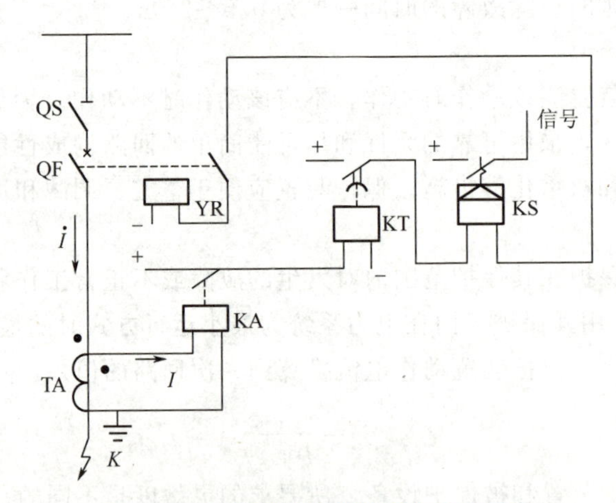

图 4.18　线路过电流保护基本原理示意

4. 常用继电器

35kV 及以下电网中的电力线路和电气设备继电保护装置（包括供配电系统），除了日渐推广的微机保护，仍大量采用电磁式电流继电器和感应式电流继电器。

1）**电流继电器（KA）**

电流继电器图形符号如图 4.19 和图 4.20 所示。

使过电流继电器动作的最小电流，称为继电器的动作电流，用 $I_{op.KA}$ 表示；使继电器返回到起始位置的最大电流，称为继电器的返回电流，用 $I_{re.KA}$ 表示；继电器的返回电流与动作电流之比称为返回系数 K_{re}，即

$$K_{re}=\frac{I_{re.KA}}{I_{op.KA}}$$

电磁式电流继电器的返回系数通常为0.85。

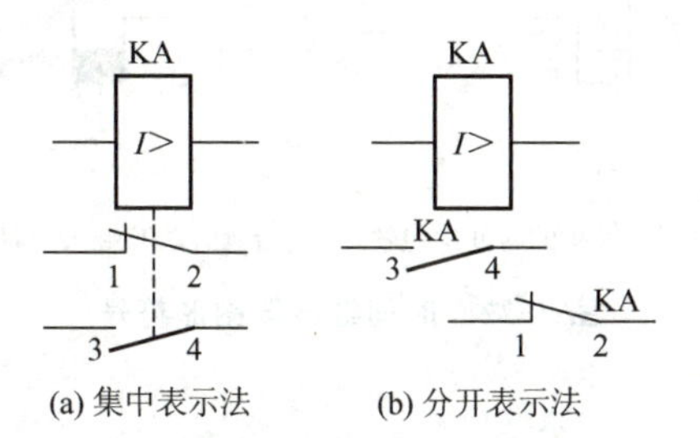

图 4.19 电磁式电流继电器图形符号

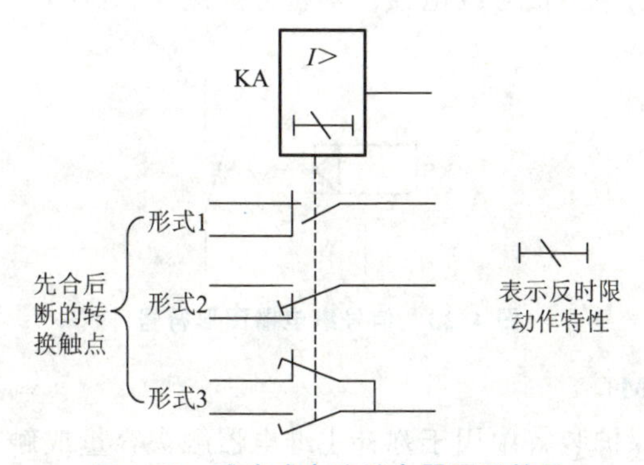

图 4.20 感应式电流继电器图形符号

2）**电压继电器（KV）**

电磁式电压继电器结构与电磁式电流继电器基本相同，不同之处仅是电压继电器的线圈为电压线圈，匝数多，导线细，与电压互感器的二次绕组并联。电压继电器图形符号如图4.21所示。

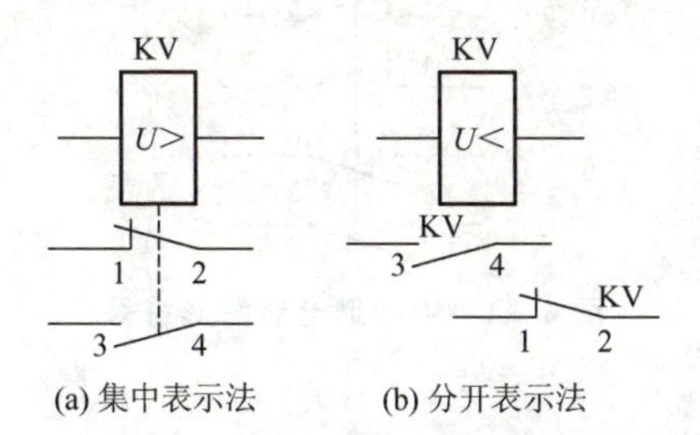

图 4.21 电压继电器图形符号

电磁式电压继电器有过电压继电器和欠电压继电器两种。过电压继电器的返回系数通常为0.8，欠电压继电器的返回系数通常为1.25。

3）**时间继电器（KT）**

时间继电器用于继电保护装置中，使继电保护获得需要的延时，以满足选择性要求，由电磁系统、传动系统、钟表机构、触头系统和时间调整系统等组成。通过改变主静触头的位置，即改变主动触头的行程从而获得动作时限调整。时间继电器图形符号如

图 4.22 所示。

(a) 带延时闭合触头的时间继电器　(b) 带延时断开触头的时间继电器

图 4.22　时间继电器图形符号

4）**信号继电器（KS）**

信号继电器在继电保护装置中用于发出指示信号，表示保护动作，同时接通信号回路，发出灯光或者音响信号。信号继电器图形符号如图 4.23 所示。

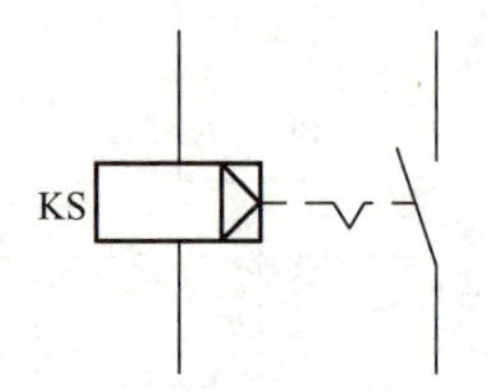

图 4.23　信号继电器图形符号

5）**中间继电器（KM）**

中间继电器在继电保护装置中用于弥补主继电器触头容量或触头数量的不足。中间继电器图形符号如图 4.24 所示。

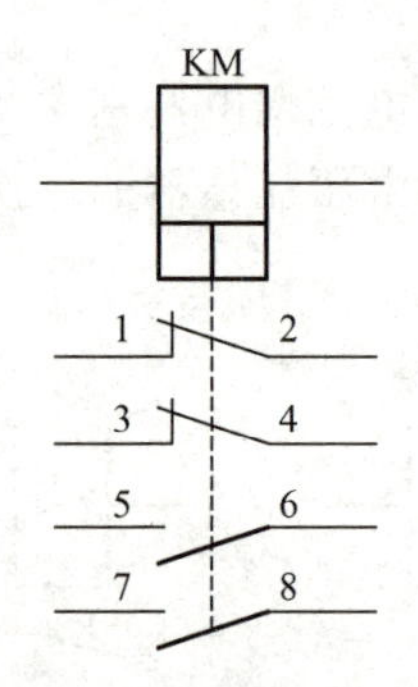

图 4.24　中间继电器图形符号

练习题4.1

一、简述题

1. 我国 6～10kV 电力变压器常用哪两种联结组别？什么情况下采用 Dynll 联结组别？
2. 如何选择变电所变压器的台数、容量？
3. 什么叫一次设备？如何分类？
4. 如何理解变配电所的主接线？

5. 继电保护的任务是什么？主要有哪些类型？

二、计算题

某工厂拟建一座110kV终端变电所，电压等级为110/10kV，由两路独立110kV电源供电，预计一级负荷10MW，二级负荷35MW，三级负荷10MW，站内设两台变压器，联结组别为Dynll，未补偿前工厂内负荷功率因数是0.86，当地电力部门要求功率因数达到0.96。试通过计算确定主变压器的台数和容量。

任务4.2 低压配电系统设计

任务说明	多层住宅配电设计
学习目标	通过多层住宅的电气设计，熟悉多层住宅电气设计的内容、方法和步骤
工作依据	教材、图纸、手册、规范
实施步骤	1. 分析负荷等级和容量 2. 分析电源引入方式 3. 分析线路敷设方式、设备安装方式和计量方式等 4. 设计住户室内配电箱系统 5. 设计该住宅配电系统
任务成果	1. 设计计算书 2. 设计图纸（配电系统图）

4.2.1 低压配电系统设计原则

（1）低压配电系统应根据工程性质、规模、负荷容量等因素综合考虑，应满足生产和使用所需的供电可靠性和电能质量的要求，同时应注意接线简单，操作方便安全，具有一定灵活性，能适应生产和使用上的变化及设备检修的需要。

（2）自变压器二次侧至用电设备之间的低压配电级数不宜超过三级。

（3）在正常环境的车间或建筑物内，当大部分用电设备容量不大，又无特殊要求时，宜采用树干式配电。

（4）设备容量大，或负荷性质重要，或在潮湿、腐蚀性环境的车间、建筑物内时，宜采用放射式配电。

（5）当一些容量很小的次要用电设备距供电点较远，而彼此相距很近时，可采用链式配电。但每一回路连接设备不宜超过5台、总容量不宜超过10kW。当供电给小容量用电设备的插座时，每一回路连接设备数量可适当增加。

（6）在高层建筑内，当向楼层各配电点供电时，宜用分区树干式配电，但部分较大容量的集中负荷或重要负荷，应从低压配电室以放射式配电。

（7）平行的生产流水线或互为备用的生产机组，根据生产要求，宜由不同的母线或线路配电。同一生产流水线的各用电设备，宜由同一母线或线路配电。

（8）单相用电设备的配置应力求三相平衡。在TN系统及π系统的低压电网中，如选Yyn0联结组别的三相变压器，其由单相负荷三相不平衡引起的中性线电流不得超过Yyn0接线的变压器低压绕组额定电流的25%，且任一相的电流不得超过额定电流值。

（9）冲击性负荷和用量较大的电焊设备，宜与其他用电设备分开，用单独线路或变压器供电。

（10）配电系统的设计应便于运行、维修，生产班组或工段比较固定时，一个大厂房可分车间或工段配电，多层厂房宜分层设置配电箱，每个生产小组可考虑设单独的电源开关。实验室的每套房间宜有单独的电源开关。

（11）在用电单位内部的邻近变电所之间宜设置低压联络线。

（12）由建筑物外引来的配电线路应在屋内靠近进线点、便于操作维护的地方装隔离电器。

（13）由树干式系统供电的配电箱，其进线开关宜选用带保护的开关，由放射式系统供电的配电箱进线可以用隔离开关。

4.2.2 常用低压配电系统接线

1. 放射式

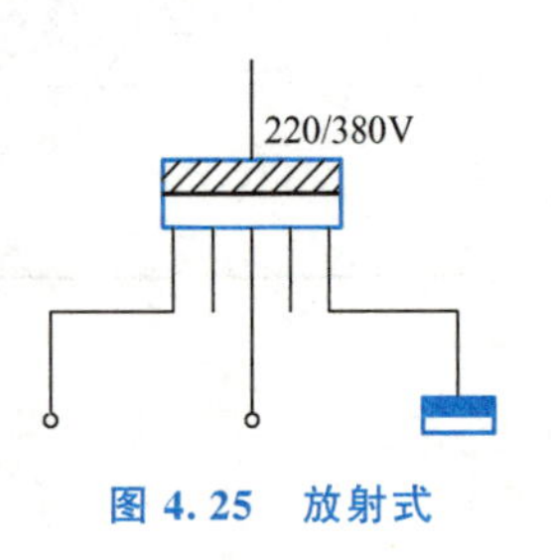

图4.25　放射式

放射式如图4.25所示。放射式的特点：配电线路故障互不影响，供电可靠性较高，配电设备集中，检修比较方便，但系统灵活性较差，有色金属消耗较多，一般在下列情况中采用。

（1）容量大、负荷集中或重要的用电设备。

（2）需要集中联锁启动、停车的设备。

（3）有腐蚀性介质或爆炸危险等的环境。

2. 树干式

树干式如图4.26所示。树干式的特点：配电设备及有色金属消耗较少，系统灵活性好，但干线故障时影响范围大。其一般用于用电设备的布置比较均匀、容量不大，又无特殊要求的场合。

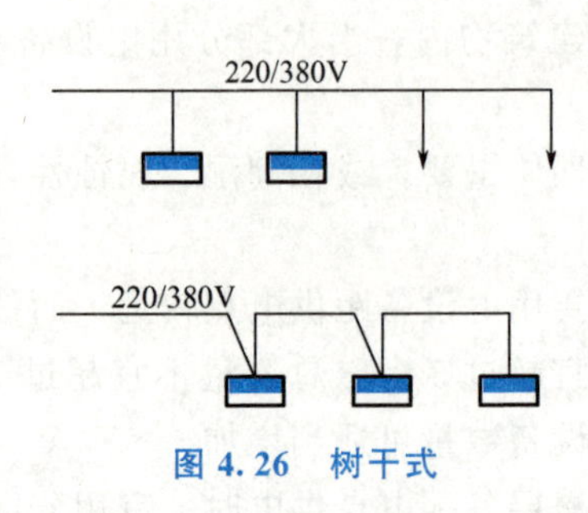

图4.26　树干式

3. 变压器干线式

变压器干线式如图 4.27 所示。变压器干线式的特点：除具有树干式系统的优点外，其接线更简单，能大量减少低压配电设备。为了提高母干线的供电可靠性，应适当减少接出的分支回路数，一般不超过 10 个。频繁启动、容量较大的冲击性负荷，以及对电压质量要求严格的用电设备，不宜用此方式供电。

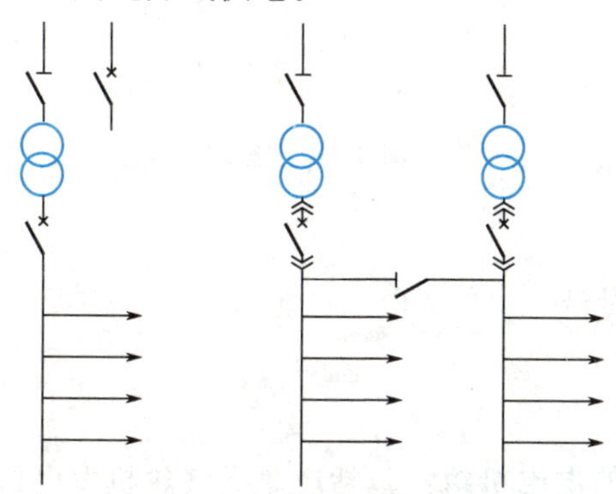

图 4.27 变压器干线式

4. 备用柴油发电机组

备用柴油发电机组如图 4.28 所示。备用柴油发电机组的特点：10kV 专用架空线路为主电源，快速自启动型柴油发电机组作为备用电源。用于附近只能提供一个电源，若得到第二个电源需要大量投资时，经技术经济比较，可采用此方式供电。备用柴油发电机组需注意以下几点。

(1) 与外网电源间应设机械与电气联锁，不得并网运行。

(2) 避免与外网电源的计费混淆。

(3) 在接线上要具有一定的灵活性，以满足在正常停电（或限电）情况下能供给部分重要负荷用电。

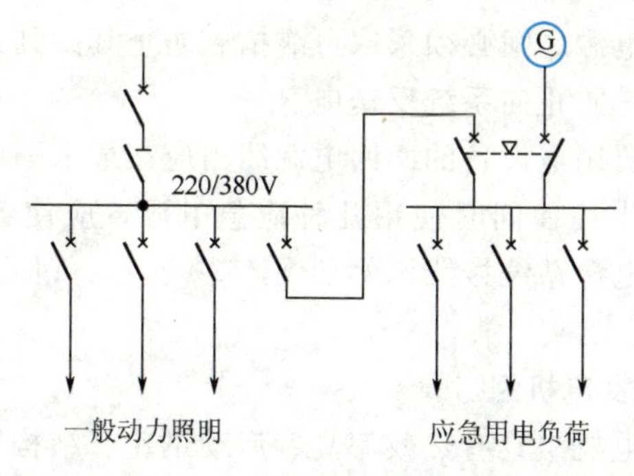

图 4.28 备用柴油发电机组

5. 链式

链式如图 4.29 所示。链式的特点：与树干式相似，适用于距配电屏较远而彼此相距又较近的不重要小容量用电设备。连接的设备一般不超过 5 台、总容量不超过 10kW。供电给容量较小用电设备的插座，采用链式配电时，每条环链回路的数量可适当增加。

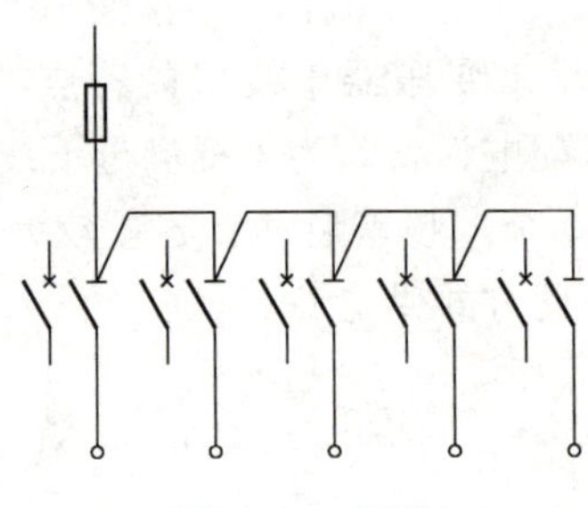

图 4.29　链式

4.2.3 应急电源设计

1. 应急照明种类

（1）**独立于正常电源的发电机组**：包括应急燃气轮机发电机组、应急柴油发电机组。快速自启动的发电机组适用于允许中断供电时间为 15s 以上的负荷。

（2）**不间断电源（UPS）**：适用于允许中断供电时间为毫秒级的负荷。

（3）**应急电源（EPS）**：一种把蓄电池的直流电能逆变成交流电能的应急电源，适用于允许中断供电时间为 0.25s 以上的负荷。

（4）**有自动投入装置的有效地独立于正常电源的专用馈电线路**：适用于允许中断供电时间为大于电源切换时间的负荷。

（5）**蓄电池**：适用于容量不大的特别重要负荷，有可能采用直流电源者。

2. 应急照明电源系统

（1）工程设计中，对于其他专业提出的特别重要负荷，应仔细研究，并尽可能减小特别重要负荷的负荷量，但需要双重保安措施者除外。

（2）为确保对特别重要负荷的供电，严禁将其他负荷接入应急供电系统。

（3）应急电源与正常电源之间必须采取可靠措施防止其并列运行，目的在于保证应急电源的专用性，更重要的是防止向系统反送电。

（4）防灾或类似的重要用电设备的两回电源线路应在最末一级配电箱处自动切换。大型企业及重要的民用建筑中往往同时使用几种应急电源，应使各种应急电源设备密切配合，充分发挥作用。应急电源系统接线示例如图 4.30 所示，以蓄电池、不间断供电装置、柴油发电机同时使用为例。

柴油发电机组

3. 柴油发电机组

柴油发电机组具有热效率高、启动迅速、结构紧凑、燃料存储方便、占地面积小、工程量小、维护操作简单等特点，是在工程建筑中作为备用电源或应急电源首选的设备。柴油发电机组主要由柴油机、发电机和控制屏三部分组成。

容量选择如下。

（1）**应急电源一般只设一台机组，其容量按应急负荷大小和启动大的电动机容量等因素综合考虑确定**。

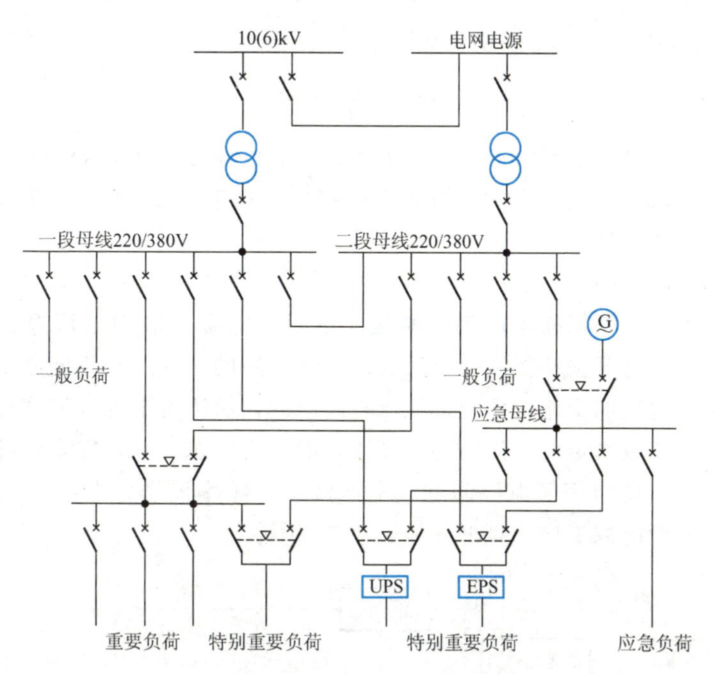

图 4.30 应急电源系统接线示例

（2）**在方案或初步设计阶段，按下述方法估算并选择其中容量最大者。**

① 按建筑面积估算。建筑面积在 10000m^2 以上的大型建筑按 15～20W/m^2，建筑面积在 10000m^2 及以下的中小型建筑按 10～15W/m^2 估算。

② 按配电变压器容量估算。占配电变压器容量的 10%～20%。

③ 按电动机启动容量估算。当允许发电机端电压瞬时压降为 20%时，发电机组直接启动异步电动机的能力为每 1kW 电动机功率，需要 5kW 柴油发电机组功率。若电动机降压启动或软启动，由于启动电流减小，柴油发电机容量也按相应比例减小。按电动机功率估算后进行归整，即按柴油发电机组的标定系列估算容量。

（3）**在施工图设计阶段可根据一级负荷、消防负荷及某些重要的二级负荷容量，按下述方法计算并选择其中容量最大者。**

① 按稳定负荷计算发电机容量。

$$S_{G1}=\frac{P_{\Sigma}}{\eta_{\Sigma}\cos\varphi}$$

式中，S_{G1} 为按稳定负荷计算的发电机视在功率，kVA；P_{Σ} 为发电机总负荷计算功率，kW；η_{Σ} 为所带负荷的综合效率，一般取 0.82～0.88；$\cos\varphi$ 为发电机额定功率因数，一般取 0.8。

② 按尖峰负荷计算发电机容量。

$$S_{G2}=\frac{K_j}{K_G}S_m=\frac{K_j}{K_G}\sqrt{P_m^2+Q_m^2}$$

式中，S_{G2} 为按尖峰负荷计算的发电机视在功率，kVA；K_j 为因尖峰负荷造成电压、频率降低而导致电动机功率下降的系数，一般取 0.9～0.95；K_G 为发电机允许短时过载系数，一般取 1.4～1.6；S_m 为最大的单台电动机或成组电动机的启动容量，kVA；P_m 为 S_m 的有功功率，kW；Q_m 为 S_m 的无功功率，kvar。

③ 按发电机母线允许压降计算发电机容量。

$$S_{G3}=\frac{1-\Delta U}{\Delta U}X'_{d}S_{at\Delta}$$

式中，S_{G3}为按发电机母线允许压降计算的发电机视在功率，kVA；ΔU为发电机母线允许压降，一般取0.2；X'_{d}为发电机瞬态电抗，一般取0.2；$S_{at\Delta}$为导致发电机最大压降的电动机最大启动容量，kVA。

4. 不间断电源（UPS）

(1) **不间断电源工作原理**。不间断电源一般由整流器、蓄电池、逆变器、静态开关和控制系统组成。通常采用的是在线式不间断电源。它首先将市电输入的交流电源变成稳压直流电源，供给蓄电池和逆变器，再经逆变器重新变成稳定的、纯洁的、高质量的交流电源。它可完全消除在输入电源中可能出现的任何电源问题（电压波动、频率波动、谐波失真和各种干扰）。不间断电源工作原理框图如图4.31所示。

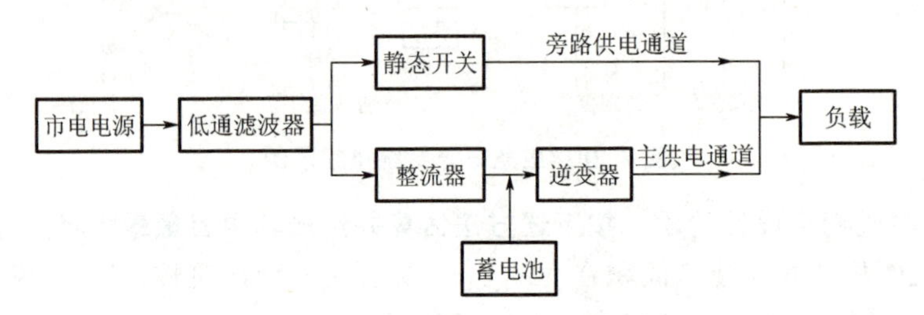

图4.31　不间断电源工作原理框图

(2) **不间断电源设备输出功率，应按下列条件选择**。

① 不间断电源设备给电子计算机供电时，单台不间断电源的输出功率应大于电子计算机各设备额定功率总和的1.5倍；给其他用电设备供电时，为最大计算负荷的1.3倍。

② 负荷的最大冲击电流不应大于不间断电源设备额定电流的150%。

(3) **不间断电源应急供电时间，应按下列条件选择**。

① 为保证用电设备按照操作顺序进行停机，其蓄电池的额定放电时间可按停机所需最长时间来确定，一般可取8～15min。

② 当有备用电源时，为保证用电设备供电连续性，其蓄电池的额定放电时间按等待备用电源投入时间考虑，一般可取10～30min。设有应急发电机时，不间断电源应急供电时间可以短一些。

③ 如有特殊要求，其蓄电池的额定放电时间应根据负荷特性来确定。

5. 应急电源（EPS）

1) **应急电源工作原理**

应急电源由充电器、逆变器、蓄电池、隔离变压器、切换开关、监控器和显示、保护等装置及机箱组成。应急电源一般分为不可变频应急电源和可变频应急电源。不可变频应急电源工作原理如图4.32所示。

2) 应急电源切换时间和供电时间

应急电源的应急供电切换时间为0.1～0.25s，应急供电时间一般为60min、90min、120min三种规格，还可以根据用户需要选择更长的。

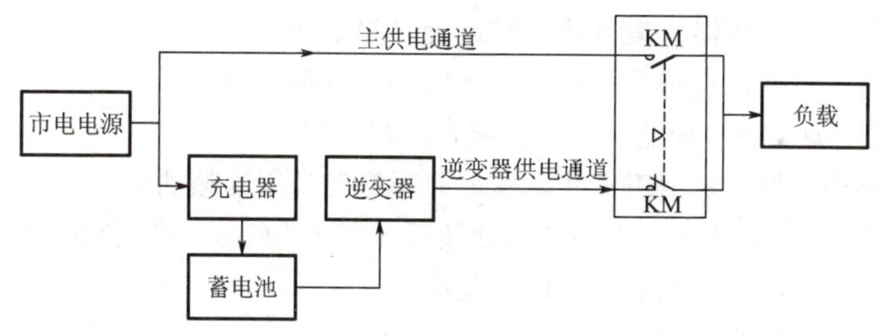

图 4.32 不可变频应急电源工作原理

3）应急电源容量选择

选用应急电源的容量必须同时满足以下条件。

（1）负载中最大的单台直接启动的电动机容量，只占应急电源容量的 1/7 以下。

（2）应急电源的容量应是所供负载中同时工作容量总和的 1.1 倍以上。

（3）直接启动风机、水泵时，应急电源的容量应为同时工作的风机、水泵容量的 5 倍以上。

（4）若风机、水泵为变频启动，则应急电源的容量为同时工作的电动机总容量的 1.1 倍。

（5）若风机、水泵采用星-三角降压启动，则应急电源的容量应为同时工作的电动机总容量的 3 倍以上。

4.2.4 供配电系统的监控

1. 供配电系统的监控功能

在我国民用建筑中，通常只对供配电系统运行参数进行必要的检测而不进行控制。在《建筑设备监控系统工程技术规范》（JGJ/T 334—2014）中，对供配电系统的监控功能做了如下规定。

（1）对高压配电柜的监测功能应符合下列规定。

① 应能监测进线回路的电流、电压、频率、有功功率、无功功率、功率因数和耗电量。

② 应能监测馈线回路的电流、电压和耗电量。

③ 应能监测进线断路器、馈线断路器、母联断路器的分、合闸状态。

④ 应能监测进线断路器、馈线断路器和母联断路器的故障及跳闸报警状态。

（2）对低压配电柜的监测功能应符合下列规定。

① 应能监测进线回路的电流、电压、频率、有功功率、无功功率、功率因数和耗电量，并宜能监测进线回路的谐波含量。

② 应能监测出线回路的电流、电压和耗电量。

③ 应能监测进线开关、重要配出开关、母联开关的分、合闸状态。

④ 应能监测进线开关、重要配出开关和母联开关的故障及跳闸报警状态。

供配电系统的监控

（3）对干式变压器的监测功能应符合下列规定。

① 应能监测干式变压器的运行状态和运行时间累计。

② 应能监测干式变压器超温报警和冷却风机故障报警状态。

（4）对应急电源及装置的监测功能应符合下列规定。

① 应能监测柴油发电机组工作状态及故障报警和日用油箱油位。

② 应能监测不间断电源装置及应急电源装置进出开关的分、合闸状态和蓄电池组电压。

③ 应能监测应急电源供电电流、电压及频率。

2. 低压配电系统的监控

以某供配电工程为例，低压配电监控系统由现场监控设备，即电流变送器、电压变送器、功率因数变送器、有功功率变送器等各类传感器及DDC组成，其原理图如图4.33所示。

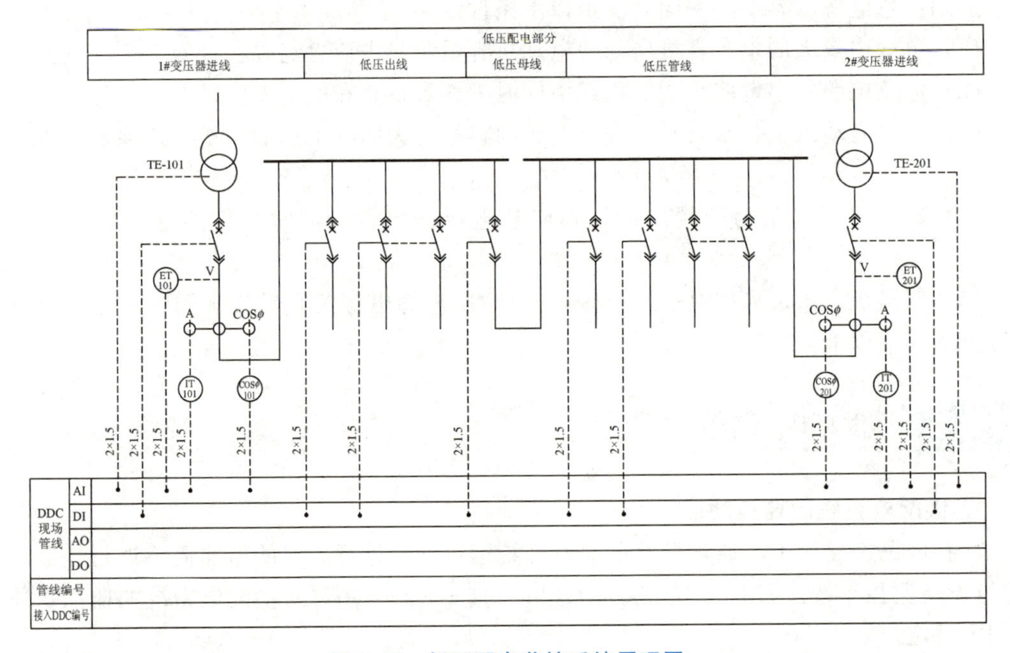

图4.33 低压配电监控系统原理图

DDC通过温度传感器（变送器）、电压变送器、电流变送器及功率因数变送器自动检测变压器线圈温度、电压、电流和功率因数等参数，经由模拟量输入通道或数字量输入通道送入计算机，与设定值比较，发现故障时报警，显示相应的电压、电流数值和故障位置。经由数字量输入通道还可以自动监视各个断路器、负荷开关和隔离开关等的当前分、合状态。低压配电系统监控点见表4-3。

表4-3 低压配电系统监控点

设备名称	监控内容	点类型				接口位置
		DI	AI	DO	AO	
变压器	变压器温度报警	√				温度传感器
低压进线	进线开关状态	√				低压进线柜断路器辅助触点
	母联开关状态	√				低压联络柜断路器辅助触点
	低压进线电压		√			三相电压变送器

续表

设备名称	监控内容	点类型				接口位置
		DI	AI	DO	AO	
低压进线	低压进线电流		√			三相电流变送器
	低压进线功率		√			功率变送器
	功率因数		√			功率因数变送器
	电能测量		√			电量变送器

DDC根据检测到的电压、电流和功率因数计算有功功率、无功功率、累计用电量，为绘制负荷曲线、无功补偿及电费计算提供依据。由于具体的供配电系统有所不同，对监控的要求也有差别，因此，在实际工程的设计与实施过程中，应依据具体工程的情况重新确认、统计监控点的数量及DDC的选型。

3. 应急柴油发电机组与蓄电池组的监控

工程中，为了保证负荷中特别重要的负荷用电，或中断供电将会造成重大损失时，应设置自备应急柴油发电机组。但由于启动时间的限制，需要增加转换时间短的蓄电池组。

应急柴油发电机组监控原理图如图4.34所示，应急柴油发电机本身自带检测与控制装置，并且有独立的控制箱。在供配电监控管理系统的工程设计中，尽量从控制箱的接线上获取集中监控信号。其监控点见表4-4。

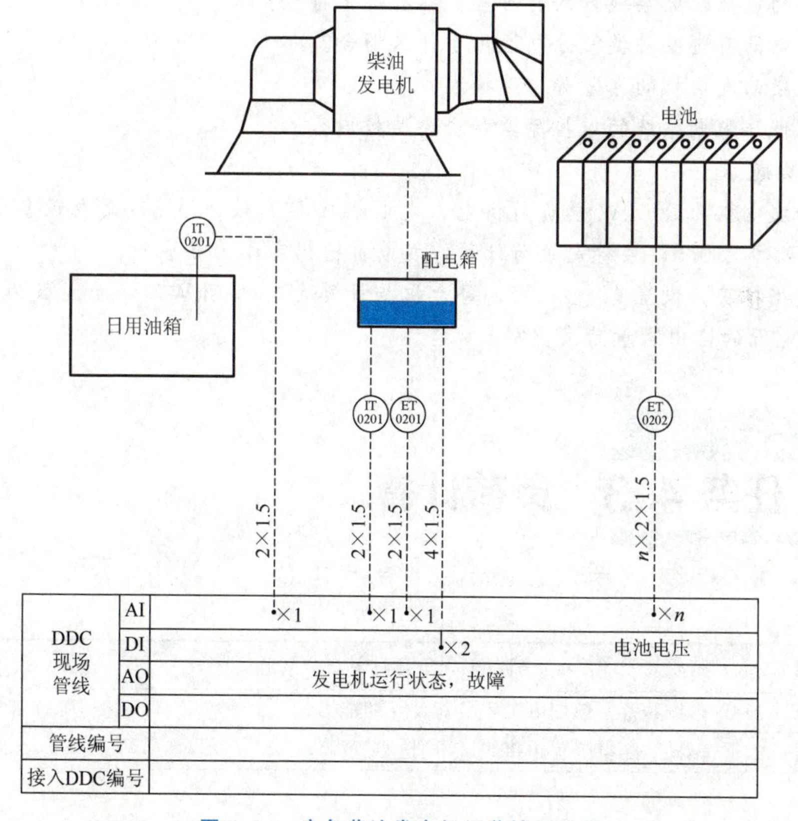

图4.34　应急柴油发电机组监控原理图

表 4－4 应急柴油发电机组监控点

设备名称	监控内容	点类型				接口位置
		DI	AI	DO	AO	
柴油发电机	发电机输出电压		√			电压变送器
	发电机输出电流		√			电流变送器
	发电机输出有功功率		√			有功功率变送器
	发电机输出无功功率		√			无功功率变送器
	发电机输出功率因数		√			功率因数变送器
	发电机运行状态	√				交流接触器辅助触点
	发电机故障	√				热继电器辅助触点
日用油箱	日用油箱高、低位	√				液位传感器
电池	电池电压		√			电压变送器

练习题4.2

一、简述题

1. 简述低压配电系统的设计原则。

2. 常用的电压配电接线方式有哪些？各有什么特点？

3. 应急电源有哪些种类？分别适用于什么场合？

4. 简述柴油发电机的容量如何选择。

5. 简述低压配电系统的监控原理和主要监控内容。

二、计算题

1. 柴油发电机为 206kW 总负荷供电，发电机功率因数为 0.8，用电设备需要系数为 0.85，综合效率为 0.9，按稳定负荷计算，发电机输出容量为多少？

2. 某数据机房，设置 10 台机柜，每台机柜计算负荷为 8kW，功率因数为 0.8，需要配置不间断电源的输出容量为多少？

任务 4.3 负荷计算

任务说明	完成某 10/0.4kV 配电工程负荷计算
学习目标	初步具备一般配电工程负荷计算的能力
工作依据	教材、配电工程主接线、手册、规范

续表

实施步骤	1. 根据上个学习单元所得主接线确定计算步骤 2. 查得进户线计算负荷 3. 计算变压器损耗 4. 计算无功补偿 5. 确定变压器高压侧计算负荷 6. 列出配电工程负荷计算表
任务成果	配电工程负荷计算表

4.3.1 负荷计算概念

1. 用电设备工作制

用电设备种类很多，它们的用途和工作的特点也不相同，按工作制不同可划分为三类。

1）**长期工作制**

此类用电设备连续工作的时间比较长（至少在半小时以上），超过其稳定温升的时间，如各类泵、通风机、压缩机、机械化运输设备、电阻炉、照明设备等。

2）**短时工作制**

此类用电设备工作的时间短而停歇时间很长，导体还未达到其稳定温升就开始冷却，在停歇时间内足以将温度降至通电前的温度，如机床上的某些辅助电动机、水闸用电动机等。

3）**断续周期工作制**

此类用电设备工作时间短，停歇时间也短，以断续方式反复交替进行工作，其周期一般不超过10min。**最常见的设备为电焊机和吊车电动机**。通常用暂载率（又称负荷持续率）来描述其工作性质。

暂载率是一个周期内工作时间占工作周期的百分比，用ε表示。

$$\varepsilon=t/T\times100\%=t/(t+t_0)\times100\%$$

2. 计算负荷的概念

在供配电系统设计过程中必须找出这些用电设备的等效负荷。

计算负荷

所谓等效，是指这些用电设备在实际运行中所产生的最大热效应与等效负荷产生的热效应相等，产生的最大温升与等效负荷产生的最高温升相等。**按照等效负荷，从满足发热的条件来选择用电设备，用以计算的负荷功率或负荷电流称为“计算负荷”。**

在设计计算中，通常将“半小时最大负荷”作为计算负荷，用 P_c（Q_c、S_c 或 I_c）表示。这是因为，中小截面（35mm² 以下）多数导体发热并达到稳定温升所需时间约为30min，只有持续30min以上的平均最大负荷值才有可能产生导体的最高温升，而时间很短的尖峰电流不能使导体达到最高温度，因为导体的温度还未升高到相应负荷的温度之前尖峰电流早已消失。计算负荷与稳定在半小时以上的最大负荷是基本相当的，所以计算负荷就可以认为是“半小时最大负荷”，用 P_{30} 来表示有功计算负荷，用 Q_{30} 表示无功计算负荷，用 S_{30} 表示视在计算负荷，用 I_{30} 表示计算电流。因为年最大负荷 P_{max}、Q_{max}、S_{max} 是以最大负荷工作班 30min 平均最大负荷绘制的，所以计算负荷、年最大负荷、30min 平均最大负荷三者之间的关系为

$$\left.\begin{aligned} P_c &= P_{30} = P_{max} \\ Q_c &= Q_{30} = Q_{max} \\ S_c &= S_{30} = S_{max} \end{aligned}\right\}$$

3. 负荷曲线的概念

负荷曲线是表征用电负荷随时间变动的一种图形，它绘制在直角坐标系中，纵坐标表示用电负荷，横坐标表示对应于负荷变动的时间。

按负荷性质，负荷曲线可分为有功负荷曲线（纵坐标表示有功负荷值，单位为 kW）和无功负荷曲线（纵坐标表示无功负荷值，单位为 kvar）。

按负荷变动的时间，负荷曲线可分为日负荷曲线（图 4.35）和年负荷曲线（图 4.36）。日负荷曲线表示了一昼夜（24h）内负荷变动的情况，而年负荷曲线表示了一年（8760h）中负荷变动的情况。负荷曲线可以表示某一台设备的负荷变动的情况，也可以表示一个单位的负荷变动的情况。

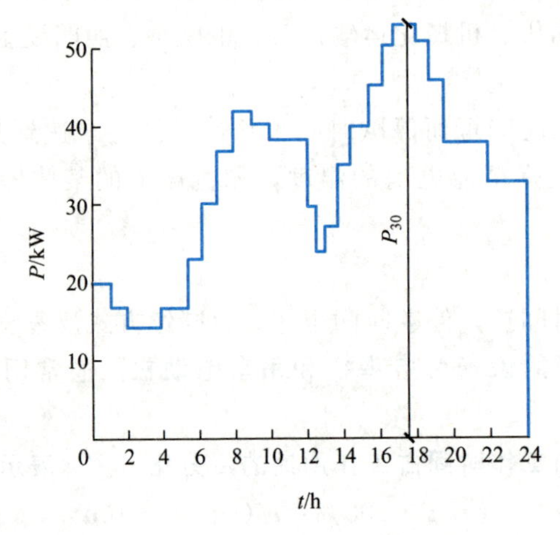

图 4.35　日负荷曲线

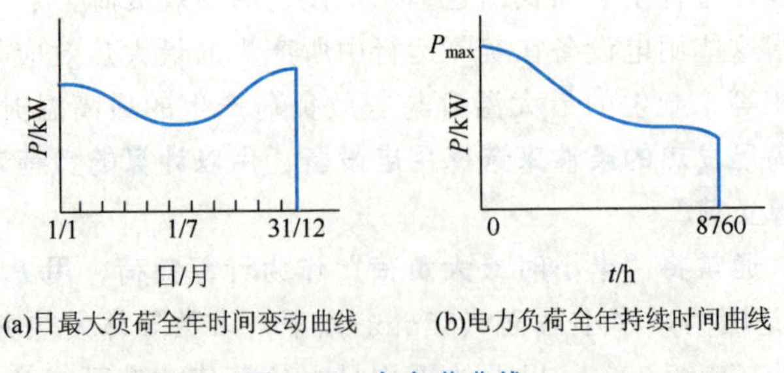

(a)日最大负荷全年时间变动曲线　　(b)电力负荷全年持续时间曲线

图 4.36　年负荷曲线

年负荷曲线有如下两种。

（1）表示一年中每日最大负荷变动情形的负荷曲线，称为日最大负荷全年时间变动曲线，或称年每日最大负荷曲线，如图 4.36（a）所示，它根据日负荷曲线间接绘制，以全

年12个月份为横坐标。

(2) 另一种表示工厂全年负荷变动与负荷持续时间关系的曲线，称为电力负荷全年持续时间曲线，或称年负荷持续时间曲线，简称年负荷曲线，如图4.36 (b) 所示。从这种年负荷曲线能明显看出一个企业在一年内不同负荷值所持续的时间，但不能看出相应的负荷出现在一年内的哪一个时间段。

4.3.2 三相负荷计算

计算负荷的确定是供配电设计中很重要的一环，计算负荷确定的是否合理直接影响到电气设备选择的合理性、经济性。计算负荷过大将使电气设备选得过大，造成投资和有色金属的浪费；而计算负荷过小，则电气设备运行时电能损耗增加，并产生过热，使其绝缘层过早老化，甚至烧毁，造成经济损失。因此，在供配电设计中，应根据不同的情况选择正确的计算方法来确定计算负荷。

需要系数法应用最广泛，它适用于设备功率已知的各类项目，尤其是照明、高压系统和初步设计的负荷计算。计算过程较简便，计算精度与用电设备台数有关；台数多时较准确，台数少时误差大。计算范围内全部用电设备台数为5台以下时，推荐利用系数法计算。

形成需要系数的原因是：用电设备组所有设备不一定同时运行；每台设备不可能都满载运行；设备运行时产生功率损耗；配电线路也要产生功率损耗。

需要系数是根据实际运行的系统统计及经验给出的。表4-5～表4-7给出部分用电设备的需要系数和功率因数。

表4-5 民用建筑用电设备的需要系数和功率因数

用电设备组名称	K_d	$\cos\varphi$	$\tan\varphi$
通风和采暖用电			
各种风机、空调器	0.70～0.80	0.80	0.75
恒温空调箱	0.60～0.70	0.95	0.33
集中式电热器	1.00	1.00	0
分散式电热器	0.75～0.95	1.00	0
小型电热设备	0.30～0.50	0.95	0.33
各种水泵	0.60～0.80	0.80	0.75
起重运输设备			
电梯（交流）	0.18～0.50	0.50～0.60	1.73～1.33
输送带	0.60～0.65	0.75	0.88
起重机械	0.10～0.20	0.50	1.73
锅炉房用电	0.75～0.80	0.80	0.75
冷冻机	0.85～0.90	0.80～0.90	0.75～0.48
厨房及卫生用电			
食品加工机械	0.50～0.70	0.80	0.75
电饭锅、电烤箱	0.85	1.00	0
电炒锅	0.70	1.00	0

续表

用电设备组名称	K_d	cosφ	tanφ
电冰箱	0.60～0.70	0.70	1.02
热水器（淋浴用）	0.65	1.00	0
除尘器	0.30	0.85	0.62
机修用电			
修理间机械设备	0.15～0.20	0.50	1.73
电焊机	0.35	0.35	2.68
移动式电动工具	0.20	0.50	1.73
打包机	0.20	0.60	1.33
洗衣房动力	0.30～0.50	0.70～0.90	1.02～0.48
天窗开闭机	0.10	0.50	1.73
通信及信号设备			
载波机	0.85～0.95	0.80	0.75
收信机	0.80～0.90	0.80	0.75
发信机	0.70～0.80	0.80	0.75
电话交换台	0.75～0.85	0.80	0.75
客房床头电气控制箱	0.15～0.25	0.70～0.85	1.02～0.62

表4-6　旅游宾馆用电设备的需要系数和功率因数

用电设备组名称	K_d	cosφ	tanφ
照明：客房	0.35～0.45	0.90	0.48
其他场所	0.50～0.70	0.60～0.90	1.33～0.48
冷水机组、泵	0.65～0.75	0.80	0.75
通风机	0.60～0.70	0.80	0.75
电梯	0.18～0.50	0.50	1.73
洗衣机	0.30～0.35	0.70	1.02
厨房设备	0.35～0.45	0.75	0.88
窗式空调机	0.35～0.45	0.80	0.75

表4-7　工业用电设备的需要系数和功率因数

用电设备组名称	K_d	cosφ	tanφ
单独传动的金属加工机床			
小批生产的金属冷加工机床	0.12～0.16	0.50	1.73
大批生产的金属冷加工机床	0.17～0.20	0.50	1.73
小批生产的金属热加工机床	0.20～0.25	0.55～0.60	1.51～1.33
大批生产的金属热加工机床	0.25～0.28	0.65	1.17
锻锤、压床、剪床及其他锻工机械	0.25	0.60	1.33
木工机械	0.20～0.30	0.50～0.60	1.73～1.33
液压机	0.30	0.60	1.33
生产用通风机	0.75～0.85	0.80～0.85	0.75～0.62
卫生用通风机	0.65～0.70	0.80	0.75

续表

用电设备组名称	K_d	$\cos\varphi$	$\tan\varphi$
泵、活塞型压缩机、空调设备送风机、电动发电机组	0.75～0.85	0.80	0.75
冷冻机组	0.85～0.90	0.80～0.90	0.75～0.48
球磨机、破碎机、筛选机、搅拌机等	0.75～0.85	0.80～0.85	0.75～0.62
电阻炉（带调压器或变压器）			
非自动装料	0.60～0.70	0.95～0.98	0.33～0.20
自动装料	0.70～0.80	0.95～0.98	0.33～0.20
干燥箱、电加热器等	0.40～0.60	1.00	0
工频感应电炉（不带无功补偿装置）	0.80	0.35	2.68
高频感应电炉（不带无功补偿装置）	0.80	0.60	1.33
焊接和加热用高频加热设备	0.50～0.65	0.70	1.02
熔炼用高频加热设备	0.80～0.85	0.80～0.85	0.75～0.62
表面淬火电炉（带无功补偿装置）			
电动发电机	0.65	0.70	1.02
真空管振荡器	0.80	0.85	0.62
中频电炉（中频机组）	0.65～0.75	0.80	0.75
氢气炉（带调压器或变压器）	0.40～0.50	0.85～0.90	0.62～0.48
真空炉（带调压器或变压器）	0.55～0.65	0.85～0.90	0.62～0.48
电弧炼钢炉变压器	0.90	0.85	0.62
电弧炼钢炉的辅助设备	0.15	0.50	1.73
点焊机、缝焊机	0.35，0.20	0.60	1.33
对焊机	0.35	0.70	1.02
自动弧焊变压器	0.50	0.50	1.73
单头手动弧焊变压器	0.35	0.35	2.68
多头手动弧焊变压器	0.40	0.35	2.68
单头直流弧焊机	0.35	0.60	1.33
多头直流弧焊机	0.70	0.70	1.02
金属、机修、装配车间、锅炉房用起重机（$\varepsilon=25\%$）	0.10～0.15	0.50	1.73
铸造车间用起重机（$\varepsilon=25\%$）	0.15～0.30	0.50	1.73
连锁的连续运输机械	0.65	0.75	0.88
非连锁的连续运输机械	0.50～0.60	0.75	0.88
一般工业用硅整流装置	0.50	0.70	1.02
电镀用硅整流装置	0.50	0.75	0.88
电解用硅整流装置	0.70	0.80	0.75
红外线干燥设备	0.85～0.90	1.00	0
电火花加工装置	0.50	0.60	1.33
超声波装置	0.70	0.70	1.02
X光设备	0.30	0.55	1.51
电子计算机主机	0.60～0.70	0.80	0.75

1. 计算过程

按需要系数法进行供配电系统中各点电力负荷的计算基本过程如下。

(1) 如图 4.37 所示，确定计算范围（如某低压干线上的所有设备）。

(2) 将不同工作制下的用电设备的额定功率 P_N 换算到同一工作制下，经换算后的额定功率也称为设备容量 P_e。

(3) 将工艺性质相同的并有相近需要系数的用电设备合并成组，考虑到需要系数 K_d，算出每一组用电设备的计算负荷 $P_{30}(P_c)$。

(4) 汇总各级计算负荷得到总的计算负荷。

三相负荷计算(一)

三相负荷计算(二)

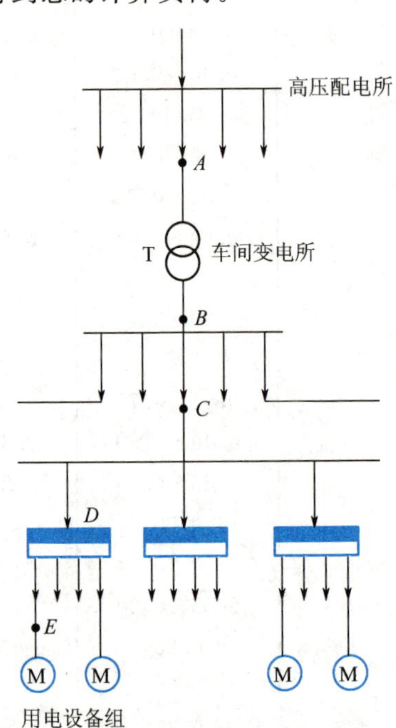

图 4.37 供配电系统中各点电力负荷的计算

2. 单台用电设备的设备功率

由前述可知，进行负荷计算时，应首先确定设备容量 P_e。**确定各种用电设备容量 P_e 的方法如下。**

(1) 长期工作制、短期工作制的设备容量 P_e 等于其铭牌功率 P_N。

(2) 断续周期工作制，如起重机用的电动机有功功率 P_N 应该统一换算到暂载率 $\varepsilon_N=25\%$时的有功功率。对于电焊机，则应统一换算到暂载率 $\varepsilon_N=100\%$时的有功功率。

具体换算如下。

对吊车电动机

$$P_e=\sqrt{\frac{\varepsilon_N}{\varepsilon_{25}}}P_N=2\sqrt{\varepsilon_N}P_N$$

对电焊机

$$P_e=\sqrt{\frac{\varepsilon_N}{\varepsilon_{100}}}S_N\cos\varphi=\sqrt{\varepsilon_N}S_N\cos\varphi$$

（3）照明设备的设备容量。白炽灯、卤钨灯设备容量就是灯泡上标出的额定功率；荧光灯考虑镇流器的功耗，其设备容量应为灯泡额定功率的1.2～1.3倍；高压汞灯考虑镇流器的功耗，其设备容量应为灯泡额定功率的1.1倍；自镇流高压汞灯设备容量与灯泡额定功率相等；高压钠灯考虑镇流器的功耗，其设备容量应为灯泡额定功率的1.1倍；金属卤化物灯考虑镇流器的功耗，其设备容量应为灯泡额定功率的1.1倍。

3. 用电设备组的设备功率

用电设备组的设备功率是指不包括备用设备在内的所有单个用电设备的设备功率之和。

4. 变电所或建筑物的总设备功率

变电所或建筑物的总设备功率应取所供电的各用电设备组的设备功率之和，但应剔除不同时使用的负荷，例如：

（1）**消防设备容量一般可不计入总设备容量**。

（2）**季节性用电设备（如制冷设备和采暖设备）应择其最大者计入总设备容量**。

5. 计算负荷的确定

（1）**单台设备的计算负荷**。

$$\left.\begin{aligned}P_{30}&=P_{e}/\eta=P_{N}/\eta\\Q_{30}&=P_{30}\tan\varphi\\S_{30}&=\frac{P_{30}}{\cos\varphi}\\I_{30}&=\frac{P_{30}}{\sqrt{3}U_{N}\cos\varphi}\end{aligned}\right\}$$

（2）**单组用电设备的计算负荷**。单组用电设备是指用电设备性质相同的一组设备，即K_d相同，如图4.37中D点的计算负荷。

其计算公式为

$$\left.\begin{aligned}P_{30}&=K_{d}P_{e\Sigma}\\Q_{30}&=P_{30}\tan\varphi\\S_{30}&=\sqrt{P_{30}^{2}+Q_{30}^{2}}\\I_{30}&=\frac{S_{30}}{\sqrt{3}U_{N}}=\frac{P_{30}}{\sqrt{3}U_{N}\cos\varphi}\end{aligned}\right\}$$

【例4.2】 已知某化工厂机修车间采用380V供电，低压干线上接有冷加工机床26台，其中11kW1台，4.5kW8台，2.8kW10台，1.7kW7台，试求该机床组的计算负荷。

【解】 该机床组的总容量为

$$\sum P_{e}=11\times1+4.5\times8+2.8\times10+1.7\times7=86.9(\text{kW})$$

查表，取$K_d=0.17\sim0.20$（取0.20）、$\tan\varphi=1.73$、$\cos\varphi=0.50$，则

有功计算负荷 $P_{30}=0.2\times86.9=17.38(\text{kW})$

无功计算负荷 $Q_{30}=17.38\times1.73\approx30.06(\text{kvar})$

视在计算负荷 $S_{30}=17.38/0.5=34.76(\text{kVA})$

计算电流 $I_{30}=34.76/(\sqrt{3}\times0.38)\approx52.8(\text{A})$

（3）低压干线的计算负荷。

低压干线是给多组不同工作制的用电设备供电的，如通风机组、机床组、水泵组等，因此，其计算负荷也就是图 4.37 中 C 点的计算负荷。应先分别计算出 D 层面每组（如机床组、通风机组等）的计算负荷，然后将每组有功计算负荷、无功计算负荷分别相加，乘以同时系数，得到 C 点的总的有功计算负荷 P_{30} 和无功计算负荷 Q_{30}，最后确定视在计算负荷 S_{30} 和计算电流 I_{30}，即

$$\left.\begin{aligned} P_{30} &= K_{\Sigma 1}\sum_{i=1}^{n} P_{30(i)} \\ Q_{30} &= K_{\Sigma 1}\sum_{i=1}^{n} Q_{30(i)} \\ S_{30} &= \sqrt{P_{30}^{2}+Q_{30}^{2}} \\ I_{30} &= \frac{S_{30}}{\sqrt{3}U_{\mathrm{N}}} \end{aligned}\right\}$$

【例 4.3】 某机修车间 380V 低压干线接有如下设备。

（1）小批量生产冷加工机床电动机：7kW3 台，4.5kW8 台，2.8kW17 台，1.7kW10 台。

（2）吊车电动机：$\varepsilon_{\mathrm{N}}=15\%$时铭牌容量为 18kW、$\cos\varphi=0.7$ 共 2 台，互为备用。

（3）专用通风机：2.8kW2 台。

试用需要系数法求各用电设备组和低压干线（C 点）的计算负荷。

【解】 显然，各用电设备组工作性质相同，需要系数相同，因此先求出各用电设备组的计算负荷。

① 冷加工机床组。

设备容量 $P_{e(1)}=7\times3+4.5\times8+2.8\times17+1.7\times10=121.6(\mathrm{kW})$

查表，取 $K_{\mathrm{d}}=0.20$、$\cos\varphi=0.50$、$\tan\varphi=1.73$，则

$$P_{30(1)}=K_{\mathrm{d}}P_{e(1)}=0.2\times121.6=24.32(\mathrm{kW})$$

$$Q_{30(1)}=P_{30(1)}\tan\varphi=24.32\times1.73\approx42.07(\mathrm{kvar})$$

② 吊车组（备用容量不计入）。

设备容量 $P_{e(2)}=2\sqrt{\varepsilon_{\mathrm{N}}}\times P_{\mathrm{N}}=2\times\sqrt{0.15}\times18\approx13.94(\mathrm{kW})$

查表，取 $K_{\mathrm{d}}=0.15$、$\cos\varphi=0.50$、$\tan\varphi=1.73$，则

$$P_{30(2)}=K_{\mathrm{d}}P_{e(2)}=0.15\times13.94\approx2.09(\mathrm{kW})$$

$$Q_{30(2)}=P_{30(2)}\tan\varphi=2.09\times1.73\approx3.62(\mathrm{kvar})$$

③ 通风机组。

设备容量 $P_{e(3)}=2\times2.8=5.6(\mathrm{kW})$

查表，取 $K_{\mathrm{d}}=0.80$、$\cos\varphi=0.80$、$\tan\varphi=0.75$，则

$$P_{30(3)}=K_{\mathrm{d}}P_{e(3)}=0.80\times5.6=4.48(\mathrm{kW})$$

$$Q_{30(3)}=P_{30(3)}\tan\varphi=4.48\times0.75=3.36(\mathrm{kvar})$$

④ 低压干线的计算负荷（取 $K_{\Sigma 1}=0.90$）。

总有功功率

$$
\begin{aligned}
P_{30} &= K_{\Sigma 1}\left[P_{30(1)}+P_{30(2)}+P_{30(3)}\right] \\
&= 0.90\times(24.32+2.09+4.48) \\
&\approx 27.80(\text{kW})
\end{aligned}
$$

(4) 低压母线的计算负荷。

确定低压母线上的计算负荷也就是确定图 4.37 中 B 点的计算负荷。B 点计算负荷的确定类似于 C 点。同样，考虑到各低压干线的最大负荷不一定同时出现，因此在确定 B 点的计算负荷时，也引入一个同时系数，即

$$
\left.
\begin{aligned}
P_{30} &= K_{\Sigma 2}\sum_{i=1}^{n} P_{30(i)} \\
Q_{30} &= K_{\Sigma 2}\sum_{i=1}^{n} Q_{30(i)} \\
S_{30} &= \sqrt{P_{30}^{2}+Q_{30}^{2}} \\
I_{30} &= \frac{S_{30}}{\sqrt{3}U_{\mathrm{N}}}
\end{aligned}
\right\}
$$

4.3.3 单相负荷计算

在用电设备中，除了广泛应用三相设备（如三相交流电动机），还有不少单相用电设备（如照明、电焊机、单相电炉等）。这些单相用电设备有的接在相电压上，有的接在线电压上，通常将这些单相用电设备容量换算成三相设备容量，以确定其计算负荷。

当多台单相用电设备的设备功率小于计算范围内三相设备的 15%时，按三相平衡负荷计算，可不换算。

单相负荷计算

1. 仅存在单相负荷时，转化为等效三相负荷

工程上，单相负荷应尽可能均衡地分配在三相线路上，此时三相等效的设备功率为最大相设备功率的 3 倍。

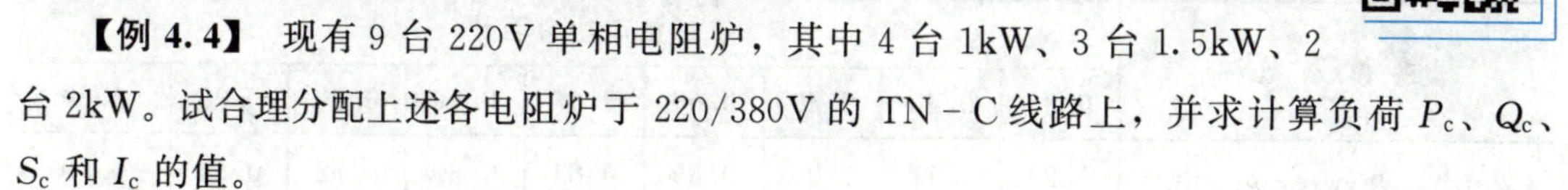

【例 4.4】 现有 9 台 220V 单相电阻炉，其中 4 台 1kW、3 台 1.5kW、2 台 2kW。试合理分配上述各电阻炉于 220/380V 的 TN－C 线路上，并求计算负荷 P_{c}、Q_{c}、S_{c} 和 I_{c} 的值。

【解】 负荷在各相分配。A 相：4 台 1kW，共 4kW；B 相：3 台 1.5kW，共 4.5kW；C 相：2 台 2kW，共 4kW。

(1) 各相的设备功率为

$$
P_{\mathrm{eA}}=4\text{kW} \qquad P_{\mathrm{eB}}=4.5\text{kW} \qquad P_{\mathrm{eC}}=4\text{kW}
$$

(2) 等效的三相设备功率为

$$
P_{\mathrm{e(eq)}}=3P_{\mathrm{e(max)}}=3\times4.5=13.5(\text{kW})
$$

(3) 计算负荷。查表知电阻炉设备组的 $K_{\mathrm{d}}=0.62$、$\cos\varphi=0.80$、$\tan\varphi=0.75$，则

$$
P_{\mathrm{c}}=K_{\mathrm{d}}P_{\mathrm{e(eq)}}=0.62\times13.5=8.37(\text{kW})
$$

$$
Q_{\mathrm{c}}=P_{\mathrm{c}}\tan\varphi=8.37\times0.75\approx6.28(\text{kvar})
$$

$$S_c=\sqrt{P_c^2+Q_c^2}=\sqrt{8.37^2+6.28^2}\approx 10.46(\text{kVA})$$

$$I_c=\frac{S_c}{\sqrt{3}U_N}=\frac{10.46\times 10^3}{\sqrt{3}\times 380}\approx 15.89(\text{A})$$

2. 仅存在单相线间负荷时，转化为等效三相负荷

只有单相线间负荷时，将各线间负荷相加，选取较大两项数据进行计算。

若 $P_{UV}\geqslant P_{VW}\geqslant P_{WU}$，则有

$$P_d=\sqrt{3}P_{UV}+(3-\sqrt{3})P_{VW}\approx 1.73P_{UV}+1.27P_{VW}$$

当 $P_{UV}=P_{UW}$ 时 $\qquad P_d=3P_{UV}$

当只有 P_{UV} 时 $\qquad P_d=\sqrt{3}P_{UV}$

式中，P_{UV}、P_{VW}、P_{WU}——接于 UV、VW、WU 线间负荷，kW。

3. 既存在单相相负荷，又存在单相线间负荷时，转化为等效三相负荷

（1）先将线间负荷换算为相负荷，各相负荷分别为

U 相
$$P_U=P_{UV}p_{(UV)U}+P_{WU}p_{(WU)U}$$
$$Q_U=P_{UV}q_{(UV)U}+P_{WU}q_{(WU)U}$$

V 相
$$P_V=P_{UV}p_{(UV)V}+P_{VW}p_{(VW)V}$$
$$Q_V=P_{UV}q_{(UV)V}+P_{VW}q_{(VW)V}$$

W 相
$$P_W=P_{VW}p_{(VW)W}+P_{WU}p_{(WU)W}$$
$$Q_W=P_{VW}q_{(VW)W}+P_{WU}q_{(WU)W}$$

式中，P_{UV}、P_{VW}、P_{WU}——接于 UV、VW、WU 线间负荷，kW；

P_U、P_V、P_W——换算为 U、V、W 相有功负荷，kW；

Q_U、Q_V、Q_W——换算为 U、V、W 相无功负荷，kvar；

$p_{(UV)U}$、$q_{(UV)U}$——接于 UV 线间负荷换算为 U 相负荷的有功及无功换算系数。

线间负荷换算为相负荷的有功及无功换算系数见表 4-8。

表 4-8　线间负荷换算为相负荷的有功及无功换算系数

换算系数	负荷功率因数								
	0.35	0.40	0.50	0.60	0.65	0.70	0.80	0.90	1.00
$p_{(UV)U}$、$p_{(VW)V}$、$p_{(WU)W}$	1.27	1.17	1.00	0.89	0.84	0.80	0.72	0.64	0.50
$p_{(UV)V}$、$p_{(VW)W}$、$p_{(WU)U}$	−0.27	−1.07	0	0.11	0.16	0.20	0.28	0.36	0.50
$q_{(UV)U}$、$q_{(VW)V}$、$q_{(WU)W}$	1.05	0.86	0.58	0.38	0.30	0.22	0.09	−0.05	−0.29
$q_{(UV)V}$、$q_{(VW)W}$、$q_{(WU)U}$	1.63	1.44	1.16	0.96	0.88	0.80	0.67	0.53	0.29

（2）利用需要系数法分别求出 220V 单相负荷在 A、B、C 三相中的有功、无功计算负荷，以及 380V 单相负荷折算成 220V 单相负荷后在 A、B、C 三相中的等效有功、无功计算负荷，并把求出的各相中的计算负荷对应相加，从而得到各相总的有功、无功计算负荷。

（3）总的等效三相有功、无功计算负荷分别为最大有功、无功负荷相的有功、无功计

算负荷的3倍。这里必须指出，最大有功负荷相和最大无功负荷相不一定在同一相内。

4.3.4 尖峰电流的确定

在电气设备运行中，由于电动机的启动、电压波动等诸方面的因素会出现短时间的比计算电流大几倍的电流，这种电流称为尖峰电流，其持续时间一般为1～2s。电动机启动电流一般是其额定电流的4～7倍，一旦启动完成，电动机立即恢复到正常的额定电流。尖峰电流是选择熔断器、整定自动空气开关、整定继电保护装置及计算电压波动时的重要依据。

接有多台电动机的配电线路，只考虑一台电动机启动时的尖峰电流可按下式确定。

(1) **单台设备尖峰电流的计算**。对于只接单台电动机或电焊机的支线，其尖峰电流就是其启动电流，即 $I_{pk}=I_{st}=K_{st}I_N$。

(2) **多台设备尖峰电流的计算**。对于接有多台电动机的配电线路，其尖峰电流 $I_{pk}=I_{30}+(I_{st}-I_N)_{max}$。

两台及以上设备的电动机有可能同时启动时，尖峰电流根据实际情况确定。

4.3.5 电网损耗计算及无功功率补偿

为了合理选择变电所各种主要电气设备的规格、型号，以及向供电部门提出用电容量申请，必须确定总的计算负荷 S_{30} 和 I_{30}。在前述的内容中，已经用需要系数法确定了低压干线的计算负荷，但要确定总的计算负荷，还要考虑线路和变压器的功率损耗。

1. 供电系统的功率损耗

1) **线路功率损耗的计算**

供电线路的三相有功功率损耗和三相无功功率损耗分别为

$$\Delta P_{WL}=3I_{30}^2R_{WL}\times10^{-3}(\text{kW})$$

$$\Delta Q_{WL}=3I_{30}^2X_{WL}\times10^{-3}(\text{kvar})$$

$$R_{WL}=R_0l$$

$$X_{WL}=X_0l$$

式中，I_{30}为线路的计算电流，A；R_{WL}为线路的每相电阻，Ω；l为线路长度；R_0为线路单位长度的电阻，可查有关手册，Ω；X_{WL}为线路的每相电抗，Ω；X_0为线路单位长度的电抗，可查有关手册，Ω。

2) **电力变压器功率损耗的计算**

在工程设计中，变压器的有功功率损耗和无功功率损耗可以按下式估算。

对普通变压器

$$\Delta P_T\approx0.02S_{30}$$

$$\Delta Q_T\approx0.08S_{30}$$

对低损耗变压器

$$\Delta P_T\approx0.015S_{30}$$

$$\Delta Q_T\approx0.06S_{30}$$

2. 无功功率的补偿

功率因数 $\cos\varphi$ 值的大小反映了用电设备在消耗一定数量有功功率的同时向供电系统

取用无功功率的多少，功率因数高（如 $\cos\varphi=0.90$）则取用的无功功率小，功率因数低（如 $\cos\varphi=0.50$）则取用的无功功率大。

功率因数过低对供电系统是很不利的，它使供电设备（如变压器、输电线路等）电能损耗增加，供电电网的电压损失加大，同时也降低了供电设备的供电能力。

依据最大负荷 P_{max}（计算负荷 P_{30}）所确定的功率因数，称为最大负荷时的功率因数，即 $\cos\varphi=P_{30}/S_{30}$。

提高功率因数通常有两个途径：优先采用提高自然功率因数，即提高电动机、变压器等设备的负荷率，或是降低用电设备消耗的无功功率。但自然功率因数的提高往往有限，一般还需采用人工补偿装置来提高功率因数。无功补偿装置可选择同步电动机或并联电容器等。

练习题4.3

1. 某车间有一台吊车，其额定功率 $P_N=29.7\text{kW}(\varepsilon_N=45\%)$，$\eta=0.8$，$\cos\varphi=0.50$，其设备容量为多少？

2. 某220V单相电焊变压器，其额定容量 $S_N=50\text{kVA}$，$\varepsilon_N=60\%$，$\cos\varphi=0.65$，$\eta=0.93$，试求该电焊变压器的计算负荷。

3. 已知一大批生产的冷加工机床组，拥有电压380V的三相交流电动机7kW的3台、4.5kW的8台、2.8kW的17台、1.7kW的10台，试求其计算负荷。

4. 220/380V的配电线路上接有3台380V单相对焊机，其中接于A相和B相之间的额定功率为20kW，接于B相和C相之间的额定功率为18kW，接于C相和A相之间的额定功率为30kW，3台设备的 ε_N 均为100%，试确定配电线路的计算负荷。

5. 如图4.38所示的220/380V三相四线制线路上，接有220V单相电热箱4台，其中2台10kW接于A相，1台30kW接于B相，1台20kW接于C相。另有380V单相对焊机4台，其中2台14kW（$\varepsilon=100\%$）接于AB相间，1台20kW（$\varepsilon=100\%$）接于BC相间，1台30kW（$\varepsilon=60\%$）接于CA相间，试求此线路的计算负荷。

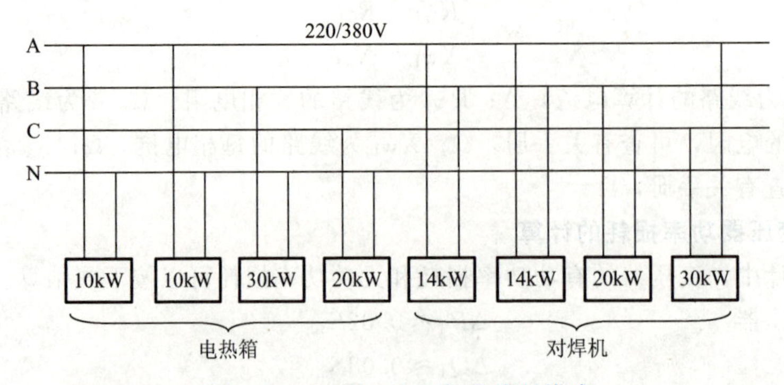

图4.38　220/380V三相四线制线路

6. 有一条35kV高压线路给某工厂变电所供电。已知该线路长度为12km，采用钢芯铝线LGJ-70，导线的几何均距为2.5m，变电所的总视在计算负荷 $S_{30}=4917\text{kVA}$。试计算此高压线路的有功功率损耗和无功功率损耗。

7. 已知某车间变电所选用变压器的型号为 S9－1000/10，电压 10/0.4kV，其技术数据如下：空载损耗 $\Delta P_0=1.7$kW，短路损耗 $\Delta P_K=10.3$kW，短路电压百分值 $U_K\%=4.5$，空载电流百分值 $I_0\%=0.7$，该车间的 $S_{30}=800$kVA。试计算该变压器的有功功率损耗和无功功率损耗。

任务 4.4 短路电流计算

任务说明	完成某 10/0.4kV 配电工程短路电流计算
学习目标	具备一般配电工程短路电流计算的能力
工作依据	教材、图纸、手册、规范
实施步骤	1. 以配电工程主接线为根据绘出短路的计算电路图，并根据短路计算目的确定短路计算点 2. 确定基准值，取 $S_d=100$MVA，$U_d=U_c$，并求出所有短路计算点电压下的 I_d 3. 计算短路电路中所有主要元件的电抗标幺值 4. 绘出短路电路的等效电路图，用分子标元件序号，分母标元件的电抗标幺值，并在等效电路图上标出所有短路计算点 5. 针对各短路计算点分别化简电路，并求其总电抗标幺值，然后按有关公式计算其所有短路电流和短路容量
任务成果	列出某 10/0.4kV 配电工程短路电流计算表

4.4.1 概述

在工业和民用建筑中，正常的生产经营、办公等活动及人们的正常生活都要求供电系统保证持续、安全、可靠地运行。但由于各种原因，系统会经常出现故障，使正常运行状态遭到破坏，其中短路是系统常见的严重故障。

1. 短路的原因和危害

所谓短路，就是系统中各种类型不正常的相与相之间或相与地之间的短接。系统发生短路的原因主要包括设备原因、自然原因和人为原因。

短路的危害包括：短路电流的热效应、短路电流的电动力效应、短路时系统电压下降、不对称短路的磁效应和短路时的停电事故。

2. 短路的类型

在三相系统中，可能发生的短路类型有三相短路、两相短路、两相接地短路和单相短路，如图 4.39 所示。

(1) 三相短路是对称短路，用 $k^{(3)}$ 表示，如图 4.39(a) 所示。因为短路回路的三相阻

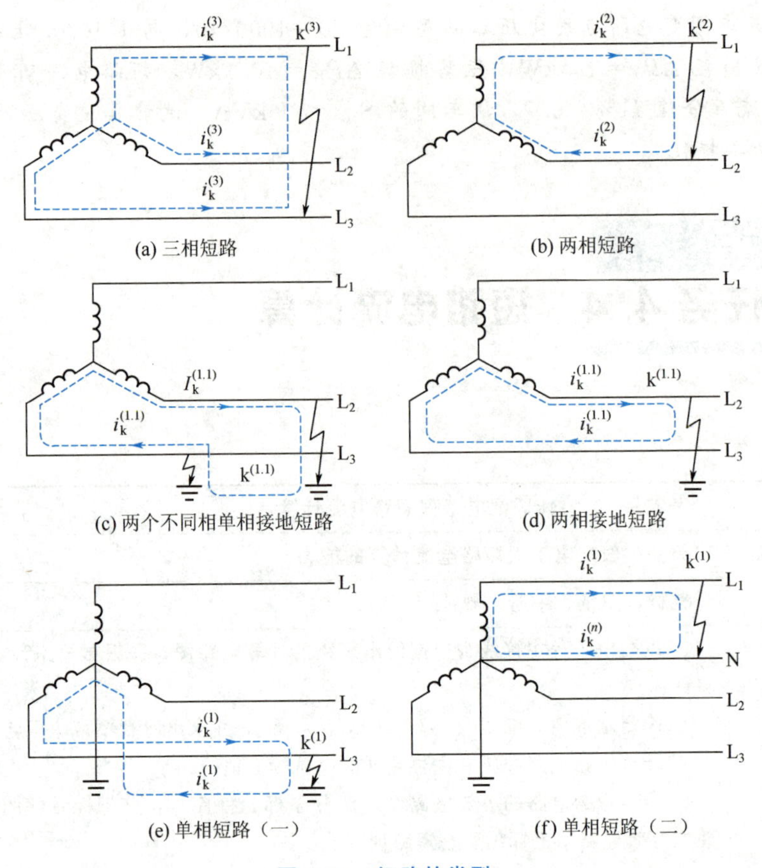

图 4.39　短路的类型

抗相等，所以三相短路电流和电压仍然是对称的，只是电流比正常值增大，电压比额定值降低。三相短路发生的概率最小，只有 5%左右，但它却是危害最严重的短路形式。

（2）两相短路是不对称短路，用 $k^{(2)}$ 表示，如图 4.39(b) 所示。两相短路发生的概率为 10%～15%。

（3）两相接地短路也是一种不对称短路，用 $k^{(1.1)}$ 表示，如图 4.39(c)、(d) 所示。它是指中性点不接地系统中两个不同的相均发生单相接地而形成的两相短路，亦指两相短路后又接地的情况。两相接地短路发生的概率为 10%～20%。

（4）单相短路用 $k^{(1)}$ 表示，如图 4.39(e)、(f) 所示，也是一种不对称短路。它的危害虽不如其他短路形式严重，但在中性点直接接地系统中发生的概率最高，占短路故障的 65%～70%。

3. 短路计算的目的

（1）**电气主接线比选**。短路电流计算可为不同方案进行技术经济比较，并为确定是否采取限制短路电流措施等提供依据。

（2）**选择导体和电器**，如选择断路器、隔离开关、熔断器、互感器、母线、绝缘子、电缆、架空线等。其中包括计算三相短路冲击电流、冲击电流有效值以校验电气设备电动力稳定度，计算三相短路电流稳态有效值以校验电气设备及载流导体的热稳定性，计算三相短路容量以校验断路器的遮断能力等。

(3) **确定中性点接地方式**。对于35kV、10kV供电系统，根据单相短路电流可确定中性点接地方式。

(4) **验算接地装置的跨步电压和接触电压**。

(5) **选择继电保护装置和整定计算**。在考虑正确、合理地装设保护装置和校验保护装置灵敏度时，不仅要计算短路故障支路内的三相短路电流值，还需知道其他支路短路电流分布情况；不仅要算出最大运行方式下电路可能出现的最大短路电流值，还应计算最小运行方式下可能出现的最小短路电流值；不仅要计算三相短路电流，而且也要计算两相短路电流，或根据需要计算单相接地电流等。

4. 三相短路过程分析

当短路突然发生时，系统原来的稳定工作状态遭到破坏，需要经过一个暂态过程才能进入短路稳定状态。供电系统中的电流在短路发生时也要增大，经过暂态过程达到新的稳定值。短路电流变化的这一暂态过程不仅与系统参数有关，而且与系统的电源容量有关。为了便于分析问题，假设系统电源电势在短路过程中近似地看作不变，因而便引出了无限大容量电源系统的概念。

所谓无限大容量电源系统，是指当电力系统的电源距短路点的电气距离较远时，由短路而引起的电源输出功率的变化远小于电源的容量，所以可认为电源的容量为无穷大，在短路过程中无限大容量电源系统的频率是恒定的，无限大容量电源系统的端电压也是恒定的。

实际上，真正的无限大容量电源系统是不存在的，然而对于容量相对于用户供电系统容量大得多的电力系统，当用户供电系统的负荷变动甚至发生短路时，电力系统变电所馈电母线上的电压能基本维持不变。在工程计算中，如果以供电电源容量为基准的短路电路计算阻抗不小于3，短路时即认为电源母线电压维持不变，不考虑短路电流交流分量（周期分量）的衰减，可按短路电流不含衰减交流分量的系统，即无限大容量电源系统或远离发电机端短路进行计算。图4.40(a) 为无限大容量电源系统发生三相短路时的电路图，由于三相对称，因此这个三相短路电路可用一个等效单相电路图，即图4.40 (b) 来分析。

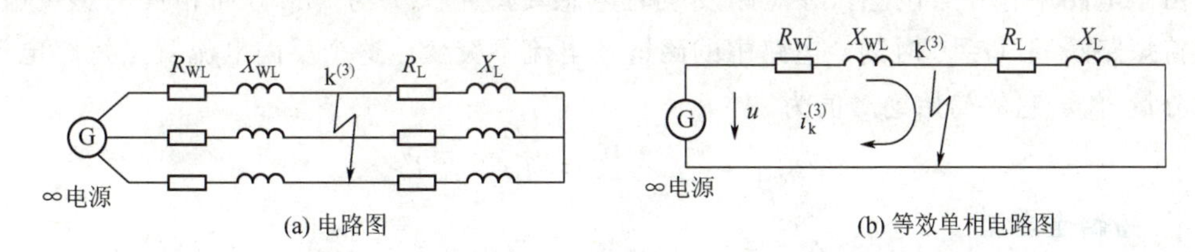

图4.40 无限大容量电源系统发生三相短路时的电路图和等效单相电路图

系统正常运行时，电路中电流取决于电源和电路中所有元件包括负荷在内的总阻抗。当发生三相短路时，图4.40 (a) 所示的电路将被分成两个独立的回路，一个仍与电源相连接，另一个则成为没有电源的短接回路。在这个没有电源的短接回路中，电流将从短路发生瞬间的初始值按指数规律衰减到零。在衰减过程中，回路磁场中所储藏的能量将全部转化成热能。与电源相连的回路由于负荷阻抗和部分线路阻抗被短路，因此电路中的电流要突然增大。但是，由于电路中存在着电感，根据楞次定律，电流又不能突变，因而引起一个过渡过程，即短路暂态过程，最后达到一个新的稳定状态。

图 4.41 表示了无限大容量电源系统发生三相短路前后的电压与电流曲线，从图中可以看出，与无限大容量电源系统相连电路的电流在短路暂态过程中包含两个分量，即周期分量和非周期分量。周期分量属于强制电流，它的大小取决于电源电压和短路回路的阻抗，其幅值在短路暂态过程中保持不变；非周期分量属于自由电流，是为了使电感回路中的磁链和电流不突变而产生的一个感生电流，它的值在短路瞬间最大，接着便以一定的时间常数按指数规律衰减，直到衰减为零。此时短路暂态过程即告结束，系统进入短路稳定状态。

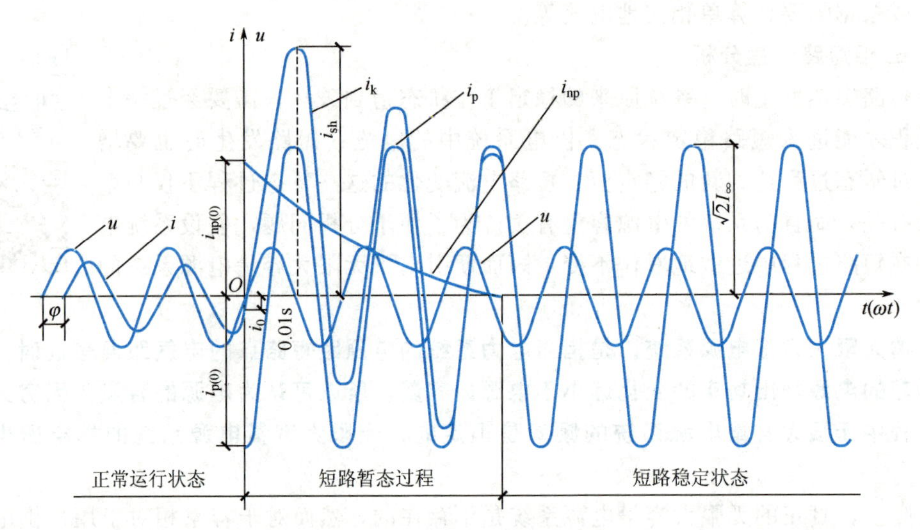

图 4.41　无限大容量电源系统发生三相短路前后的电压与电流曲线

1）**短路电流周期分量**

短路瞬间（$t=0$ 时刻）i_p 突然增大到幅值，即 $i_{p(0)}=I''_m=\sqrt{2}I''$。

由于母线电压不变，其短路电流周期分量的幅值和有效值在短路全过程中维持不变。

2）**短路电流非周期分量**

由于电路中存在着电感，在短路发生时电感要产生一个与 $i_{p(0)}$ 方向相反的感生电流，以维持短路瞬间（$t=0$ 时刻）电路中的磁链和电流不突变。这个反向电流就是短路电流非周期分量 i_{np}，它的初始绝对值为

$$i_{np(0)}=|i_0-I''_m|\approx I''_m=\sqrt{2}I''$$

3）**短路全电流**

任一瞬间的短路全电流 i_k 为其周期分量 i_p 和非周期分量 i_{np} 之和，即

$$i_k=i_p+i_{np}$$

在无限大容量电源系统中，短路电流周期分量的幅值和有效值是始终不变的，习惯上将周期分量的有效值写作 I_k，即 $I_p=I_k$。

4）**短路冲击电流**

从图 4.41 可以看出，短路后经过半个周期（0.01s）短路电流瞬时值达到最大值，这一瞬时电流称为短路冲击电流 i_{sh}。在高压电路中发生三相短路时，一般可取 $K_{sh}=1.8$，所以有

$$i_{sh}=2.55I''$$
$$I_{sh}=1.51I''$$

在1000kVA及以下的电力变压器二次侧及低压电路中发生三相短路时，一般可取$K_{sh}=1.3$，所以有

$$i_{sh}=1.84I''$$
$$I_{sh}=1.09I''$$

5）短路稳态电流

短路电流非周期分量一般经过0.2s就衰减完毕，之后短路电流达到稳定状态，这时的短路电流称为短路稳态电流I_∞。

在无限大容量电源系统中，短路电流周期分量的有效值在短路全过程中始终是恒定的，所以有$I''=I_\infty=I_k=I_p$。

4.4.2 三相短路计算

1. 短路计算的方法

供电系统某处发生短路时，要算出短路电流值，必须首先计算出短路点到电源的回路总阻抗值。电路元件电气参数的计算有两种方法：标幺制法和有名值法。

1）标幺制法

标幺制是一种相对单位制，标幺值是一个无单位的量，为任一参数对其基准值的比值。标幺制法就是将电路元件各参数均用标幺值表示。**在短路电流计算中通常涉及四个基准量，即基准电压U_d、基准电流I_d、基准视在功率S_d和基准阻抗Z_d。**

在高压系统中，由于回路电抗一般远大于电阻，为了方便，在工程上一般可忽略电阻，直接用电抗代替各元件的阻抗，这样$Z_d \approx X_d$。由于电力系统由多个电压等级的网络组成，采用标幺制法可以省去不同电压等级间电气参量的折算。在高压系统中宜采用标幺制法进行短路电流计算。

短路计算中有关物理量一般采用以下单位：**电流为“kA”（千安），电压为“kV”（千伏），短路容量和断流容量为“MVA”（兆伏安），设备容量为“kW”（千瓦）或“kVA”（千伏安）。**

2）有名值法

有名值法就是以实际有名单位给出电路元件参数，这种方法通常用于1kV以下低压配电系统短路电流的计算。

2. 标幺制法的计算方法

标幺制法是相对欧姆法来说的，因其短路计算中的有关物理量采用标幺值而得名。任一物理量的标幺值是它的实际值与所选定的基准值的比值，它是一个相对量，没有单位。标幺值用上标*表示，基准值用下标d表示，即

$$A_d^* = \frac{A}{A_d}$$

标幺制法

按标幺制法进行短路计算时，一般是先进行基准值的选取。

1）基准容量S_d

基准容量S_d在工程设计中通常取100MVA。

2）基准电压 U_d

基准电压 U_d 取元件所在处的短路计算电压，即 $U_d=U_c$。

基准电压 U_d 应取各电压级平均电压（线电压）。线路一般允许有10%的电压损失，当线路末端电压维持在 U_n 时，线路首端电压为 $1.1U_n$，所以各电压级线路的平均电压为 $1.05U_n$（U_n 为系统标称电压）。根据我国电网的电压等级，常用基准值见表4-9。

表4-9 常用基准值（S_d=100MVA）

系统标称电压 U_n/kV	0.38	3	6	10	35	110
基准电压 $U_d=U_{av}$①/kV	0.40	3.15	6.30	10.50	37	115
基准电流 I_d/kA	144.30	18.30	9.16	5.50	1.56	0.50

① $U_d=U_{av}=1.05U_n$，但对于380V，$U_d=cU_n=1.05\times0.38\approx0.4$（kV）。

采用标幺值计算短路电路的总阻抗时，必须先将元件阻抗的有名值和相对值按同一基准容量换算为标幺值，而基准电压采用各元件所在级的平均电压。

3）基准电流和基准电抗

基准电流和基准电抗按下式计算。

$$I_d=\frac{S_d}{\sqrt{3}U_d}$$

$$X_d=\frac{U_d}{\sqrt{3}I_d}=\frac{U_d^2}{S_d}$$

4）电抗标幺值计算

（1）电力系统电抗标幺值为

$$X_s^*=\frac{S_d}{S_{oc}}$$

（2）电力变压器电抗标幺值为

$$X_T^*=\frac{U_k\%S_d}{100S_N}$$

（3）电力线路电抗标幺值为

$$X_{WL}^*=\frac{X_0lS_d}{U_c^2}$$

（4）电抗器电抗标幺值为

$$X_R^*=\frac{X_R\%}{100}\frac{U_N\ S_d}{I_N\sqrt{3}U_c^2}$$

短路电路中各主要元件的电抗标幺值求出以后，即可利用其等效电路图进行电路化简，计算其总电抗标幺值。由于各元件电抗均采用标幺值（相对值），与短路计算点的电压无关，因此无须进行电压换算。

5）计算公式

在无限大容量电源系统中，三相短路电流周期分量有效值的标幺值可按下式计算。

$$I_k^{(3)*}=\frac{I_k^{(3)}}{I_d}=\frac{U_c}{\sqrt{3}X_\Sigma I_d}=\frac{X_d}{X_\Sigma}=\frac{1}{X_\Sigma^*}$$

由此可求得三相短路电流周期分量有效值及三相短路容量的计算公式。

$$S_{k}^{(3)}=\sqrt{3}U_{c}I_{k}^{(3)}=\frac{\sqrt{3}U_{c}I_{d}}{X_{\Sigma}^{*}}=\frac{S_{d}}{X_{\Sigma}^{*}}$$

$$I_{k}^{(3)}=I_{k}^{(3)*}I_{d}=\frac{I_{d}}{X_{\Sigma}^{*}}$$

再利用公式求出其他短路电流。

3. 标幺值短路计算步骤

（1）**绘出短路的计算电路图，并根据短路计算目的确定短路计算点。**

（2）**确定基准值，取 $S_d=100MVA$，$U_d=U_c$（有几个电压级就取几个 U_d），并求出所有短路计算点电压下的 I_d。**

（3）**计算短路电路中所有主要元件的电抗标幺值。**

（4）**绘出短路电路的等效电路图，用分子标元件序号，分母标元件的电抗标幺值，并在等效电路图上标出所有短路计算点。**

（5）**针对各短路计算点分别化简电路，并求其总电抗标幺值，然后按有关公式计算其所有短路电流和短路容量。**

【例 4.5】 供电系统如图 4.42 所示。已知电力系统出口断路器的断流容量为 500MVA，试用标幺制法求用户配电所 10kV 母线 k-1 点短路和车间变电所低压 380V 母线 k-2 点短路的三相短路电流和短路容量。

三相短路电流计算举例

【解】

（1）确定基准值。取 $S_d=100MVA$，$U_{c1}=10.5kV$，$U_{c2}=0.4kV$，于是

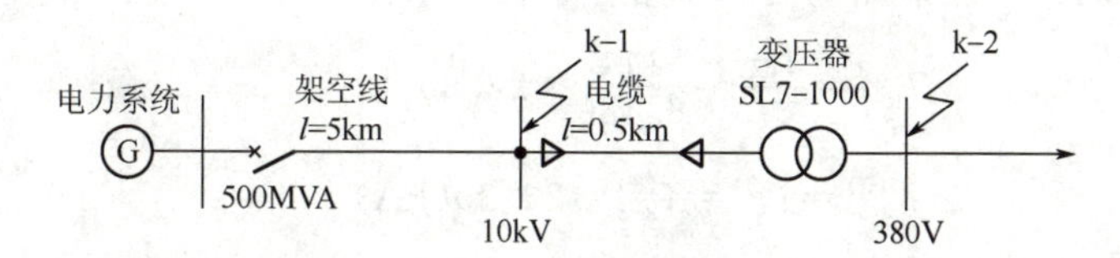

图 4.42 供电系统

$$I_{d1}=\frac{S_{d1}}{\sqrt{3}U_{c1}}=\frac{100}{\sqrt{3}\times 10.5}\approx 5.50(kA)$$

$$I_{d2}=\frac{S_{d2}}{\sqrt{3}U_{c2}}=\frac{100}{\sqrt{3}\times 0.4}\approx 144(kA)$$

（2）绘出等效电路图如图 4.43 所示，并求各元件电抗标幺值。

图 4.43 例 4.5 的等效电路图

电力系统电抗标幺值为

$$X_{s}^{*}=\frac{100}{S_{oc}}=\frac{100}{500}=0.2$$

架空线路电抗标幺值为

$$X_{WL_1}^* = X_0 l_1 \frac{S_d}{U_c^2} = 0.38 \times 5 \times \frac{100}{10.5^2} \approx 1.72$$

电缆线路电抗标幺值为

$$X_{WL_2}^* = X_0 l_2 \frac{S_d}{U_c^2} = 0.08 \times 0.5 \times \frac{100}{10.5^2} \approx 0.036$$

电力变压器电抗标幺值为

$$X_T^* = \frac{U_k\% S_d}{100 S_N} = \frac{4.5 \times 100 \times 10^3}{100 \times 1000} = 4.5$$

(3) 计算三相短路电流和短路容量。k-1点短路时的总电抗标幺值为

$$X_{\Sigma 1}^* = X_s^* + X_{WL_1}^* = 0.2 + 1.72 = 1.92$$

k-1点短路时的三相短路电流和短路容量为

$$I_{k-1}^{(3)} = \frac{I_{d1}}{X_{\Sigma 1}^*} = \frac{5.5}{1.92} \approx 2.86(\text{kA})$$

$$I''^{(3)} = I_\infty^{(3)} = I_{k-1}^{(3)} = 2.86(\text{kA})$$

$$i_{sh}^{(3)} = 2.55 I''^{(3)} = 2.55 \times 2.86 \approx 7.29(\text{kA})$$

$$S_{k-1}^{(3)} = \frac{S_d}{X_{\Sigma 1}^*} = \frac{100}{1.92} \approx 52.08(\text{MVA})$$

k-2点短路时的总电抗标幺值为

$$X_{\Sigma 2}^* = X_s^* + X_{WL_1}^* + X_{WL_2}^* + X_T^* = 0.2 + 1.72 + 0.036 + 4.5 = 6.456$$

k-2点短路时的三相短路电流和短路容量为

$$I_{k-2}^{(3)} = \frac{I_{d2}}{X_{\Sigma 2}^*} = \frac{144}{6.456} \approx 22.30(\text{kA})$$

$$I''^{(3)} = I_\infty^{(3)} = I_{k-2}^{(3)} = 22.30(\text{kA})$$

$$i_{sh}^{(3)} = 1.84 I''^{(3)} = 1.84 \times 22.3 \approx 41.03(\text{kA})$$

$$S_{k-2}^{(3)} = \frac{S_d}{X_{\Sigma 2}^*} = \frac{100}{6.456} \approx 15.49(\text{MVA})$$

短路计算表见表4-10。

表4-10　短路计算表

短路计算点	三相短路电流/kA				三相短路容量/MVA
	$I_k^{(3)}$	$I_\infty^{(3)}$	$i_{sh}^{(3)}$	$I_{sh}^{(3)}$	$S_k^{(3)}$
k-1点	2.86	2.86	7.29	4.32	52.08
k-2点	22.30	22.30	41.03	24.30	15.49

4.4.3 两相及单相短路电流计算

1. 无限大容量电源系统两相短路计算

在无限大容量电源系统中发生两相短路时，两相短路电流可由下式求得。

$$I_k^{(2)}=\frac{U_c}{2|Z_\Sigma|}$$

如果只计电抗，则短路电流为

$$I_k^{(2)}=\frac{U_c}{2Z_\Sigma}=\frac{\sqrt{3}}{2}\times\frac{U_c}{\sqrt{3}X_\Sigma}$$

则两相短路电流可做如下计算。

$$I_k^{(2)}=\sqrt{3}/2I_k^{(3)}\approx 0.866I_k^{(3)}$$

上式说明，无限大容量电源系统中同一地点的两相短路电流为三相短路电流的 0.866 倍，因此，无限大容量电源系统中的两相短路电流可由三相短路电流求出，其他两相短路电流均可按前面三相短路的对应短路电流公式计算。

2. 无限大容量电源系统单相短路计算

在大电流接地系统或三相四线制系统中发生单相短路时，根据对称分量法可知单相短路电流为

$$I_k^{(1)}=\frac{\sqrt{3}\dot{U}_c}{Z_{1\Sigma}+Z_{2\Sigma}+Z_{0\Sigma}}$$

式中，$Z_{1\Sigma}$、$Z_{2\Sigma}$、$Z_{0\Sigma}$分别为单相回路的正序、负序和零序总阻抗。

在工程设计中，经常用来计算低压配电系统单相短路电流的公式为

$$\begin{cases}I_k^{(1)}=\dfrac{U_\phi}{|Z_{\phi\text{-N}}|}\\ I_k^{(1)}=\dfrac{U_\phi}{|Z_{\phi\text{-PE}}|}\\ I_k^{(1)}=\dfrac{U_\phi}{|Z_{\phi\text{-PEN}}|}\end{cases}$$

式中，U_ϕ 为线路的相电压；$Z_{\phi\text{-N}}$为相线与 N 线短路回路的阻抗；$Z_{\phi\text{-PE}}$为相线与 PE 线短路回路的阻抗；$Z_{\phi\text{-PEN}}$为相线与 PEN 线短路回路的阻抗。

在无限大容量电源系统中，两相短路电流和单相短路电流均比三相短路电流小，电气设备的选择与校验应采用三相短路电流，相间短路保护及灵敏度校验应采用两相短路电流，单相短路电流主要用于单相短路保护整定及单相短路热稳定度的校验。

4.4.4 电动机对短路电流的影响

当短路点附近接有大容量电动机时，应把电动机作为附加电源考虑，电动机会向短路点反馈短路电流。短路时，电动机受到迅速制动，反馈电流衰减得非常快，因此该反馈电流仅影响短路冲击电流，而且仅当单台电动机或电动机组容量大于 100kW 时才考虑其

影响。

大容量交流电动机对短路点反馈冲击电流如图 4.44 所示。

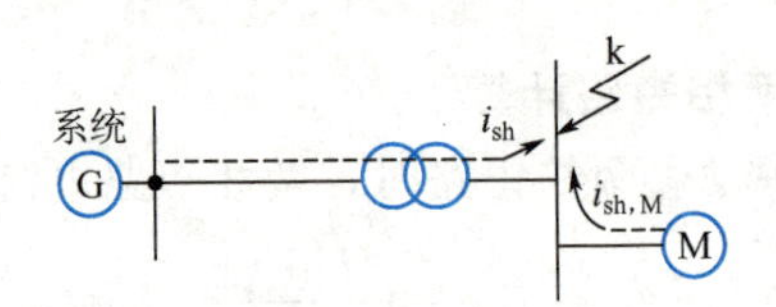

图 4.44　大容量交流电动机对短路点反馈冲击电流

由电动机提供的短路冲击电流可按下式计算。

$$i_{sh,M}=CK_{sh,M}I_{N,M}$$

式中，C 为电动机反馈冲击倍数（感应电动机取 6.5，同步电动机取 7.8，同步补偿机取 10.6，综合性负荷取 3.2）；$K_{sh,M}$ 为电动机短路电流冲击系数（高压电动机可取 1.4～1.7，低压电动机可取 1）；$I_{N,M}$ 为电动机额定电流。

计入电动机反馈冲击的影响后，短路点总短路冲击电流为

$$i_{sh\Sigma}=i_{sh}+i_{sh,M}$$

4.4.5　短路电流的效应和稳定度校验

通过短路计算可知，供电系统发生短路时短路电流是相当大的，如此大的短路电流通过电器和导体一方面要产生很高的温度（热效应），另一方面要产生很大的电动力（电动效应），这两类短路效应对电器和导体的安全运行威胁很大。

1. 短路电流的热效应

发生短路故障时，巨大的短路电流通过导体，能在极短时间内将导体加热到很高的温度，造成电气设备的损坏。因为短路后线路的保护装置很快动作，将故障线路切除，所以短路电流通过导体的时间很短（一般不会超过 2～3s），其热量来不及向周围介质散发，因此可以认为全部热量都用来升高导体的温度了。

一般采用短路稳态电流来等效计算实际短路电流所产生的热量。由于通过导体的实际短路电流并不是短路稳态电流，因此需要假定一个时间，在此时间内，假定导体通过短路稳态电流时所产生的热量恰好与实际短路电流在实际短路时间内所产生的热量相等。这一假想时间称为短路发热的假想时间，用 t_{ima} 表示，如图 4.45 所示。

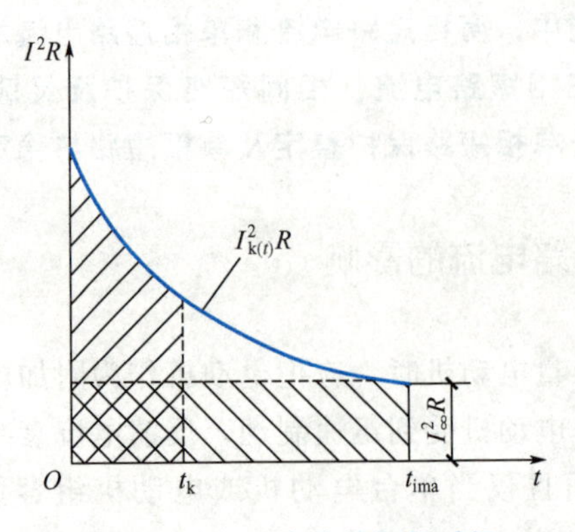

图 4.45　短路发热的假想时间

短路发热的假想时间可用下式近似计算。

$$t_{ima}=t_k+0.05$$

当 $t_k>1s$ 时，可以认为 $t_{ima}=t_k$。

短路时间 t_k 为短路保护装置实际最长的动作时间 t_{op} 与断路器的断路时间 t_{oc} 之和，即 $t_k=t_{oc}+t_{op}$。

对于一般高压油断路器，可取 $t_{oc}=0.2s$；对于高速断路器，可取 $t_{oc}=0.1\sim0.15s$。

实际短路电流通过导体在短路时间内产生的热量等效 $Q_k=I_\infty^2 R_{t_{ima}}$。

2. 短路热稳定度的校验

（1）**对于一般电器**

$$I_t^2 t \geqslant I_\infty^{(3)^2} t_{ima}$$

式中，I_t 为电器的热稳定试验电流（有效值），可从产品样本中查得；t 为电器的热稳定试验时间，可从产品样本中查得。

（2）**对于母线及绝缘导线和电缆等导体**

$$S \geqslant S_{min}=\frac{I_\infty^{(3)}}{C}\sqrt{t_{ima}}$$

式中，S_{min} 为母线、电缆所需的最小截面面积，mm^2；C 为热稳定系数。

导体长期允许工作温度和短路时的允许最高温度及相应的热稳定系数 C，查表 4-11。

表 4-11 导体长期允许工作温度和短路时的允许最高温度及相应的热稳定系数 C

导体种类和材料			导体长期允许工作温度/℃	短路时导体允许最高温度/℃	C 值
硬导体及裸导线	铜		70	300	171
	铝及铝合金		70	200	87
10kV 架空绝缘电缆	铜芯	高密度聚乙烯绝缘	75	150	100×10^2
		交联聚乙烯绝缘	90	250	137×10^2
	铝芯	高密度聚乙烯绝缘	75	150	66×10^2
		交联聚乙烯绝缘	90	250	90×10^2
1～30kV 聚氯乙烯绝缘电缆	铜芯：≤300mm²		70	160	115×10^2
	铝芯：≤300mm²		70	160	72×10^2
≤110kV 交联聚乙烯绝缘电缆	铜芯：≤300mm²		90	250	137×10^2
	铝芯：≤300mm²		90	250	90×10^2

【例 4.6】 已知某车间变电所 380V 侧采用 80mm×10mm 铝母线，其三相短路稳态电流为 36.5kA，短路保护动作时间为 0.5s，低压断路器的断路时间为 0.05s，试校验此母线的热稳定度。

【解】 查表得 $C=87$。

因为 $t_{ima}=t_k+0.05=t_{oc}+t_{op}+0.05=0.05+0.5+0.05=0.6(s)$

所以 $$S_{min}=\frac{I_{\infty}^{(3)}}{C}\sqrt{t_{ima}}=\frac{36500}{87}\times\sqrt{0.6}\approx325(mm^2)$$

由于母线的实际截面面积 $S=800mm^2$，大于 $S_{min}=325mm^2$，因此该母线满足短路热稳定度的要求。

3. 短路电流的电动效应

电流通过载流导体时，导体相互之间会产生电动力的作用。在一般情况下，载流导体流过的是正常工作电流，电动力并不大。但当供电系统短路时，短路电流特别是短路冲击电流将使相邻导体之间产生很大的电动力，有可能使电器和载流导体遭受严重破坏。为此，要使电路元件能承受短路时最大电动力的作用，电路元件必须具有足够的电动稳定度。

在短路电流中，三相短路冲击电流 $i_{sh}^{(3)}$ 为最大，且三相短路时 $i_{sh}^{(3)}$ 在导体中间相产生的电动力最大，其电动力 $F^{(3)}$（N/A^2）可用下式表示。

$$F^{(3)}=\sqrt{3}\times i_{sh}^{(3)^2}\times\frac{L}{a}\times10^{-7}$$

式中，L 为导体两支撑点间的距离，即档距，m；$i_{sh}^{(3)}$ 为三相短路冲击电流，A；a 为两导体间的轴线距离，m。

4. 短路动稳定度的校验

电器和导体动稳定度的校验需根据校验对象的不同而采用不同的校验条件。

（1）对于一般电器

$$i_{max}\geqslant i_{sh}^{(3)} \quad 或 \quad I_{max}\geqslant I_{sh}^{(3)}$$

式中，i_{max} 和 I_{max} 分别为电器极限通过电流（动稳定电流）的峰值和有效值，可查有关手册或产品样本。

（2）对于绝缘子

$$F_{al}\geqslant F_{c}^{(3)}$$

式中，F_{al} 为绝缘子的最大允许载荷，可由有关手册或产品样本查得；$F_{c}^{(3)}$ 为短路时作用于绝缘子上的计算力。

（3）对母线等硬导体

$$\sigma_{al}\geqslant\sigma_{c}$$

式中，σ_{al} 为母线材料的最大允许应力，Pa（N/m^2），硬铜母线为 140MPa，硬铝母线为 70MPa；σ_{c} 为母线通过 $i_{sh}^{(3)}$ 所受到的最大计算应力。

对于电缆，因其机械强度较高，可不必校验其短路动稳定度。

练习题4.4

一、简述题

1. 短路故障产生的原因有哪些？短路电力系统有哪些危害？
2. 短路计算的目的是什么？
3. 什么是短路电流的电动效应？为什么要采用短路冲击电流来计算？

4. 什么是短路电流的热效应？为什么要采用短路稳态电流来计算？什么叫短路发热的假想时间？如何计算？

二、计算题

1. 有一地区变电站通过一条长 4km 的 10kV 电缆线路，供电给某建筑物一个装有两台并列运行的 SL7－800 型主变压器的变电所。地区变电站出口断路器的断流容量为 300MVA。试求该变电所 10kV 高压侧和 380V 低压侧的短路电流 I_k、I_{sh}、i_{sh}及短路容量 S_k，并列出短路计算表。

2. 通过 6kV 侧断路器 QF 的最大三相短路电流为 34kA，短路电流持续时间为 430ms，短路电流直流分量等效时间为 50ms，变压器 6kV 短路视为远端短路，冲击系数 $K_p=1.8$，断路器 QF 的短路耐受能力为 25kA/3s，峰值耐受电流为 63kA，试通过计算判断该断路器是否能通过动、热稳定度校验。

任务 4.5 电气设备的选择

任务说明	在前面负荷计算、短路电流计算结果的基础上，根据《工业与民用供配电设计手册》中对高压电气设备、低压电气设备选择的要求，查阅相关产品样本，验算某配电工程中各电气设备选用的参数，掌握常用设备选择
学习目标	初步具有配电工程电气设备选择的能力
工作依据	教材、手册、规范、负荷计算和短路电流计算结果
实施步骤	1. 认真学习《工业与民用供配电设计手册》关于配电工程高压电气设备、低压电气设备选择的要求 2. 依据前面电气主接线形式、负荷计算、短路电流计算结果，依次对该配电工程高低压电器的型号、参数进行验算 3. 填写电气设备类型与参数选择的计算书
任务成果	电气设备类型与参数选择的计算书

常用的高低压一次设备是指断路器、负荷开关、隔离开关、互感器、熔断器及由以上开关电器及附属装置所组成的成套配电装置（高压开关柜和低压配电屏）等。下面分别介绍它们的结构与原理，以便正确、合理地选择和使用。

4.5.1 高压电器及开关柜

1. 高压熔断器（FU）

高压熔断器是在电路电流超过规定值并经过一定时间后，使熔体熔化而分断电流、断开电路的一种保护电器。

(1) **功能：** 主要是对电路及设备进行短路保护，有的熔断器还具有过负荷保护的功能。

(2) **特点：** 结构简单，是应用最广泛的保护电器。

(3) **图形符号：**

(4) **文字符号：** FU。

(5) **型号的表示和含义：**

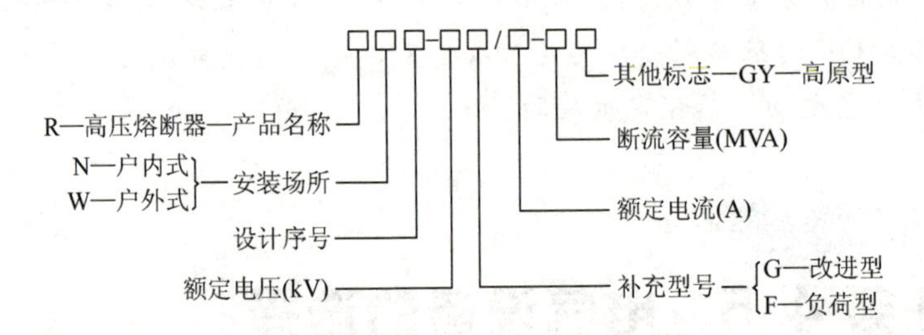

(6) **分类：** 高压熔断器一般可分为管式和跌落式两类。户内广泛采用管式，户外采用跌落式。由于管式熔断器在开断电路时无游离气体排出，因此户内采用的高压熔断器多为RN1、RN2型。

① RN1和RN2型户内高压管式熔断器（限流式）。RN1型主要用于高压电路和设备的短路保护（额定电流可达100A）。RN1、RN2型户内高压管式熔断器外形如图4.46所示。

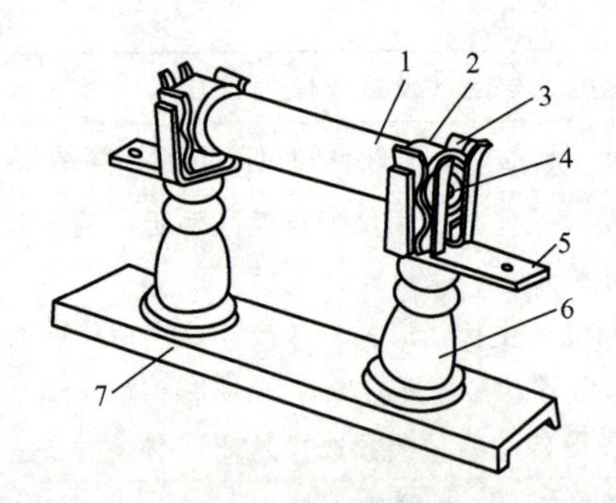

1—瓷熔管；2—金属管帽；3—弹性触座；4—熔断指示器；
5—接线端子；6—支柱绝缘子；7—底座。

图4.46 RN1、RN2型户内高压管式熔断器外形

② RW4和RW10（F）型户外高压跌落式熔断器，既可作6～10kV线路和设备的短路保护，又可在一定条件下，用高压绝缘钩棒操作瓷熔管的分合，起高压隔离开关的作用。RW4-10(G)型户外高压跌落式熔断器外形如图4.47所示。

2. 高压隔离开关（QS）

高压隔离开关也称刀闸，是建筑供电系统中使用最多的一种高压开关电器。GN8-10/600型高压隔离开关外形如图4.48所示。

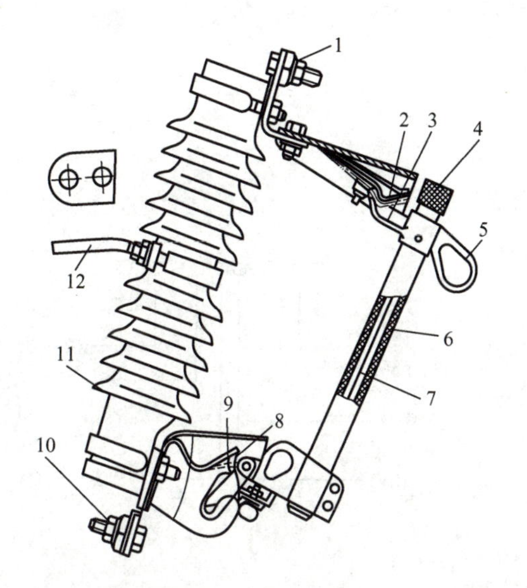

1—上接线端子；2—上静触头；3—上动触头；4—管帽；5—操作环；
6—熔管（内套纤维质消弧管）；7—铜熔丝；8—下动触头；9—下静触头；10—下接线端子；
11—绝缘瓷瓶；12—固定安装板。

图 4.47 RW4－10(G)型户外高压跌落式熔断器外形

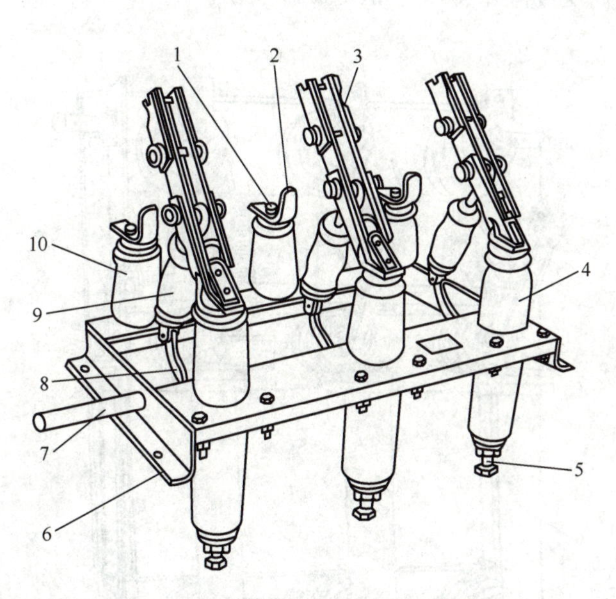

1—上接线端子；2—静触头；3—闸刀；4—绝缘套管；5—下接线端子；6—框架；
7—转轴；8—拐臂；9—升降瓷瓶；10—支柱绝缘子。

图 4.48 GN8－10/600 型高压隔离开关外形

（1）**功能**：隔离高压电源，保证其他电气设备的安全检修。

（2）**特点**：断开后有明显可见的断开间隙，而且断开间隙的绝缘及相间绝缘都是足够可靠的，能够充分保证人身和设备的安全；没有专门的灭弧装置，因此不允许带负荷操作，但可用来通断一定的小电流，如励磁电流不超过 2A 的空载变压器、电容电流不超过 5A 的空载线路及电压互感器和避雷器等。

（3）**图形符号**：

（4）**文字符号**：QS。

（5）**型号的表示和含义**：

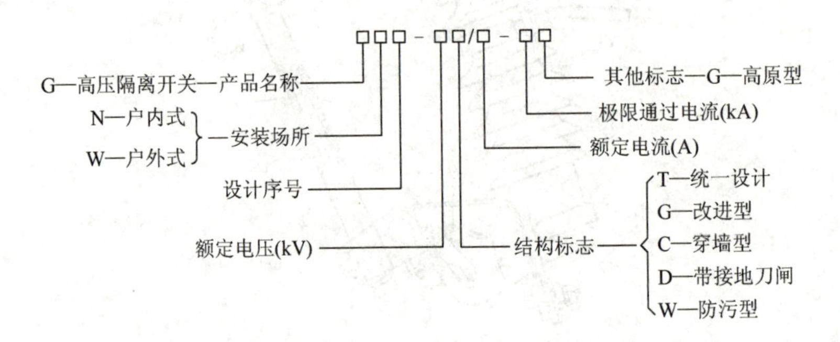

（6）**分类**：高压隔离开关按使用场所分为户内式和户外式两类；按有无接地可分为不接地、单接地和双接地三类。

3. 高压负荷开关（QL）

FN3－10RT 型高压负荷开关外形如图 4.49 所示。

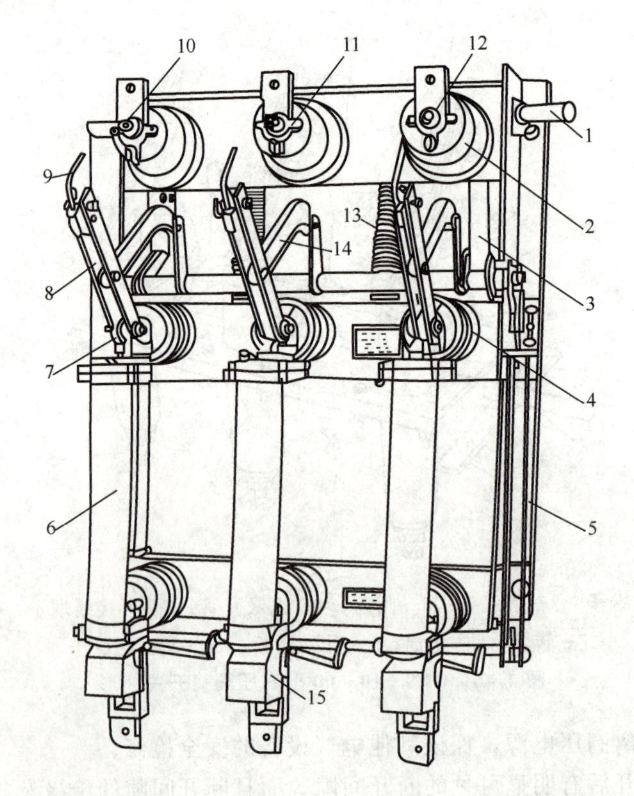

1—主轴；2—上绝缘子兼气缸；3—连杆；4—下绝缘子；5—框架；6—RN1 型高压熔断器；7—下触座；8—闸刀；9—弧动触头；10—绝缘喷嘴（内有弧静触头）；11—主静触头；12—上触座；13—断路弹簧；14—绝缘拉杆；15—热脱扣器。

图 4.49　FN3－10RT 型高压负荷开关外形

（1）**功能**：能通断一定的负荷电流和过负荷电流，不能断开短路电流，与高压熔断器配合使用。

（2）**特点**：与高压隔离开关一样具有明显可见的断开间隙，具有简单的灭弧装置，因而能通断一定的负荷电流和过负荷电流，但不能断开短路电流，因此它必须与高压熔断器串联使用，借助熔断器切断故障电流。

（3）**图形符号**：

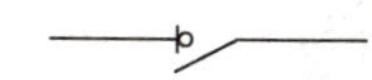

（4）**文字符号**：QL。

高压断路器

（5）**型号的表示和含义**：

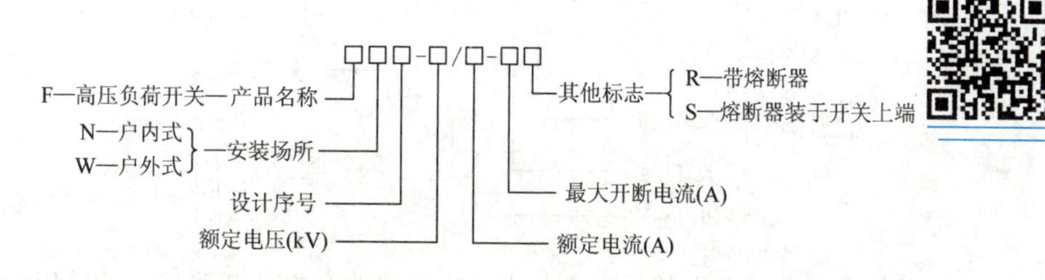

4. 高压断路器（QF）

高压断路器是高压供电系统中重要的电气设备之一。SN10－10型高压少油断路器外形如图4.50所示。

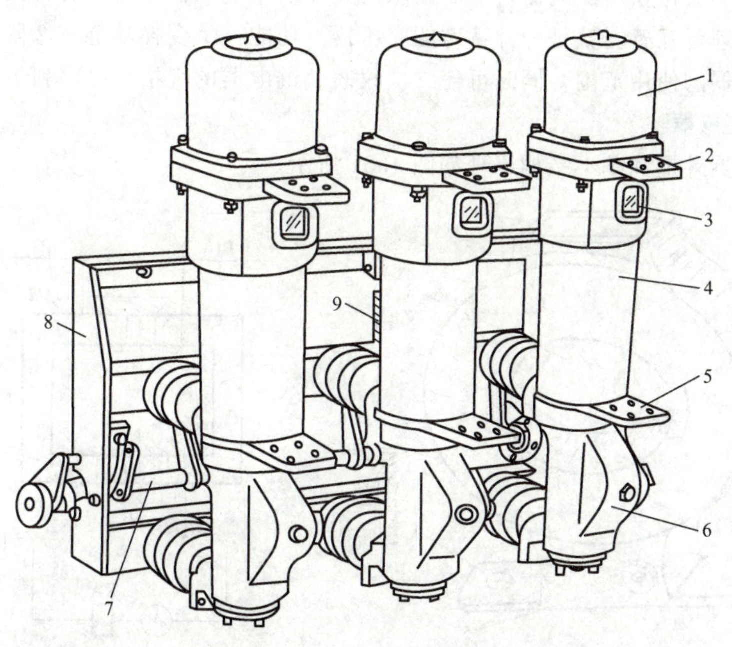

1—铝帽；2—上接线端子；3—油标；4—绝缘筒；5—下接线端子；
6—基座；7—主轴；8—框架；9—断路弹簧。

图4.50　SN10－10型高压少油断路器外形

（1）**功能**：能通断负荷电流和短路电流，并能在保护装置作用下自动跳闸，切除短路故障。

（2）**特点**：没有明显可见的断开间隙，有灭弧装置。

（3）**图形符号**：

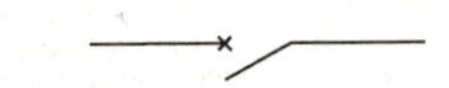

（4）**文字符号**：QF。

（5）**型号的表示和含义**：

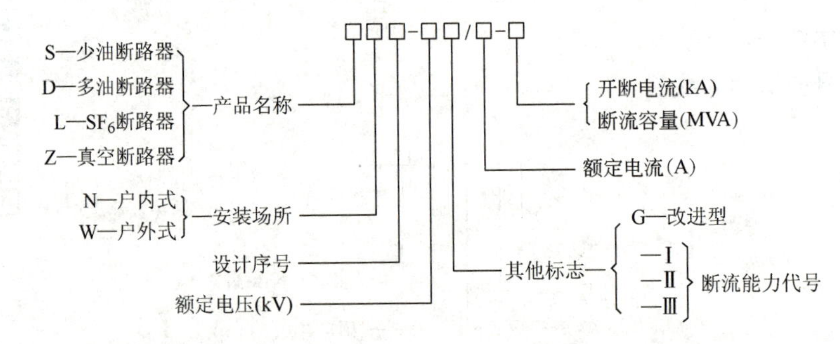

（6）**分类**：高压断路器按使用场合分为户内断路器和户外断路器；按采用的灭弧介质分为压缩空气断路器、油断路器、真空断路器、SF_6 断路器等。

5. 电流互感器和电压互感器

电流互感器又称仪用变流器，电压互感器又称仪用变压器，它们合称互感器。从基本结构和工作原理看互感器就是一种特殊的变压器。功能：①变换功能；②隔离作用；③扩大仪表、继电器的使用范围，同时可使二次仪表、继电器的规格统一，利于大规模生产。

1）**电流互感器**

电流互感器外形和基本结构原理如图 4.51 所示。

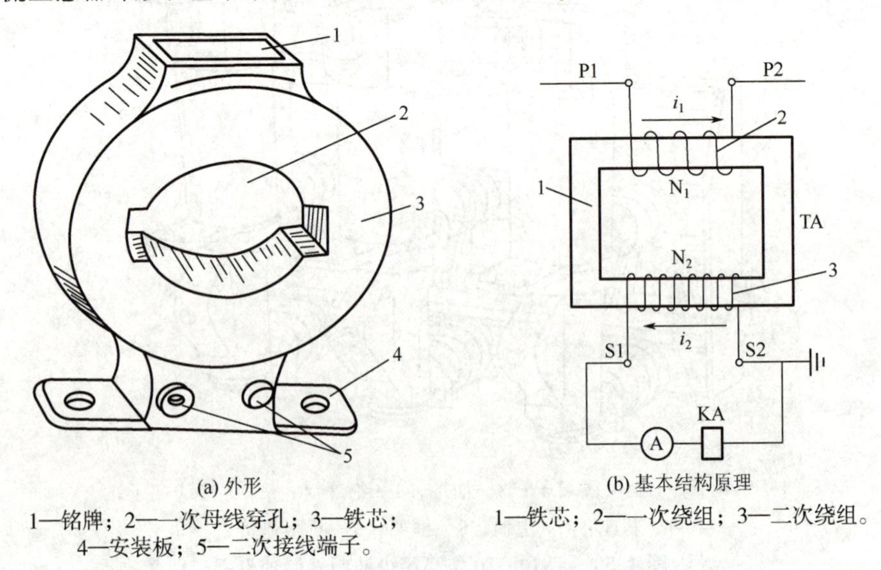

(a) 外形

1—铭牌；2—一次母线穿孔；3—铁芯；4—安装板；5—二次接线端子。

(b) 基本结构原理

1—铁芯；2—一次绕组；3—二次绕组。

图 4.51 电流互感器外形和基本结构原理

（1）**文字符号**：TA。

（2）**图形符号**：

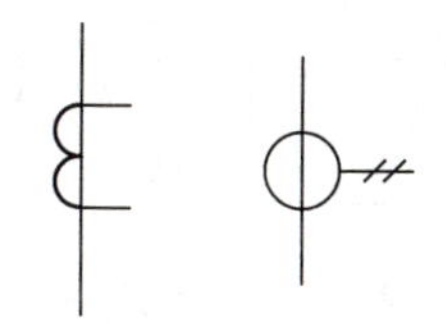

（3）**特点**：一次绕组匝数少、导体粗，串联在一次回路中；二次绕组匝数多、导体细，串联在仪表、继电器的电流线圈中。二次回路阻抗很小，近似于短路状态，二次绕组的额定电流一般为5A（有的为1A）。

（4）**类型**：电流互感器的类型很多，按一次绕组的匝数分为单匝式（母线式、支柱式、套管式）和多匝式（线圈式、绕环式、串级式）；按一次电压分为高压式和低压式；按用途分为测量用和保护用；按准确精度级分，测量用有0.1、0.2、0.5、1、5五个等级，保护用有5P和10P两个等级。

（5）**接线方式**。电流互感器接线如图4.52所示。

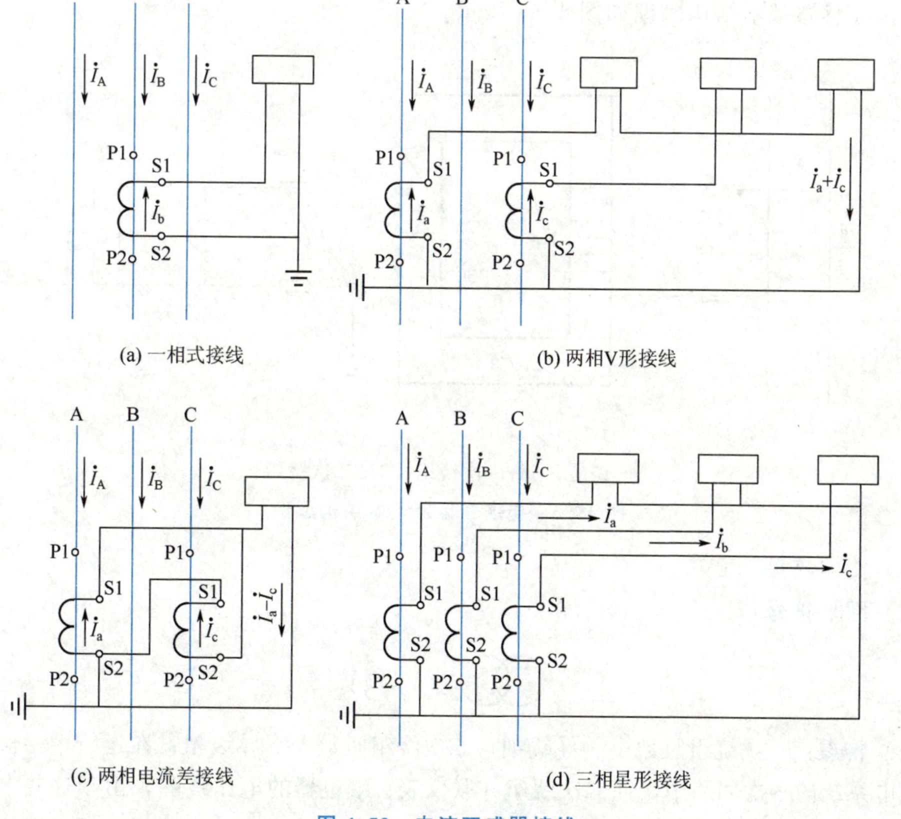

图4.52 电流互感器接线

（6）型号的表示和含义：

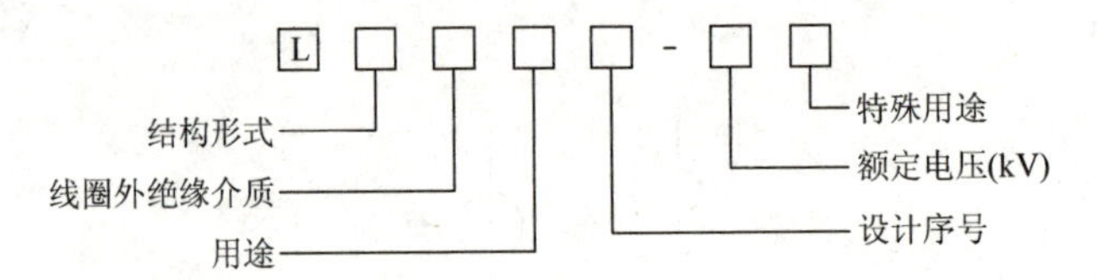

结构形式：R—套管式，Z—支柱式，Q—线圈式，F—复匝贯穿式，D—单匝贯穿式，M—母线式，B—支持式，A—穿墙式。

线圈外绝缘介质：Z—浇注绝缘，C—磁绝缘，J—树脂浇注，K—塑料外壳，W—户外式，G—改进式，Q—加强式。

用途：B—保护用，D—差动保护用，J—接地保护用。

（7）注意：

① 工作时二次回路不能开路。

② 二次侧必须有一端接地。

③ 接线时注意端子极性，防止接错线。

2）电压互感器

电压互感器基本结构原理如图 4.53 所示。

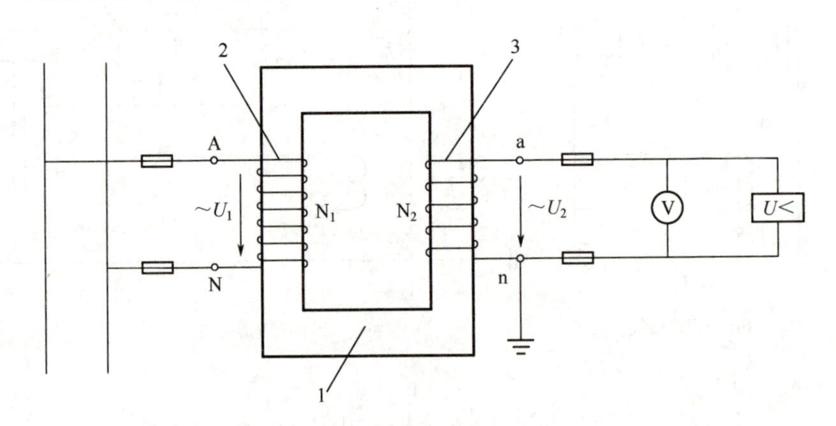

1—铁芯；2—一次绕组；3—二次绕组。

图 4.53　电压互感器基本结构原理

（1）文字符号：TV。

（2）图形符号：

（3）特点：一次绕组匝数多、导线细，二次绕组匝数少、导线粗；在运行中一次绕组并联在供电系统的一次回路中，而二次绕组并联仪表、继电器的电压线圈，由于这些电压线圈的阻抗很大，因此电压互感器工作时二次绕组接近于空载状态；二次绕组的额定电压一般为 100V，用于接地保护电压互感器的二次侧额定电压为 $100/\sqrt{3}$V，开口三角形侧为 100/3V。

（4）接线方式。电压互感器接线如图 4.54 所示。

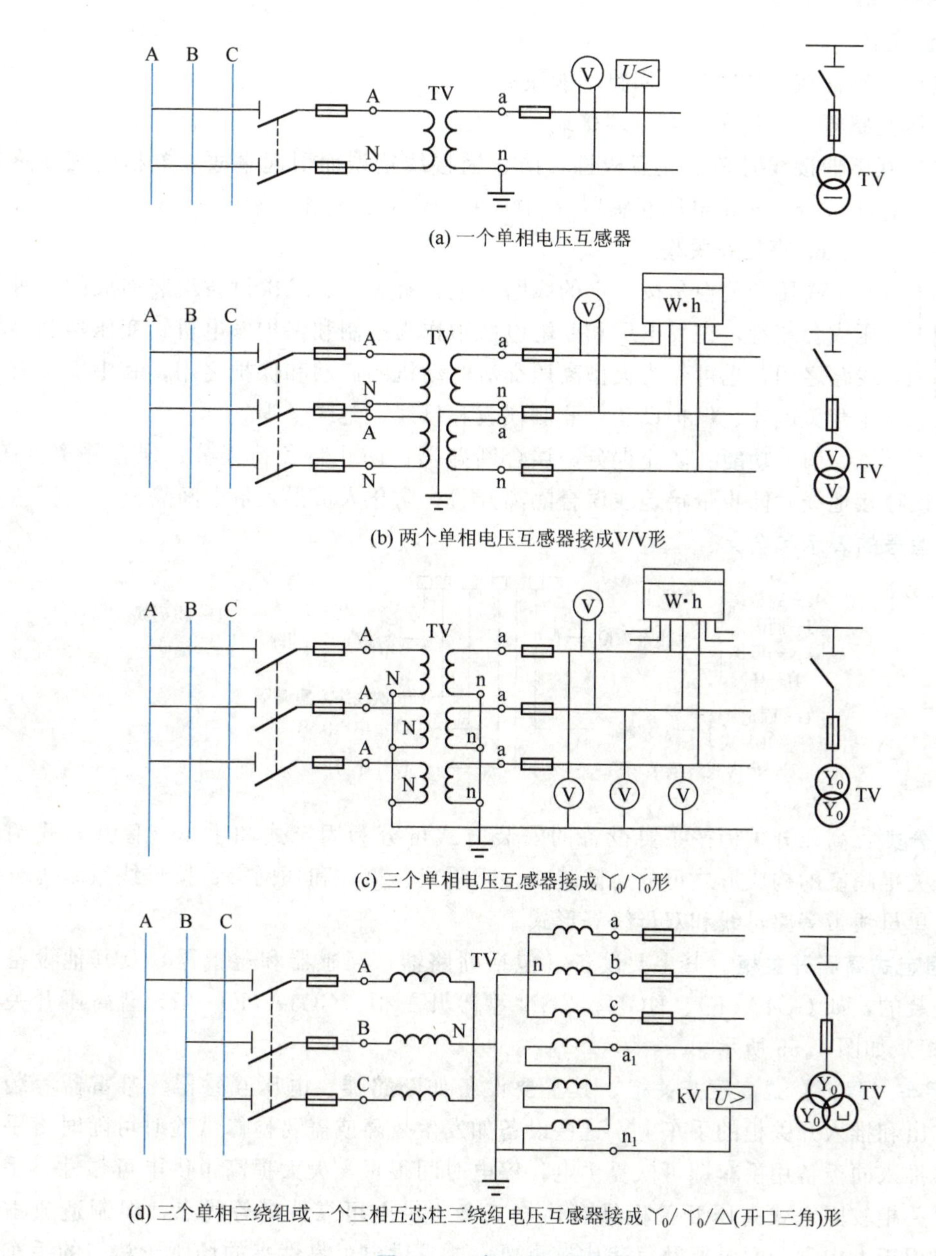

(a) 一个单相电压互感器

(b) 两个单相电压互感器接成V/V形

(c) 三个单相电压互感器接成 Y_0/Y_0形

(d) 三个单相三绕组或一个三相五芯柱三绕组电压互感器接成 $Y_0/Y_0/\triangle$(开口三角)形

图 4.54　电压互感器接线

(5) **型号的表示和含义**：

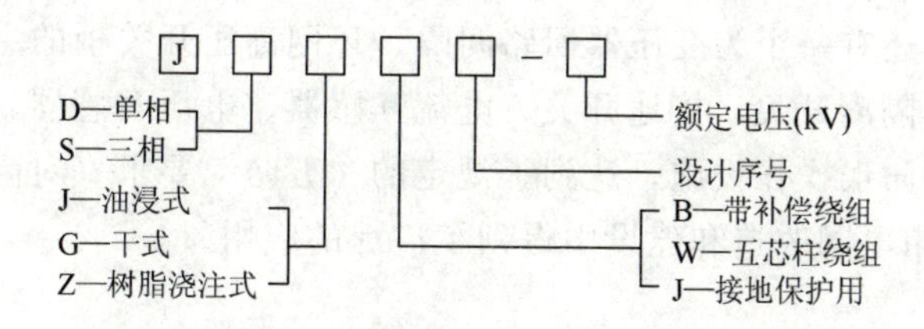

（6）注意：

① 电压互感器在工作时二次回路不能短路。

② 电压互感器二次侧必须有一端接地。

③ 电压互感器接线时必须注意极性，防止因接线错误而引起事故。单相电压互感器分别标 A、X 和 a、x。三相电压互感器分别标 A、B、C、N 和 a、b、c、n。

高压开关柜

6. 高压开关柜

高压开关柜是按一定的线路方案将有关一、二次设备组装而成的一种高压成套装置，在发电厂和变配电所中作为控制和保护发电机、变压器和高压线路之用，也可作为大型高压交流电动机的启动和保护之用，其中安装有高压开关电器、保护设备、监测仪表和母线、绝缘子等。

（1）功能：防止误分、误合断路器；防止带负荷误分、误合隔离开关；防止带电误挂接地线；防止带接地线误合隔离开关；防止人员误入带电间隔。

（2）型号的表示和含义：

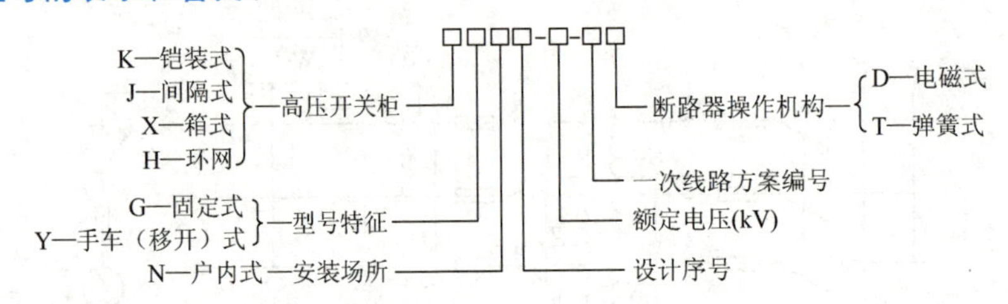

（3）分类：高压开关柜按主要设备的安装方式可分为固定式和手车（移开）式两大类；按开关柜隔室的构成形式可分为铠装式、间隔式、箱式和环网等；按母线系统可分为单母线、单母线带旁路母线和双母线等形式。

① 固定式高压开关柜。其主要设备（包括断路器、互感器和避雷器）及其他设备都是固定安装的，如 GG1A(F)、KGN、XGN 型等开关柜。GG1A(F)-07S 型高压开关柜（断路器柜）如图 4.55 所示。

② 手车（移开）式高压开关柜。其主要设备如断路器、电压互感器、避雷器等装设在可以拉出和推入开关柜的手车上，这些设备如发生故障或需要检修试验时可随时将手车拉出，再推入同类备用手车即可恢复供电，停电时间很短，大大提高了供电可靠性。手车式高压开关柜较固定式高压开关柜具有检修安全、供电可靠性高等优点，但制造成本较高，主要用于大中型变配电所及负荷比较重要、要求供电可靠性高的场所。常用的手车式高压开关柜有 GC、JYN 型等。GC □-10(F)型高压开关柜如图 4.56 所示。

③ 环网高压开关柜。环网高压开关柜一般由三个间隔组成，其中一个电缆进线间隔，一个电缆出线间隔，还有一个为变压器回路间隔。环网高压开关柜的主要电气元件有高压负荷开关、熔断器、隔离开关、接地开关、电流互感器、电压互感器、避雷器等。环网高压开关柜具有可靠的防误操作设施，达到了规定的“五防”要求（对高压开关柜结构的安全要求），在我国城市电网改造和建设中得到了广泛的应用。

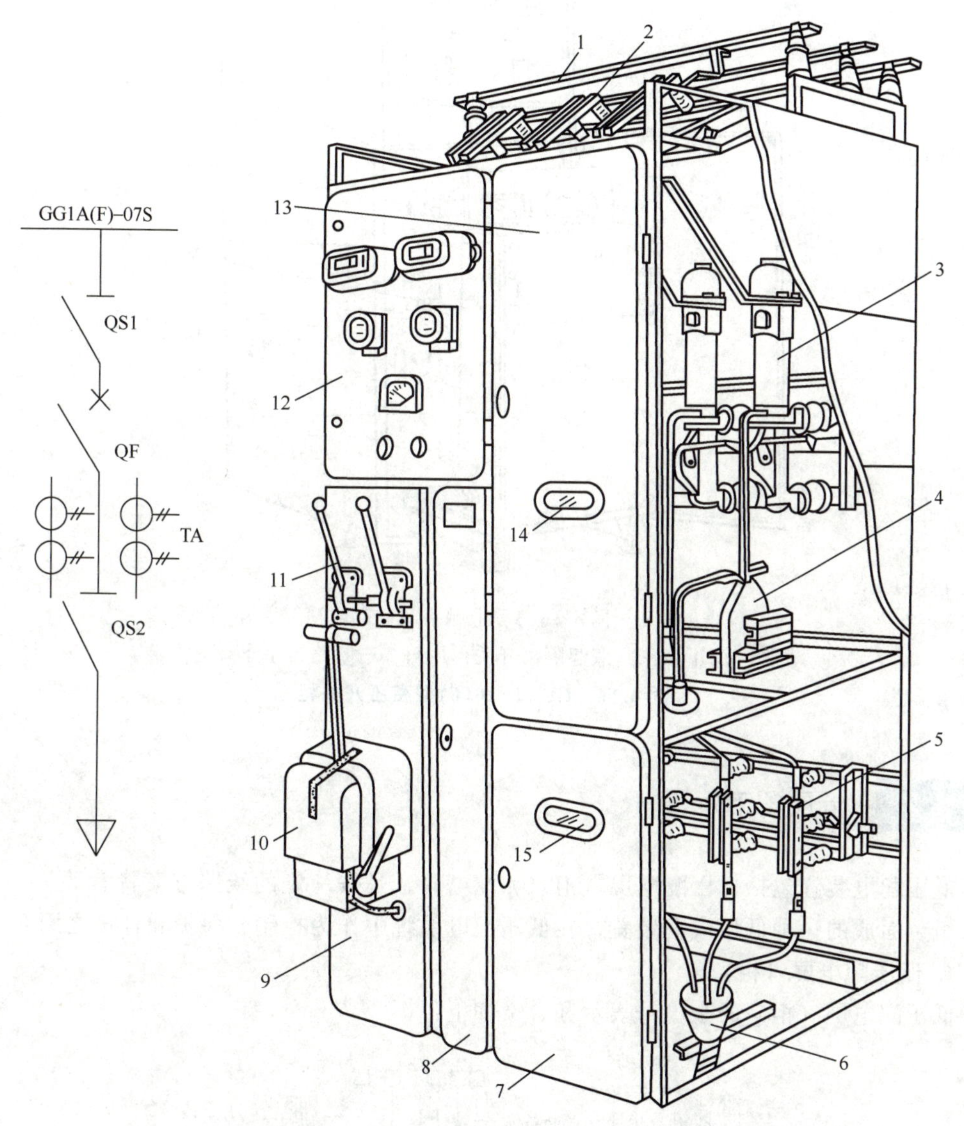

1—母线；2—母线侧隔离开关；3—少油断路器（QF）；4—电流互感器（TA）；
5—线路侧隔离开关（QS）；6—电缆头；7—下检修门；8—端子箱门；9—操作板；
10—断路器的手动操动机构；11—隔离开关的操动机构手柄；
12—仪表继电器屏；13—上检修门；14、15—观察窗口。

图 4.55　GG1A(F)-07S 型高压开关柜（断路器柜）

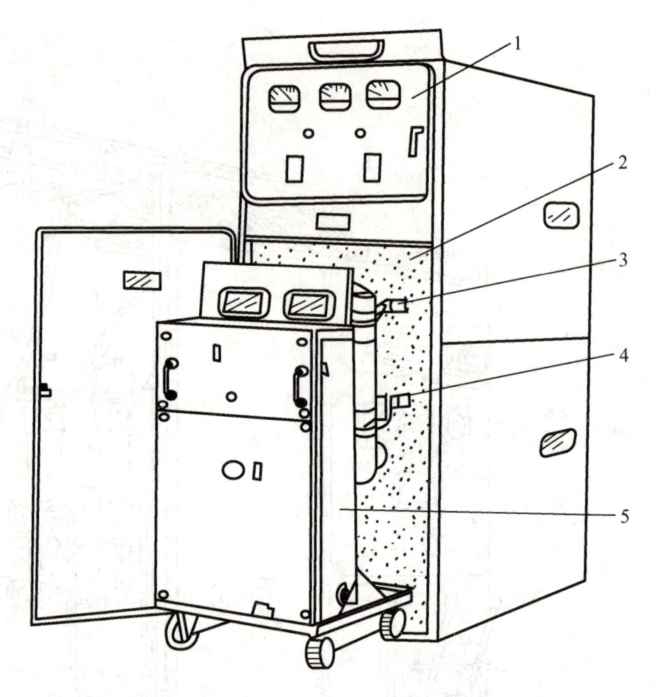

1—仪表屏；2—手车室；3—上触头（兼起隔离开关作用）；
4—下触头（兼起隔离开关作用）；5—断路器手车。

图 4.56　GC 口-10(F)型高压开关柜

4.5.2 低压配电装置

低压配电装置包括低压配电屏（柜）和配电箱，是按一定的线路方案将有关一、二次设备组装而成的一种低压成套装置，在低压配电系统中作为控制、保护和计量之用。

1. 低压配电屏（柜）

低压配电屏（柜）的全型号表示和含义如下：

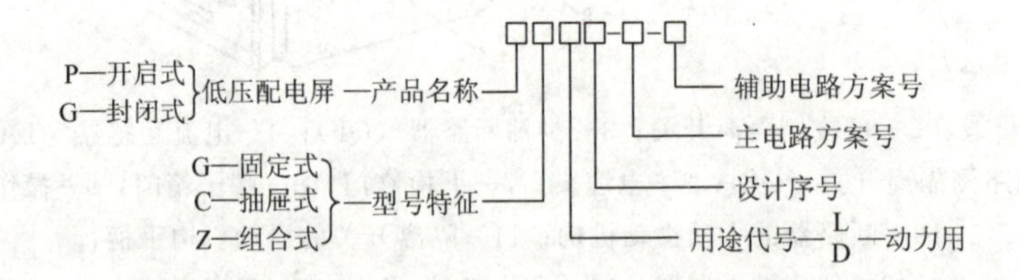

1）**固定式低压配电屏（柜）**

固定式低压配电屏（柜）的电器元件均为固定安装和固定接线，目前使用较广的固定式低压配电屏（柜）有 PGL、GGL、GGD 等型号，其中 GGD 型是较新的国产产品，全部采用新型电器元件，具有分断能力强、热稳定性好、接线方案灵活、组合方便、结构新颖及外壳防护等级高等优点，是国家推广应用的一种新产品。固定式低压配电屏（柜）适用于发电厂、变配电所及工矿企业等电力用户作动力和照明配电之用。

2）**抽屉式低压配电屏（柜）**

抽屉式低压配电屏（柜）安装方式为抽屉式（或称抽出式），每个抽屉为一个功能单元，按一、二次线路方案要求，将有关功能单元的抽屉叠装在封闭的金属柜体内。常用的抽屉式低压配电屏（柜）有BFC、GCL和GCK等型号，适用于三相交流系统中作为负荷或电动机控制中心的配电和控制装置。引进国外技术生产的多米诺动力配电柜是动力配电箱的一种新产品，具有体积小、结构新颖美观、易于安装维护和安全可靠等优点，适用于工矿企业和高层建筑作低压动力和照明配电之用。

3）**组合式低压配电屏（柜）**

组合式低压配电屏（柜）安装方式为固定和插入混合安装，有ZH1(F)、GHL等型号，其中GHL－1型配电屏采用了先进的新型电器元件，如NT系列熔断器、ME系列断路器及CJ20系列接触器等，集动力配电与控制于一体，兼有固定式和抽屉式的优点，可取代PGL型固定式低压配电屏（柜）和XL型动力配电箱，并兼有BFC型抽屉式低压配电屏（柜）的优点。

2. 配电箱

配电箱的全型号表示和含义如下：

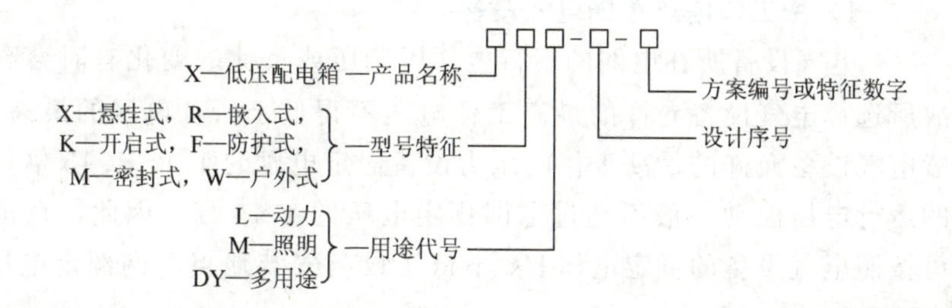

1）**动力配电箱**

动力配电箱通常具有配电和控制两种功能，主要用于动力配电与控制，但也可供照明配电与控制。常用的有XL、XL－2、XF－10、XLCK、BGL－1、SGL1、BGM－1等多种型号，其中BGL－1、BGM－1型号多用于高层住宅建筑的照明和动力配电。

2）**照明配电箱**

照明配电箱适用于工业与民用建筑在交流50Hz，额定电压不超过500V的照明控制回路中，作为线路的过载、短路保护及线路的正常转换之用。照明配电箱主要用于照明配电，但也能对一些小容量的动力设备配电。

照明配电箱一般采用封闭式箱结构，悬挂式或嵌入式安装，箱中一般装有新型电器元件（如小型空气断路器、漏电开关等）、中性线（N线）、保护线（PE线）和汇流排，有的产品还装有电能表和负荷开关，多采用下侧或上下侧进出线方式。

照明设计中，应首先根据负荷性质和用途，确定照明箱、计量箱、插座箱的选用，然后根据控制对象负荷电流的大小、电压等级及保护要求，确定配电箱内支路开关电器的容量、电压等级，按负荷管理所划分的区域确定回路数，并应留有1～2个备用回路。

选择配电箱时，还应根据使用环境和场合的要求，确定配电箱的结构形式（明装、暗装）、外观颜色及外壳防护等级（防火、防潮、防爆等）。实际工程中，照明配电箱一般设置在电源的进口处，同时应考虑便于操作、不妨碍交通，应尽量避免安装在有水或有易燃易爆物品的场所；照明配电箱应尽可能设置在负荷的中心，以节约用线和减少线路的电压损失。**安装时，悬挂式或嵌入式配电箱的下边距地（楼）面一般为 1.4m，落地式配电箱的下边距地（楼）面高度一般为 0.3m。**

4.5.3 电气设备的选择与校验

电气设备的选择是供配电系统设计的主要内容之一，是保证电网安全、经济运行的重要条件。在供配电系统中尽管电气设备的作用不一样，具体选择的方法也不同，但其基本要求是相同的。为保证电气设备安全、可靠地运行，必须按需依据正常工作条件、环境条件及安装条件进行选择，部分设备还需依据短路情况下的短路电流进行动、热稳定度的校验，同时要求工作安全可靠，运行维护方便，投资经济合理。

电气设备的选择与校验

1. 按正常工作条件选择电气设备

为了保证电气设备在正常运行情况下可靠地工作，必须按照正常工作条件选择电气设备。正常工作条件是指电气设备正常运行时的工作电压及工作电流。

1）按工作电压选择电气设备

电气设备所在电网的运行电压因调压或负荷的变化有时会高于电网的额定电压，故所选择电气设备允许的最高工作电压不得低于所在电网的最高运行电压。通常规定一般电气设备允许的最高工作电压为设备额定电压的 1.1～1.15 倍，而电气设备所在电网的运行电压波动一般不超过电网额定电压的 1.15 倍。因此，在选择电气设备时，一般可按照电气设备的额定电压 U_N 不低于设备安装地点电网额定电压 U_{NS} 的条件选择，即

$$U_N \geqslant U_{NS}$$

高压电器最高电压见表 4-12。

表 4-12　高压电器最高电压

项目					穿墙套管	支柱绝缘子	隔离开关	断路器	负荷开关	熔断器	电流互感器	电压互感器	限流电抗器	消弧线圈
系统标称电压/kV	3	系统最高电压/kV	3.6	设备最高电压/kV			3.6	3.6	3.6	3.5	3.6	3.6	3.6	系统的线对中性点电压
	6		7.2		6.9	7.2	7.2	7.2	7.2	6.9	7.2	7.2	7.2	
	10		12		11.5	12	12	12	12	12	12	12	12	
	(20)		24		23	24	24	24	24	24	24	24	24	
	35		40.5		40.5	40.5	40.5	40.5	40.5	40.5	40.5	40.5	40.5	

2）按工作电流选择电气设备

高压电器及导体的额定电流 I_N（是指在规定的环境温度下，设备的长期允许通过电流 I_{al}）不应小于该回路的最大持续工作电流 I_{max}，即

$$I_N(I_{al}) \geqslant I_{max}$$

当周围环境温度 θ 与导体（或电器）规定环境温度不等时，其长期允许通过电流 I_{al} 可按下式修正。

$$I_{al\theta}=I_{al}\sqrt{\frac{\theta_{al}-\theta}{\theta_{al}-\theta_0}}=KI_{al}$$

$$K=\sqrt{\frac{\theta_{al}-\theta}{\theta_{al}-\theta_0}}$$

式中，θ_{al} 为导体或电气设备正常发热允许最高温度，一般可取 70℃；K 为修正系数。

2. 按环境条件选择

按环境条件选择是指按照设备的装置地点、使用条件、检修和运行等要求选择导体、电器的种类和形式。例如选户外或户内设备，防爆型或普通型设备。环境条件指电器的使用场所（户外或户内）、环境温度、海拔高度，以及有无防尘、防火、防腐、防爆等要求。

3. 按短路电流校验设备的热稳定度和动稳定度

这部分内容详见本项目 4.4.5 节短路电流的效应和稳定度校验。

（1）**由于回路的特殊性，对下列几种情况可不校验热稳定度或动稳定度**。

① 用熔断器保护的电器，其热稳定度由熔体的熔断时间保证，故可不校验热稳定度。

② 采用限流熔断器保护的设备可不校验动稳定度，电缆因有足够的强度也可不校验动稳定度。

③ 装设在电压互感器回路中的裸导体和电器可不校验动稳定度和热稳定度。

（2）**短路电流计算条件**：为使所选导体和电器具有足够的可靠性、经济性和合理性，并在一定时期内适应系统发展的需要，做校验用的短路电流应按下列条件确定。

① 容量和接线：容量应按工程设计的最终容量，并适当考虑电力系统运行发展规划（一般为 5～10 年），其接线应采用可能发生最大短路电流的正常接线方式。

② 短路种类：一般按三相短路验算。若其他种类的短路电流较三相短路电流大时，则应按最严重情况验算。

③ 短路计算点：应将通过导体和电器的短路电流最大的点作为短路计算点。

4. 各种高低压电气设备选择校验的项目及条件

电气设备按正常工作条件进行选择，就是要考虑电气设备装设的环境条件和电气要求。环境条件如上所述；电气要求是反映电气设备对电压、电流、频率等方面的要求，对开关类电气设备还应考虑其断流能力。电气设备按短路故障条件进行校验，就是要按最大可能的短路电流校验设备的动稳定度和热稳定度，以保证电气设备在短路故障时不致损坏。

各种高低压电气设备选择校验的项目及条件见表 4-13。

表 4-13　各种高低压电气设备选择校验的项目及条件

电气设备名称	正常工作条件选择			短路电流校验	
	电压/kV	电流/A	断流能力/kA	动稳定度	热稳定度
高低压熔断器	√	√	√	×	×
高压隔离开关	√	√	×	√	√
低压刀开关	√	√	√	—	—

续表

电气设备名称	正常工作条件选择			短路电流校验	
	电压/kV	电流/A	断流能力/kA	动稳定度	热稳定度
高压负荷开关	√	√	√	×	×
低压负荷开关	√	√	√	√	√
高压断路器	√	√	√	√	√
低压断路器	√	√	√	—	—
电流互感器	√	√	×	√	√
电压互感器	√	×	×	×	×
电容器	√	×	×	×	×
母线	×	√	×	√	√
电缆、绝缘导线	√	√	×	×	√
支柱绝缘子	√	×	×	√	×
套管绝缘子	√	√	×	√	√
选择校验的条件	电气设备的额定电压应大于安装地点的额定电压	电气设备的额定电流应大于通过设备的计算电流	开关设备的开断电流（或功率）应大于设备安装地点可能的最大开断电流（或功率）	按三相短路冲击电流值校验	按三相短路稳态电流值校验

注：表中“√”表示必须校验，“×”表示不必校验，“—”表示可不校验。

选择变电所高压侧的电气设备时，应取变压器高压侧额定电流。对高压负荷开关，最大开断电流应大于它可能开断的最大过负荷电流；对高压断路器，其开断电流（或功率）应大于设备安装地点可能的最大短路电流周期分量（或功率）；对熔断器，断流能力应依据熔断器的具体类型而定；对互感器应考虑准确度等级；对补偿电容器应按照无功容量选择。

另外，高压开关柜与低压配电屏的选择应满足变配电所一次电路供电方案的要求，依据技术经济指标选择合适的形式及一次线路方案编号，并确定其中所有一、二次设备的规格、型号。在向开关电器厂订购设备时，还应向厂家提供一、二次电路图纸及有关技术资料。

练习题4.5

一、简述题

1. 高压熔断器的作用是什么？它有哪几种类型？分别适用于什么场合？
2. 高压负荷开关的作用是什么？
3. 高压断路器的作用是什么？它有哪几种类型？
4. 高压开关柜有哪几种类型？各有何特点？开关柜的“五防”指的是什么？
5. 选择高压开关设备和高压熔断器应满足哪些条件？高压开关为何要进行短路稳定

度校验？

二、计算题

1. 试选择某10kV高压进线断路器的型号、规格。已知该进线的计算电流为400A，10kV母线的三相短路周期分量有效值为6.3kA，继电保护的动作时间为1.2s。

2. 变电站10kV出线选用的电流互感器型号为LZZB9－10，额定电流为200A，短时耐受电流为24.5A，短时耐受时间为1s，峰值耐受电流为60kA。当110kV、35kV母线均介入无限大容量电源系统，10kV线路三相短路电流持续时间为1.2s时，试计算所选电流互感器保持热稳定度允许通过的三相短路电流有效值。

任务4.6　施工现场临时供电设计

任务说明	某小区施工现场临时供电设计方案分析
学习目标	初步具备施工现场临时供电设计能力
工作依据	某小区施工现场临时供电设计方案、规范
实施步骤	1. 分析供电电源 2. 分析配电系统 3. 进行负荷验算，判断变压器选择是否合理 4. 分析接地装置设置是否合理 5. 分析导线选择、配电线路敷设是否合理 6. 分析配电保护装置设置是否合理 7. 分析图纸绘制是否合理 8. 将以上分析结果形成报告
任务成果	临时供电设计方案合理性分析报告

4.6.1　设计要求

按照《施工现场临时用电安全技术规范》（JGJ 46—2005）的规定，施工现场临时用电组织设计应包括：现场勘测；确定电源进线、变电所或配电室、配电装置、用电设备位置及线路走向；进行负荷计算；选择变压器；设计配电系统（设计配电线路，选择导线或电缆；设计配电装置，选择电器；设计接地装置；绘制临时用电工程图纸，主要包括用电工程总平面图、配电装置布置图、配电系统接线图、接地装置设计图）；设计防雷装置；确定防护措施；制定安全用电措施和电气防火措施等内容。

（1）现场勘测的内容主要包括该施工现场周围有无外电架空线路与外电埋地电缆，外电架空线路、外电埋地电缆与该施工现场的位置关系，提供给该施工现场的电源及其位置，施工现场的平面布置，以及连接该施工现场的道路、周边的建筑物等情况。

（2）根据现场勘测的情况确定电源进线、变电所或配电室、配电装置、用电设备位置及线路走向。

（3）建筑施工现场临时用电工程专用的电源中性点直接接地的220/380V三相四线制低压电力系统必须符合下列规定：采用三级配电系统；采用TN－S接零保护系统；采用二级漏电保护系统。

（4）关于负荷计算、开关电器、变压器、导线或电缆的选择，可参阅本章节相关内容。

（5）绘制临时用电工程图纸，主要包括用电工程总平面图、配电装置布置图、配电系统接线图、接地装置设计图。

4.6.2 施工现场临时供电设计方案

1. 确定供电电源

施工现场临时用电

建筑施工现场的用电设备主要是塔式起重机、混凝土搅拌机、电动打夯机等动力设备及照明设备，一般采用220/380V电压，应采用TN－S系统的形式。

建筑施工现场电源的解决途径如下。

（1）就近借用已有的配电变压器供电。

（2）按图纸施工变配电所，从而取得施工电源。

（3）向供电部门提出临时用电申请，设置临时变压器。

（4）自建临时电站，如柴油发电机等。

2. 配电系统设计

建筑现场的低压配电系统由工地变压器、导线或电缆、开关箱等组成。低压配电一般采用三级配电：总配电箱、分配电箱、开关箱。

配电箱是动力系统和照明系统的配电和供电中心。在建筑施工现场，凡是用电的场所，不论负荷的大小，都应按用电的情况安装适宜的配电箱。建筑现场的低压配电箱分电力配电箱和照明配电箱两类，原则上应分别设置，当动力设备容量较小、数量较少时，也可以和照明设备共用同一配电箱，对于容量较大的设备及特殊用途的设备，如消防、警卫等设备，则应单独设置配电箱。

3. 接地装置设计

（1）在施工现场专用变压器供电的TN－S接零保护系统中，电气设备的金属外壳必须与保护零线连接。保护零线应由工作接地线、配电室（总配电箱）电源侧零线或总漏电保护器电源侧零线处引出（图4.57）。

（2）当施工现场与外电线路共用同一供电系统时，电气设备的接地、接零保护应与原系统保持一致，不得一部分设备做保护接零，另一部分设备做保护接地。

采用TN系统做保护接零时，N线必须通过总漏电保护器，PE线必须由电源进线

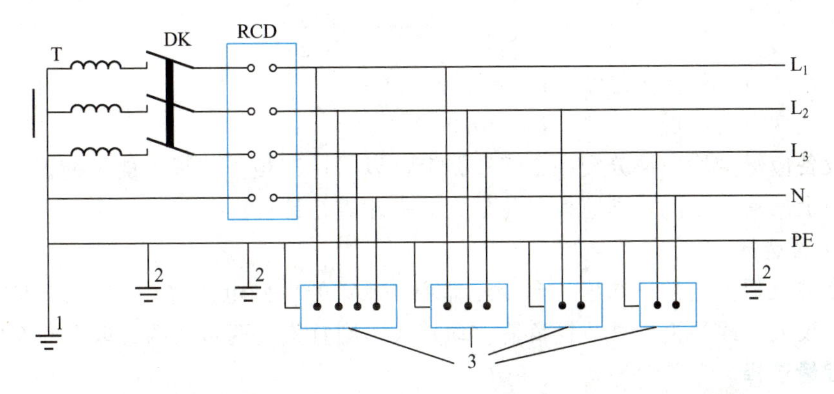

1—系统中性点接地；2—重复接地；3—电气设备外露可导电部分。

图 4.57 专用变压器供电的 TN－S 接零保护系统示意

零线重复接地处或总漏电保护器电源侧零线处引出，形成局部 TN－S 接零保护系统（图 4.58）。

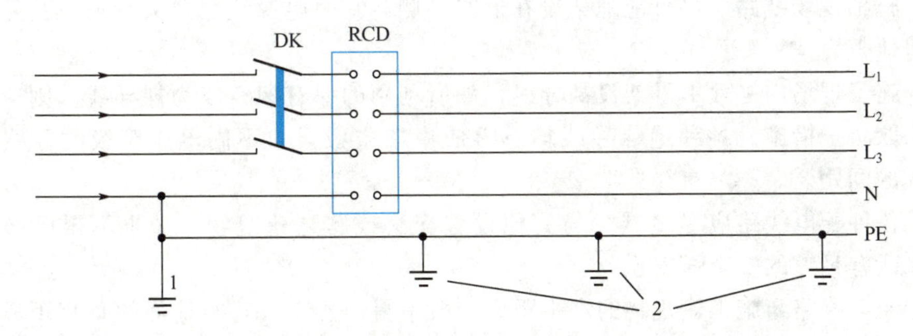

1—电源进线零线重复接地；2—配电系统重复接地。

图 4.58 三相四线供电时局部 TN－S 接零保护系统 PE 线引出示意

（3）PE 线上严禁装设开关或熔断器，严禁通过工作电流，且严禁断线。

（4）TN 系统中的 PE 线除必须在配电室或总配电箱处做重复接地外，还必须在配电系统的中间处和末端处做重复接地。

4. 负荷确定

采用需要系数法确定计算负荷。

（1）确定各类用电设备的计算负荷。

$$P_c = K_d P_e$$

$$Q_c = P_c \tan\varphi$$

$$S_c = \sqrt{P_c^2 + Q_c^2}$$

$$I_c = \frac{S_c^2}{\sqrt{3} U_N}$$

（2）求总计算负荷。

$$P_{c\Sigma} = K_\Sigma \sum P_c$$

$$Q_{c\Sigma} = K_\Sigma \sum Q_c$$

$$S_{c\Sigma} = \sqrt{P_{c\Sigma}^2 + Q_{c\Sigma}^2}$$

对于工地变电所的低压母线，$K_{\Sigma}=0.8\sim0.9$。

对于工地变电所的低压干线，$K_{\Sigma}=0.9\sim1.0$。

单相设备应尽量均匀地分配在三相线路上，以保持三相负荷尽可能平衡。若无法做到负荷在三相上的均匀分配，则应按负荷最大的一相进行计算。

5. 变压器选择

(1) **台数选择**。通常只选用一台变压器由10kV的电网电压降到220/380V供电。如果集中负荷较大，或昼夜、季节性负荷波动较大，则宜安装两台或两台以上的变压器。

(2) **容量选择**。

$$S_N \geqslant S_{c\Sigma}$$

6. 配电线路

施工现场的配电线路一般采用架空线，在敷设中应注意以下问题。

(1) 应综合考虑运行、施工、交通条件和路径长度等因素。

(2) 施工现场线路应尽可能地架设在道路一侧，临时电源线穿过人行道或公路时，必须穿管埋地敷设。

(3) 施工现场内一般不得架设裸导线，如所利用的原有架空线为裸导线，则应根据施工情况采取防护措施。各种绝缘导线均不得成束架空敷设，不同电压等级的导线间应有0.3～1m的间距。

(4) 各种配电线路应尽量减少与其他设施交叉或跨越建筑物。如果不得已必须跨越时，应保证有足够的安全强度。

(5) 架空线路与施工建筑物的水平距离一般不得小于10m，与地面的垂直距离不得小于6m，跨越建筑物时与其顶部的垂直距离不得小于2.5m。塔式起重机附近的架空线路应在臂杆回转半径及被吊物1m以外。

(6) 施工用电设备的配电箱应设置在便于操作的地方，并做到单机单闸。露天配电箱应有防雨措施。

(7) 供电线路电杆的间距和杆高应做合理的选择，电杆的间距一般为25～60m，电杆应有足够的机械强度，不得有倾斜、下沉及杆基积水等现象。杆基与各种管道和水沟边的距离不应小于1m，与贮水池的距离不应小于2m，必要时应采取有效的加固措施。

(8) 暂时停用的线路应及时切断电源。工程竣工以后，临时配电线路及供配电设备应随时拆除。

7. 导线选择

建筑工地施工用电，为了安全以采用橡皮绝缘导线为宜，为了节省铜材而采用铝线，因此，导线型号选择BDX型铝芯橡皮绝缘导线。

在选择导线截面时，根据具体的使用场合，按照发热条件和允许电压损失来选择导线截面。按照机械强度来校验所选导线截面。同时，在选择导线截面时应满足铝芯绝缘导线的截面面积不小于$16mm^2$、铜芯绝缘导线的截面面积不小于$10mm^2$的要求。

8. 线路保护装置选择

(1) 配电线路采用熔断器作短路保护时，熔体额定电流应不大于电缆或穿管绝缘导线允许载流量的2.5倍，或明敷绝缘导线允许载流量的1.5倍。

(2) 配电线路采用低压断路器作短路保护时，其过电流脱扣器脱扣电流整定值，应小于线路末端单相短路电流，并应能承受短时过负荷电流。

(3) 经常过负荷的线路、易燃易爆物邻近的线路、照明线路，必须有过负荷保护。

(4) 设过负荷保护的配电线路，其绝缘导线的允许载流量，应不小于熔断器熔体额定电流或低压断路器长延时过电流脱扣器脱扣电流整定值的1.25倍。

(5) 电气设备的供电线路首端应装设漏电保护装置。漏电保护装置一般选用漏电保护器。

9. 图纸绘制

图纸绘制包括动力配电系统图和施工现场电力供应平面布置图。施工现场电力供应平面布置图主要包括变压器的位置、配电线路的走向、主要配电箱和主要电气设计的位置等。

练习题4.6

1. 施工现场配电系统由什么构成？什么叫三级配电？
2. 施工现场接地采用什么系统？接地装置设计的要点是什么？
3. 施工现场变压器的容量和台数如何选择？
4. 施工现场导线和电缆的型号和截面如何选择？
5. 施工现场需采用什么保护电器？分别用在哪些保护方式上？

项目5 防雷与接地工程设计

任务5.0 教学载体——学生宿舍防雷与接地工程施工图

1. 防雷设计说明

（1）本工程按第三类防雷建筑设计。

（2）本工程防雷接地、保护接地、重复接地等所有接地系统均共用建筑基础钢筋作接地装置，按要求接地电阻不大于1Ω，施工完后应实测，若达不到要求，可利用测试点加打人工接地体，并从测试点设总等电位连接线将进出建筑物的金属管线、构件做可靠的电气连接。

（3）保护接地、重复接地的接地极用－40×4镀锌扁钢经就近柱内钢筋与基础钢筋网焊接。利用构造柱内（至少2根）主筋作防雷引下线，上端与避雷带钢筋焊通，下端与基础钢筋焊通。在室外0.5m处设接地测试点。

2. 接地设计说明

（1）本工程采用总等电位连接。

（2）本工程接地系统采用综合接地的方法，将防雷接地、保护接地等合一，利用建筑物基础内主筋相互连接作为接地体，要求接地电阻不大于1Ω，以实测为准，如达不到要求，应补打人工接地体。

（3）利用基础地梁主筋焊联成闭合回路，然后用－40×4镀锌扁钢从两个不同方向引上与柱内作为防雷引下线的主筋焊接。

（4）本工程基础接地部分施工具体做法参见国家建筑标准图集《利用建筑物金属体做防雷及接地装置安装》（15D503）、《接地装置安装》（14D504）。

一层接地平面图如图5.1所示，屋顶防雷平面图如图5.2所示。

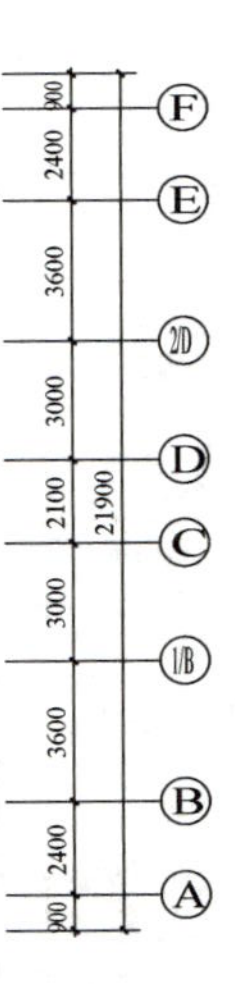

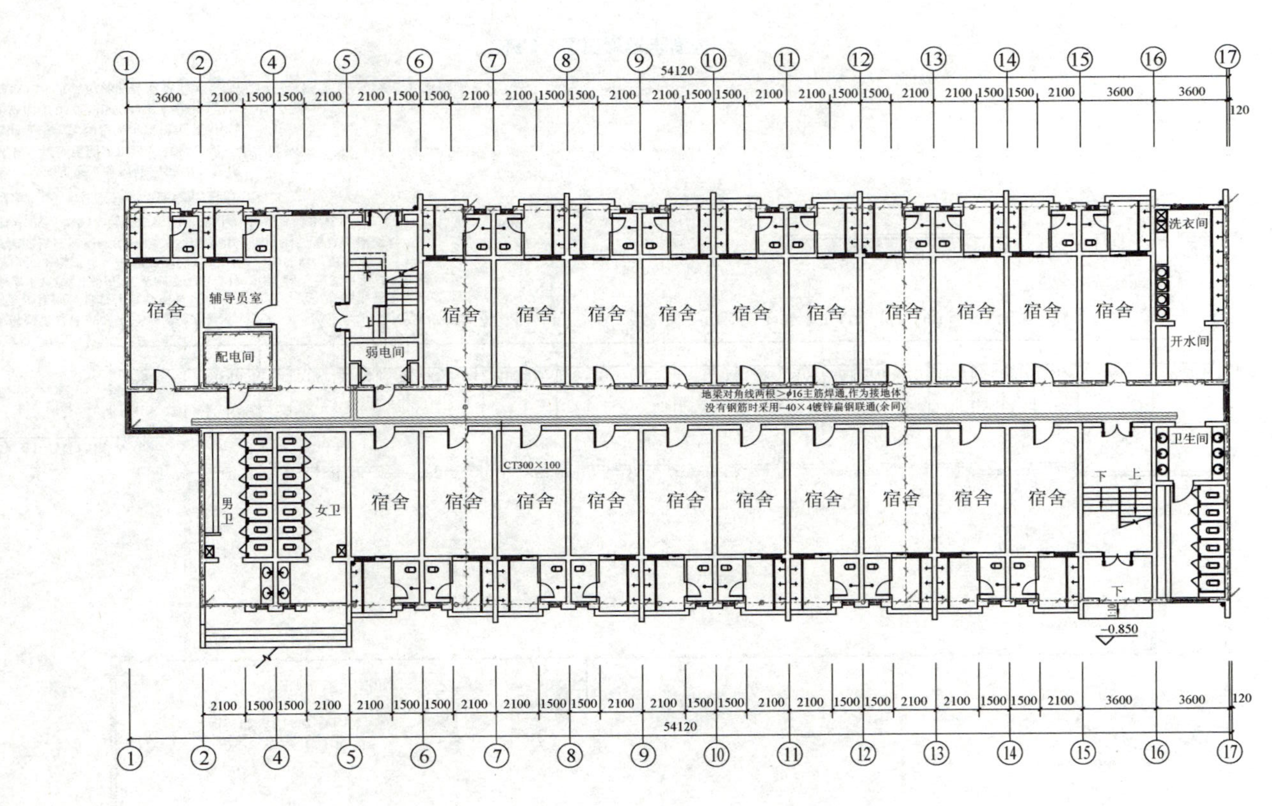

一层接地平面图　1:150

接地部分说明:

1.本工程采用总等电位连接。

2.本工程接地系统采用综合接地的方法,将防雷接地、保护接地等合一,利用建筑物基础内主筋相互连接作为接地体,要求接地电阻不大于1Ω,以实测为准,如达不到要求,应补打人工接地体。

3.利用基础地梁主筋焊联成闭合回路,然后用−40×4镀锌扁钢从两个不同方向引上与柱内作为防雷引下线的主筋焊接。

4.本工程基础接地部分施工具体做法参见国家建筑标准图集《利用建筑物金属体做防雷及接地装置安装》(15D503),《接地装置安装》(14D504)。

图5.1　一层接地平面图

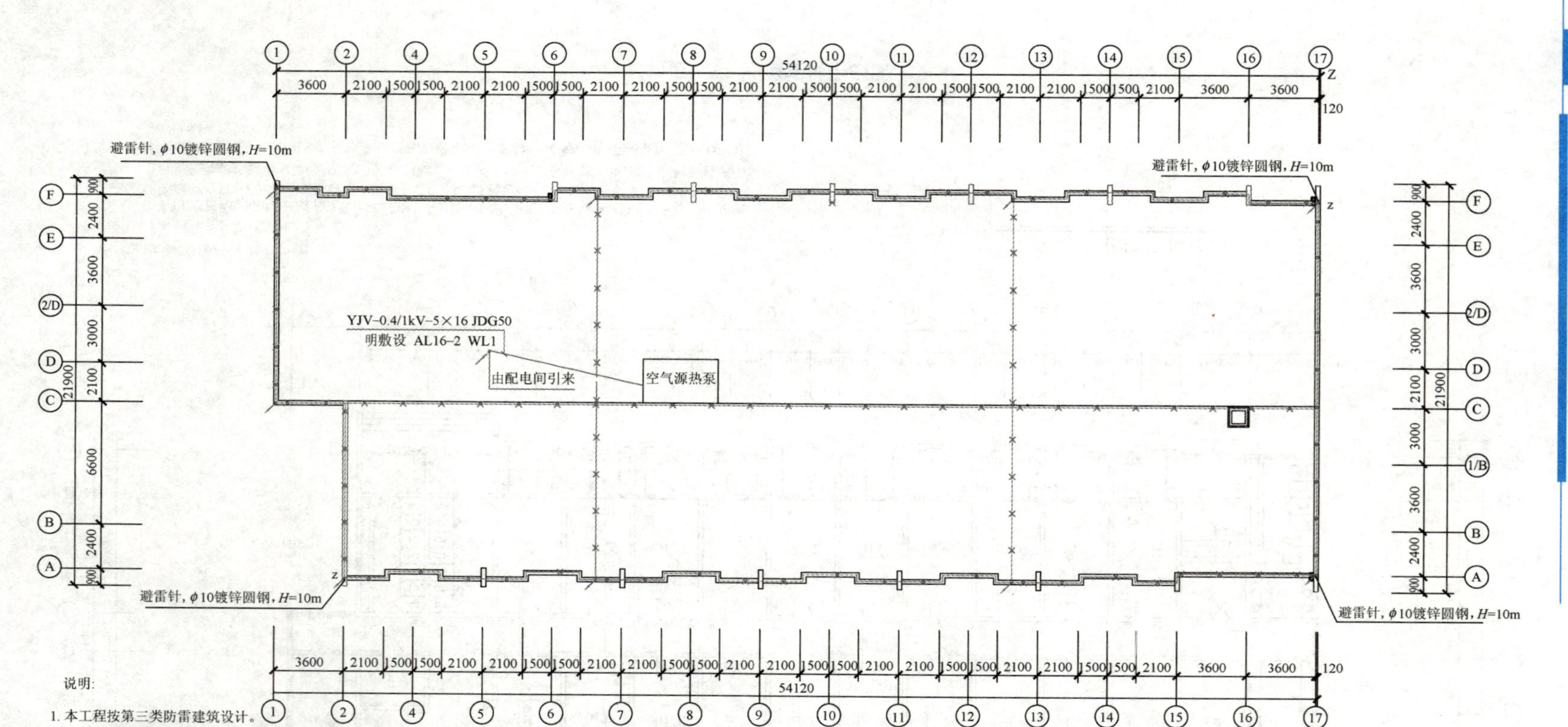
避雷针，φ10镀锌圆钢，H=10m
避雷针，φ10镀锌圆钢，H=10m
避雷针，φ10镀锌圆钢，H=10m
避雷针，φ10镀锌圆钢，H=10m
YJV-0.4/1kV-5×16 JDG50
明敷设 AL16-2 WL1
由配电间引来
空气源热泵
54120
21900
屋顶防雷平面图 1:150
说明:
1. 本工程按第三类防雷建筑设计。
2. 本工程防雷接地、保护接地、重复接地等所有接地系统均共用建筑基础钢筋作接地装置,按要求接地电阻不大于1Ω,施工完后应实测,若达不到要求,可利用测试点加打人工接地体,并从测试点设总等电位连接线将进出建筑物的金属管线、构件做可靠的电气连接。
3. 保护接地、重复接地的接地极用-40×4镀锌扁钢经就近柱内钢筋与基础钢筋网焊接。
4. "↙"表示利用构造柱内(至少2根)主筋作防雷引下线,上端与避雷带钢筋焊通,下端与基础钢筋焊通。"↙z"为在室外0.5m处设接地测试点。
5. 柱内作防雷引下线用的钢筋,施工时做好标记,以免接错。
6. 除利用结构钢筋外,其余接地用的接地线、铁件、避雷带均镀锌。
7. 凡凸出屋面和外墙的金属物体均与避雷带做可靠连接。
8. 图中避雷带做法详见15D503及14D504。
9. 应密切配合施工,电气施工人员应随时注意钢筋施工情况,检查土建施工人员是否按本图施工。

图5.2 屋顶防雷平面图

任务 5.1 防雷工程设计

任务说明	分析学生宿舍防雷工程设计的合理性
学习目标	初步具备一般建筑物防雷工程设计的能力
工作依据	教材、屋顶防雷工程图纸、手册、规范
实施步骤	1. 依据工程资料和防雷设计规范确定本建筑物防雷分类 2. 分析本建筑物的防雷措施设置是否合理 3. 确定防雷装置的材料、尺寸是否合理 4. 形成学生宿舍防雷工程设计方案合理性论证
任务成果	防雷工程设计方案合理性论证

5.1.1 过电压与防雷基本知识

1. 过电压的概念

过电压是指电力系统在特定条件下所出现的超过工作电压的异常电压现象，按照过电压产生的原因不同，可分为内部过电压和外部过电压两大类。

1）内部过电压

电力系统内部运行方式发生改变而引起的过电压称为内部过电压，又分为暂态过电压、操作过电压和谐振过电压三种。

（1）暂态过电压是由于断路器操作或发生短路故障，而使电力系统经历过渡过程以后，重新达到某种暂时稳定的情况所出现的过电压，又称工频电压升高。

（2）操作过电压是由于断路器操作或发生突然短路而引起的衰减较快、持续时间较短的过电压，常见的有空载线路合闸和重合闸过电压、切除空载线路过电压、切断空载变压器过电压和弧光接地过电压。

（3）谐振过电压是电力系统中电感、电容等储能元件在某些接线方式下与电源频率发生谐振所造成的瞬间高电压，一般按起因分为线性谐振过电压、铁磁谐振过电压和参量谐振过电压。

内部过电压的幅值一般不超过电网额定电压的 3～4 倍，因此对电力线路和电气设备绝缘的威胁不是很大。

2）外部过电压

外部过电压又称雷电过电压或大气过电压，它是由于电力系统内的设备或建筑物遭受来自大气中的雷击或雷电感应而引起的过电压。雷电过电压产生的雷电冲击波，其电压幅值可高达1亿伏，其电流幅值可高达几十万安，对供电系统的危害极大。

雷电过电压的两种基本形式如下。

（1）直接雷击：雷电直接击中电气设备或线路，其过电压引起强大的雷电流通过这些物体放电入地，产生破坏性极大的热效应和机械效应，还有电磁脉冲和闪络放电。

（2）间接雷击：雷电未直接击中电力系统中的任何部分，而是由雷电对设备、线路或其他物体的静电感应所产生的过电压。

雷电过电压还有一种是由于架空线路或金属管道遭受直接或间接雷击而引起的过电压雷电波，沿线路或管道侵入变配电所，这称为雷电波侵入或高电位侵入。据统计，其事故占整个雷害事故的50%～70%，因此对雷电波侵入的防护应予以足够的重视。

雷电

2. 雷电的形成与特点

雷电的形成过程可分为气流上升、电荷分离和放电三个阶段。在雷雨季节，地面上的水分受热变成蒸汽上升，与冷空气相遇之后凝成水滴，形成积云。云中水滴受强气流摩擦产生电荷，小水滴容易被气流带走，形成带负电荷的云；较大水滴形成带正电荷的云。由于静电感应，大地表面与云层之间、云层与云层之间会感应出异性电荷，当电场强度达到一定值时，即会发生雷云与大地或雷云与雷云之间的放电。雷电对地放电示意如图5.3所示。

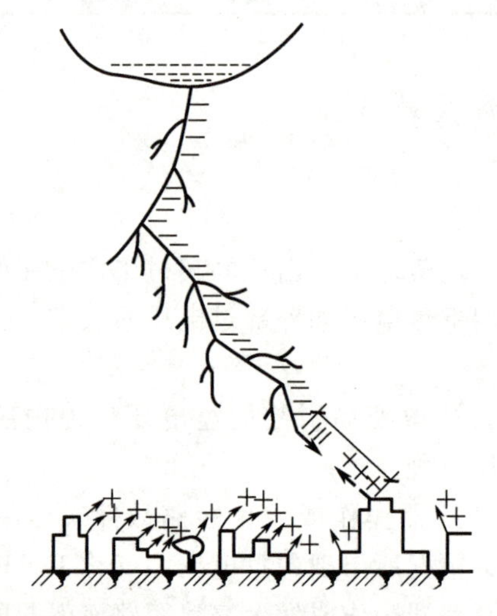

图5.3　雷电对地放电示意

据测试，对地放电的雷云大多带负电荷。随着雷云中负电荷的积累，其电场强度逐渐增加，当达到25～30kV/cm时，会使附近的空气绝缘破坏，便产生雷云放电。

雷电流波形如图5.4所示，雷电流一般在1～4μs内便增长到幅值I_m。雷电流在幅值以前的一段波形称为波头；从幅值起到雷电流衰减至$I_m/2$的一段波形称为波尾。雷电流是一个幅值很大、陡度很高的电流，具有很强的冲击性，其破坏性极大。

建筑物遭受雷击的部位是有一定规律的，建筑物易遭受雷击的部位如下。

（1）平屋面或坡度不大于1/10的屋面——檐角、女儿墙、屋檐，如图5.5（a）、（b）所示。

（2）坡度大于1/10且小于1/2的屋面——屋角、屋脊、檐角、屋檐，如图5.5（c）所示。

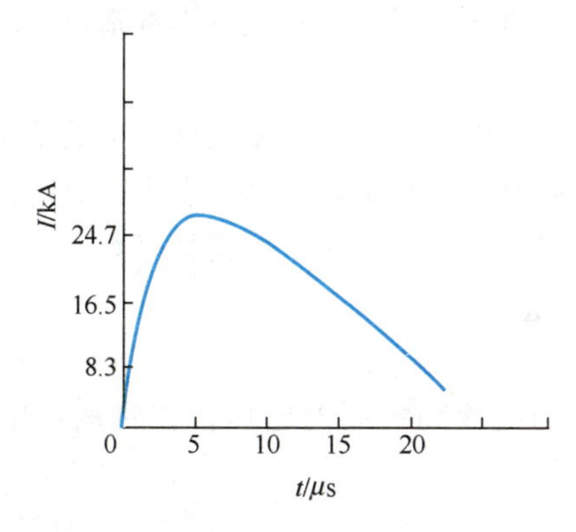

图 5.4　雷电流波形

（3）坡度不小于 1/2 的屋面——屋角、屋脊、檐角，如图 5.5（d）所示。

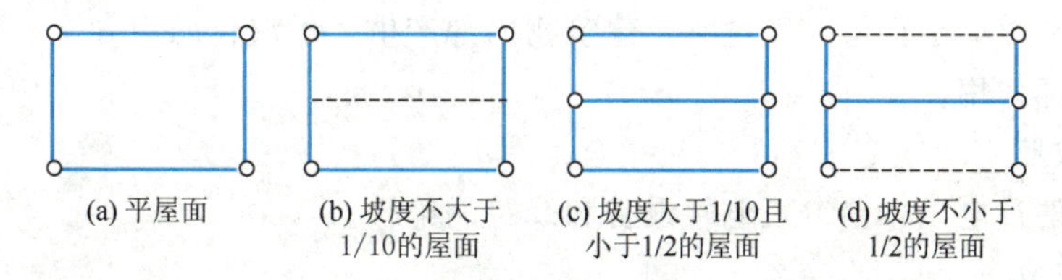

图 5.5　建筑物易遭受雷击的部位

3. 雷电击的基本形式

雷电击的基本形式有直击雷、感应雷、雷电波侵入、球形雷。

1）**直击雷**

当天空中的雷云飘近地面时，会在附近地面特别是凸出的树木或建筑物上感应出异性电荷。电场强度达到一定值时，雷云就会通过这些物体与大地之间放电，发生雷击。这种直接击在建筑物或其他物体上的雷电叫直击雷。直击雷会使被击物体产生很高的电位，引起过电压和过电流，不仅会击毙人畜、烧毁或劈倒树木、破坏建筑物，还会引起火灾和爆炸。

2）**感应雷**

当建筑物上空有雷云时，在建筑物上便会感应出相反的电荷。在雷云放电后，云层与大地之间的电场消失了，但聚集在屋顶上的电荷不能立即释放，此时屋顶对地面便有相当高的感应电压，易造成屋内电线、金属管道和大型金属设备放电，引起建筑物内的易爆危险品爆炸或易燃物品燃烧。这里的感应电荷主要是由雷电流的强大电场、磁场变化产生的静电感应、电磁感应造成的，所以称为感应雷或感应过电压。

3）**雷电波侵入**

当输电线路或金属管道遭受直接雷击或发生感应雷时，雷电波便沿着这些线路侵入室内，造成人员、电气设备和建筑物的伤害和破坏。雷电波侵入造成的事故在雷害事故中占相当大的比例，需引起足够重视。

4）**球形雷**

球形雷的形成研究还没有完整的理论，通常认为它是一个温度极高的特别明亮的眩目发光球体，直径为 10～20cm 或更大。球形雷通常在电闪后发生，以每秒几米的速度在空

气中漂行，它能从烟囱、门、窗或孔洞进入建筑物内部造成破坏。

4. 雷暴日

雷电的大小、多少与气象条件有关，评价某地区雷电的活动频繁程度一般以雷暴日为单位。在一天内只要听到雷声或者看到雷闪就算一个雷暴日。由当地气象台站统计的多年雷暴日的年平均值称为年平均雷暴日数。年平均雷暴日数不超过 15 天的地区称为少雷区，超过 40 天的地区称为多雷区。

5. 雷电的危害

雷电的形成伴随着巨大的电流和极高的电压，在它的放电过程中会产生极大的破坏力。雷电的危害主要有以下几方面。

1）**热效应**

雷电流通过导体时，会在极短时间内转换成大量热能，造成火灾。

2）**机械效应**

雷电的机械效应是指雷电经过时，建筑物内部产生大量汽化压力和金属物体产生电动力所引起的破坏作用。

3）**电气效应**

雷电引起的过电压，会击毁电气设备和线路的绝缘。

4）**电磁效应**

强大的雷电流周围产生强大且变化剧烈的磁场，会使处于这个变化磁场中的金属物体感应电流，产生发热现象。

5.1.2 防雷装置

雷电所形成的高电压和大电流对供电系统的正常运行和人们的生命财产造成了极大的威胁，所以必须采取防护措施。防雷装置由接闪器、引下线和接地装置三部分组成。

1. 接闪器

接闪器就是专门用来接受雷云放电的金属物体。接闪器的类型有避雷针、避雷线、避雷带和避雷网、避雷器等，都是经常用来防止直接雷击的防雷设备。

1）**避雷针及保护范围**

避雷针一般采用镀锌圆钢或镀锌钢管制成。它通常安装在电杆（支柱）或构架、建筑物上，它的下端要经引下线与接地装置连接。**避雷针实质上是引雷针，它把雷电流引入地下，从而保护了线路、设备及建筑物等。**

在避雷针下方有一个安全区域，处在这个安全区域内的被保护物遭受直接雷击的概率非常小，该区域就称为避雷针的保护范围。**避雷针的保护范围根据《建筑物防雷设计规范》(GB 50057—2010）采用“滚球法”来计算。**

利用滚球法确定避雷针保护范围

滚球法确定保护范围的步骤为：选择一个半径为 h_r（滚球半径）的球体，沿需防护直击雷的部位滚动，当球体触及接闪器或者同时触及接闪器和地面，而不能触及接闪器下方部位时，则该部位就在这个接闪器的保护范围之内。

半径为 45m 的滚球在建筑物上的移动轨迹如图 5.6 所示。

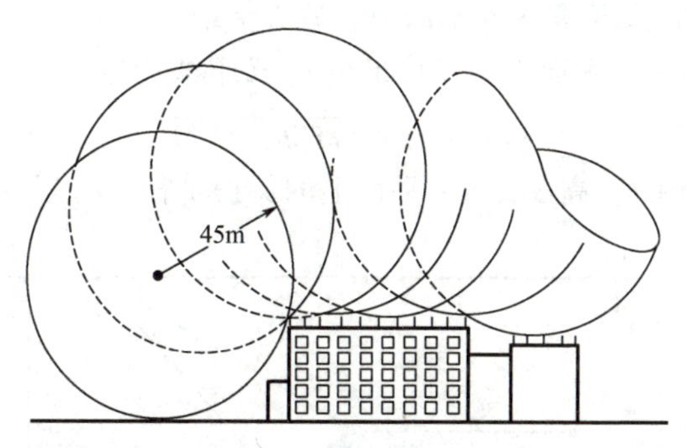

图 5.6　半径为 45m 的滚球在建筑物上的移动轨迹

滚球半径 h_r 是按不同建筑物的防雷类别确定的，见表 5-1。

表 5-1　滚球半径和避雷网网格尺寸

建筑物的防雷类别	滚球半径 h_r/m	避雷网网格尺寸/m
第一类防雷建筑物	30	≤5×5 或≤6×4
第二类防雷建筑物	45	≤10×10 或≤12×8
第三类防雷建筑物	60	≤20×20 或≤24×16

图 5.7 为单根避雷针的保护范围剖面立体图。

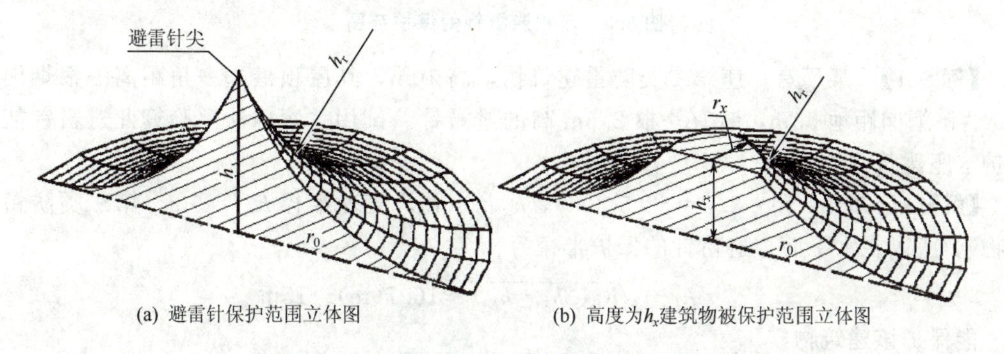

图 5.7　单根避雷针的保护范围剖面立体图

单根避雷针的保护范围如图 5.8 所示，具体计算步骤如下。

(1) **当避雷针高度 h 小于或等于滚球半径 h_r 时。**

① 距地面 h_r 处作一平行于地面的平行线。

② 以避雷针针尖为圆心，h_r为半径作弧线交平行线于 A、B 两点。

③ 分别以 A、B 为圆心，h_r为半径作弧线，该两条弧线上与避雷针针尖相交，下与地面相切，再将此两条弧线以避雷针为轴旋转 180°，形成的圆弧曲面体空间就是避雷针的保护范围。

④ 避雷针在 h_x 高度 $x—x'$平面上的保护半径 r_x 按下式确定。

$$r_x=\sqrt{h(2h_r-h)}-\sqrt{h_x(2h_r-h_x)}$$

⑤ 避雷针在地面的保护半径 r_0 按下式确定。

$$r_0=\sqrt{h(2h_r-h)}$$

(2) **当避雷针高度 h 大于滚球半径 h_r 时，取 $h=h_r$。**

避雷针在 h_x 高度 $x—x'$平面上的保护半径 r_x 按下式确定。

$$r_x=h_r-\sqrt{h_x(2h_r-h_x)}$$

式中，r_x 为避雷针在 h_x 高度 $x-x'$平面上的保护半径；h_x 为被保护物的高度，m。

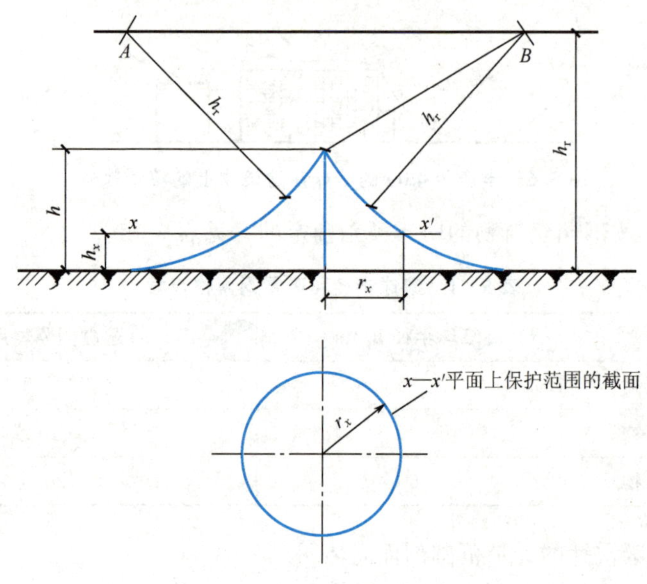

图 5.8　单根避雷针的保护范围

【例 5.1】 某厂有一座第二类防雷建筑物，高 10m，其屋顶最远一角距离一根烟囱为 15m。该烟囱距地 50m，装有一根 2.5m 高的避雷针。试用“滚球法”验算此避雷针能否保护这座建筑物。

【解】 已知 $h=50+2.5=52.5$（m），$h_x=10$m，滚球半径 $h_r=45$m（第二类防雷建筑物），所以在水平面上避雷针的保护半径为

$$r_x=h_r-\sqrt{h_x(2h_r-h_x)}\approx 16.7(\text{m})>15\text{m}$$

能保护该建筑物。

2) **避雷线**

避雷线的原理及作用与避雷针基本相同，它主要用于保护架空线路，因此又称为架空地线。避雷线的材料为 35mm^2 的镀锌钢线，分单根和双根两种，双根的保护范围大一些。避雷线一般架设在架空线路导线的上方，用引下线与接地装置连接，以保护架空线路免受直接雷击。

单根避雷线的保护范围按下列方法确定，如图 5.9 所示。

(1) 距地面 h_r 处作一平行于地面的平行线。

(2) 以避雷线为圆心，h_r 为半径作弧线交平行线于 A、B 两点。

(3) 分别以 A、B 为圆心，h_r 为半径作弧线，该两弧线相交或相切并与地面相切，从该弧线起到地面止就是保护范围。

(4) 当避雷线的高度满足 $h_r<h<2h_r$ 时，保护范围最高点的高度 h_0 为

$$h_0=2h_r-h$$

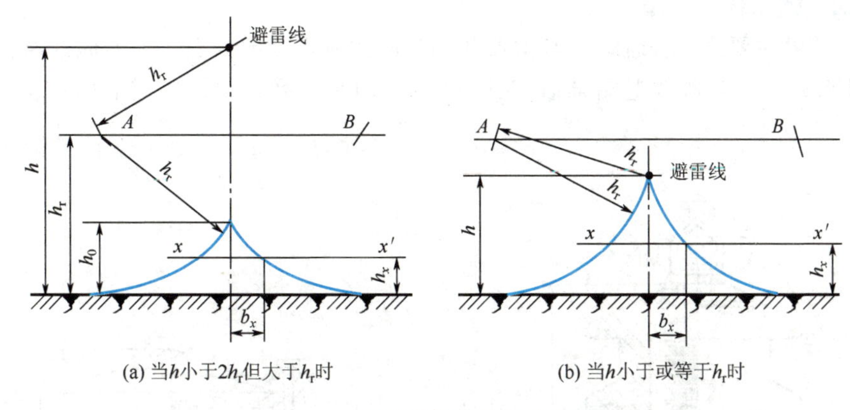

图 5.9 单根避雷线的保护范围

(5) 避雷线在 h_x 高度 $x—x'$ 平面上的保护宽度 b_x 为

$$b_x=\sqrt{h(2h_r-h)}-\sqrt{h_x(2h_r-h_x)}$$

(6) 当避雷线的高度 $h\geqslant 2h_r$ 时，无保护范围。

3) 避雷带和避雷网

避雷带和避雷网普遍用来保护高层建筑物免遭直击雷和感应雷的侵害。避雷带采用直径不小于 8mm 的圆钢或截面面积不小于 $48mm^2$、厚度不小于 4mm 的扁钢，沿屋顶周围装设，高出屋面 100～159mm，支持卡间距为 1～1.5m。避雷网则除了沿屋顶周围装设，屋顶上面还用圆钢或扁钢纵横连接成网状。避雷带、避雷网必须经 1～2 根引下线与接地装置可靠地连接。

4) 避雷器

避雷器的作用是防止雷电产生的过电压雷电波沿线路侵入变配电所或其他建筑物内，以免危及被保护设备的绝缘。

避雷器应与被保护设备并联，装在被保护设备的电源侧，避雷器的连接如图 5.10 所示。

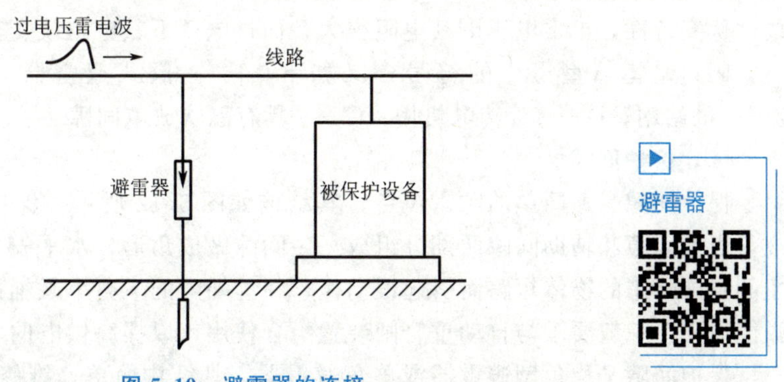

图 5.10 避雷器的连接

当线路上出现危及设备绝缘的雷电过电压时，避雷器的火花间隙就被击穿，或由高阻变为低阻，使过电压对大地放电，从而保护了设备的绝缘。

常用避雷器的形式有阀式避雷器、保护间隙、管式避雷器和金属氧化物避雷器等。

（1）**阀式避雷器**。

阀式避雷器主要分为普通阀式避雷器和磁吹阀式避雷器两大类。普通阀式避雷器有FS和FZ两种系列；磁吹阀式避雷器有FCD和FCZ两种系列。阀式避雷器的结构如图5.11所示。

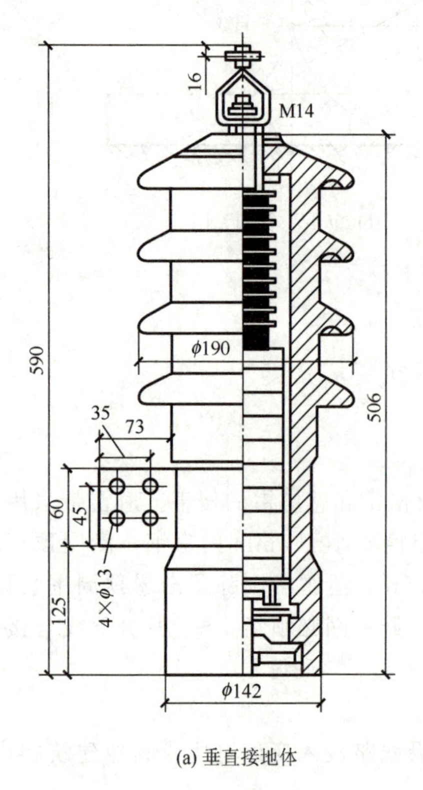

(a) 垂直接地体

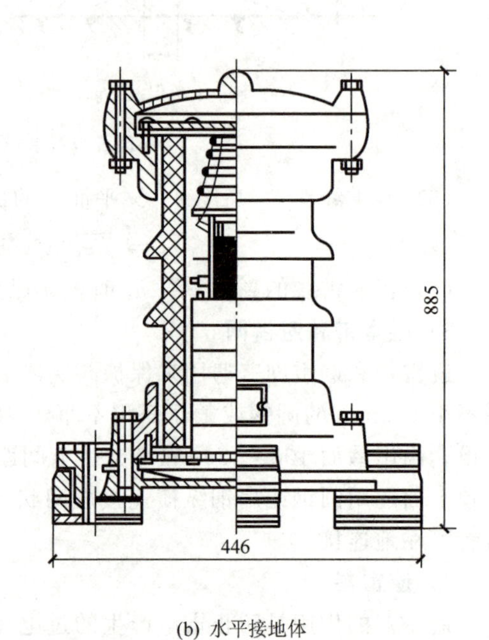

(b) 水平接地体

图5.11 阀式避雷器的结构

阀式避雷器由火花间隙和阀片组成，装在密封的瓷套管内。火花间隙用铜片冲制而成，每对间隙用云母垫圈隔开，在雷电过电压作用下，火花间隙被击穿放电。阀片具有非线性伏安特性，正常电压下其电阻很大，而过电压下其电阻就变得很小。

阀式避雷器型号中的符号含义如下：F——阀式避雷器；S——配（变）电作用；Z——电站用；D——旋转电机用；C——具有磁吹放电间隙。

（2）**保护间隙**。

保护间隙是最简单的防雷设备，其结构如图5.12所示。保护间隙一般用镀锌圆钢制成，由主间隙和辅助间隙两部分组成。主间隙做成角形，水平安装，以便灭弧。为了防止主间隙被外来的物体短路而引起误动作，在主间隙的下方串联辅助间隙。因为保护间隙灭弧能力弱，一般要求与自动重合闸装置配合使用，以提高供电的可靠性。

保护间隙又称角型避雷器或羊角避雷器，其结构简单，维修方便，但保护性能较差，保护间隙一般只用于室外且负荷不重要的线路上。

（3）**管式避雷器**。

管式避雷器即排气式避雷器，它的基本元件是安装在产气管内的火花间隙，间隙由棒型和环型电极构成，其结构如图5.13所示。管式避雷器由灭弧管内间隙和外间隙组成。

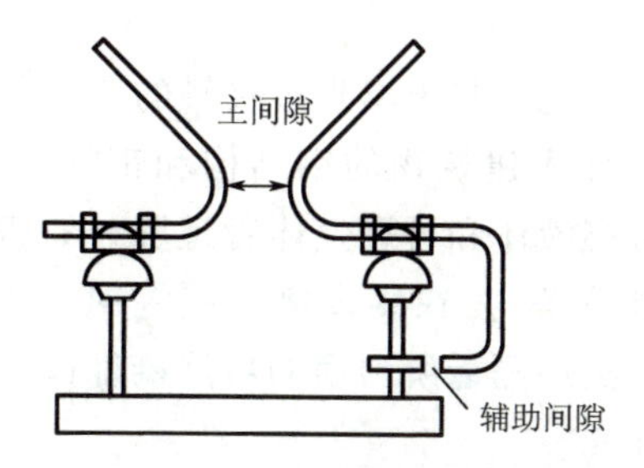

图 5.12 保护间隙的结构

灭弧管一般用纤维胶木等能在高温下产生气体的材料制成。当雷电过电压来临时，管式避雷器的内、外间隙被击穿，雷电流通过接地线泄入大地。接踵而来的工频电流会产生强烈的电弧，电弧燃烧管壁并产生大量气体从管口喷出，很快地吹灭电弧。同时外间隙恢复绝缘，使灭弧管或避雷器与系统隔开，系统恢复正常运行。

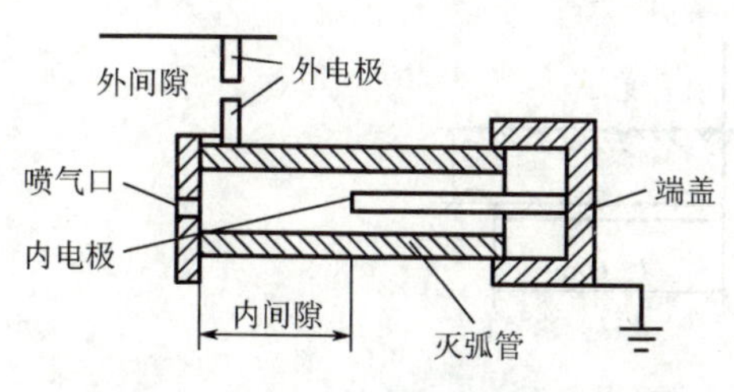

图 5.13 管式避雷器的结构

管式避雷器具有简单经济、残压很小的优点，但它动作时有电弧和气体从管中喷出，因此它只适于室外架空场所，主要用在架空线路上。

(4) **金属氧化物避雷器**。

金属氧化物避雷器（也称压敏避雷器）是20世纪70年代开始出现的一种新型避雷器。与传统的碳化硅阀式避雷器相比，金属氧化物避雷器没有火花间隙，且用氧化锌（ZnO）代替碳化硅（SiC），在结构上采用压敏电阻制成的阀片叠装而成。该阀片具有优异的非线性伏安特性：工频电压下，它呈现极大的电阻，能有效地抑制工频电流；而在雷电过电压下，它又呈现极小的电阻，能很好地泄放雷电流。

金属氧化物避雷器具有保护特性好、通流能力强、残压低、体积小、安装方便等优点。目前金属氧化物避雷器已广泛地用于高低压电气设备的保护。

2. 引下线

引下线是连接接闪器与接地装置的一段导线，其作用是将雷电流引入接地装置，一般可用圆钢或扁钢制成。圆钢直径不小于8mm；扁钢截面面积不小于48mm²，厚度不小于4mm。

引下线可以专门敷设（明装），也可利用建筑物内的金属构件（暗装）。一般优先利用柱或剪力墙中的主筋作为引下线，专门敷设时采用镀锌圆钢或扁钢。

人工敷设的引下线应在地面上1.7m和地面下0.3m的一段线上用钢管或塑料管加以保护，在引下线距地面0.3～1.8m的位置设置断接卡子；自然引下线并同时采用基础接地时，应在室内或室外的适当地点设置若干连接板，供测量接地电阻之用。暗装的引下线应比明装时增大一个规格，每根柱子内要焊接2根主筋，各构件之间必须连成电气通路。

3. 接地装置

接地装置的主要作用是向大地均匀地泄放电流，使防雷装置对地电压不至于过高。接地装置包括接地线和接地体两部分，它是防雷装置的重要组成部分。

1) **接地线**

接地线是连接引下线和接地体的导线，一般用直径为10mm的圆钢制作。

防雷装置

2）接地体

接地体是埋入地下与土壤直接接触的金属导体，接地体包含人工接地体和自然接地体（埋入建筑物的钢结构和钢筋；行车的钢轨；埋地的金属管道、水管，但可燃液体和可燃气体管道除外；敷设于地面下而数量不少于2根的电缆金属外皮等）。**在装设接地装置时，首先应充分利用自然接地体，以节约投资。当实地测量所利用的自然接地体电阻不能满足规范要求时才考虑添加装设人工接地体作为补充。**

人工接地体可用圆钢、扁钢、角钢或钢管等组成，其最小尺寸不小于下列数值：圆钢直径为10mm；扁钢截面面积为100mm^2，厚度为4mm；角钢厚度为4mm；钢管管壁厚度为3.5mm。

人工接地体有垂直埋设和水平埋设两种基本结构，如图5.14所示。垂直埋设时，为了减小相邻接地体的屏蔽效应，各接地体之间的距离一般为5m。

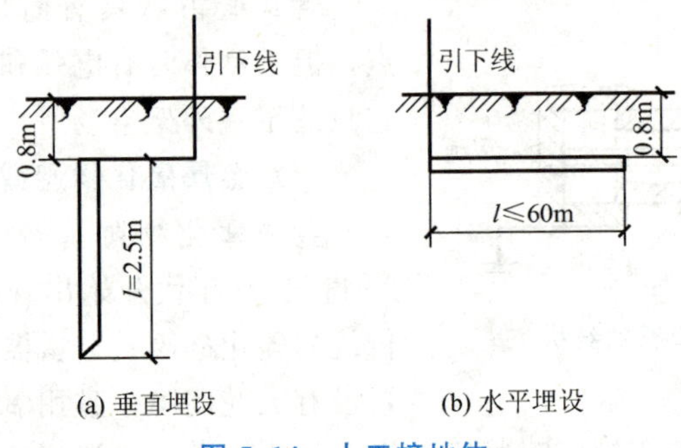

(a) 垂直埋设　　(b) 水平埋设

图5.14　人工接地体

5.1.3 变配电所防雷保护

变配电所的防雷保护主要有两个重要方面：一是防止变配电所建筑物和户外配电装置遭受直击雷；二是防止过电压雷电波沿进线侵入变配电所，危及变配电所电气设备的安全。变配电所的防雷保护常采用以下措施。

1）防直击雷

一般采用装设避雷针（线）来防直击雷。如果变配电所位于附近高大建（构）筑物上的避雷针保护范围内，或者变配电所本身是在室内的，则不必考虑直击雷的防护。

2）雷电波的侵入

对35kV进线，一般采用在沿进线500～600m的这一段距离安装避雷线并可靠地接地，同时在进线上安装避雷器即可满足要求。对6～10kV进线可以不装避雷线，只要在线路上装设FZ型或FS型阀式避雷器即可，如图5.15所示。

图5.15中接在母线上的避雷器主要是保护变压器不受雷电波危害，在安装时应尽量靠近变压器，其接地线应与变压器低压侧接地的中性点及金属外壳一起接地，变压器防雷保护如图5.16所示。

3）高压电动机的防雷保护

高压电动机的绕组由于制造条件的限制，其绝缘水平比变压器低，它不能像变压器线

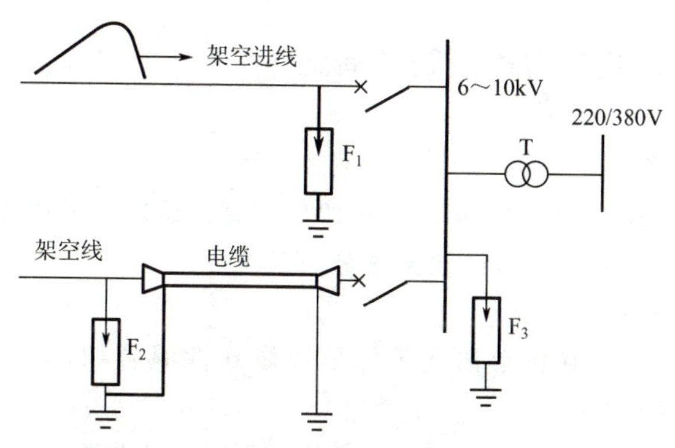

图 5.15　6～10kV 防雷电波侵入接线示意

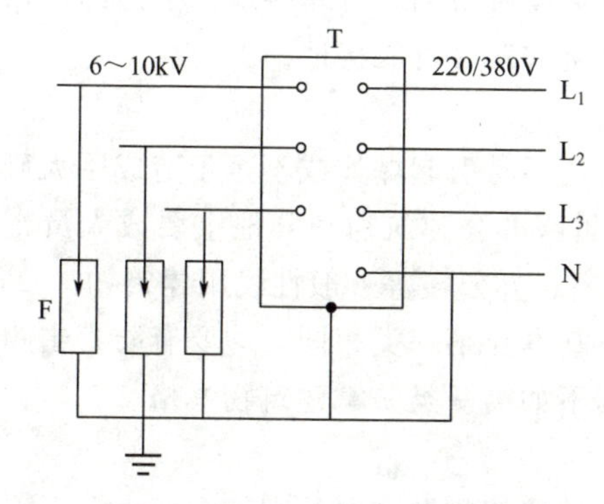

图 5.16　变压器防雷保护

圈那样可以浸在油里，而只能靠固体介质来绝缘。电动机绕组长期在空气中运行，容易受潮、受粉尘污染、受酸碱气体的侵蚀。另外，长时间的发热，绕组中的固体介质容易老化，所以电动机的绝缘只能达到$1.5\sqrt{2}U_N$。

对高压电动机一般采用如下的防雷措施：对定子绕组的中性点能引出的大功率高压电动机，在中性点加装相电压磁吹阀式避雷器（FCD 型）或金属氧化物避雷器；对中性点不能引出的电动机，目前普遍采用磁吹阀式避雷器（FCD 型）与电容器 C 并联的方法来保护，如图 5.17 所示，该电容器的容量可选 1.5～2μF，电容器的耐压值可按被保护电动机的额定电压选用，电容器接成星形，并将其中性点直接接地。

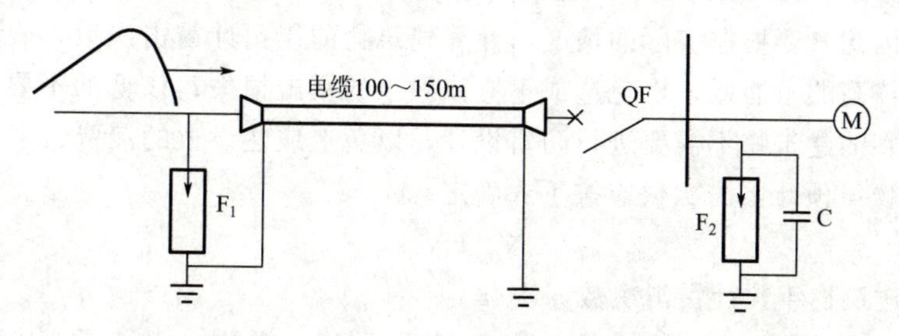

F_1—排气式避雷器或普通阀式避雷器；F_2—磁吹阀式避雷器。

图 5.17　高压电动机防雷保护的接线示意

5.1.4 建筑物防雷的分类及防雷措施

1. 建筑物防雷保护

《建筑物防雷设计规范》(GB 50057—2010) 规定，建筑物应根据重要性、使用性质、发生雷电事故的可能性和后果，按防雷要求分为三类。

1）第一类防雷建筑物

凡存放爆炸性物品，或在正常情况下能形成爆炸性混合物，因电火花而爆炸的建筑物，称为第一类防雷建筑物。

这类建筑物应装设独立避雷针或架空避雷线（网）防止直击雷。为防感应过电压和雷电波侵入，对非金属屋面应敷设避雷网并可靠接地。室内的一切金属设备和管道均应良好接地，电源进线处也应装设避雷器并可靠接地。

2）第二类防雷建筑物

条件同第一类，但电火花不易引起爆炸或不至于造成巨大破坏和人身伤亡；预计雷击次数大于 0.05 次/a 的部、省级办公建筑物和其他重要或人员密集的公共建筑物；预计雷击次数大于 0.25 次/a 的住宅、办公楼等一般性民用建筑物。

这类建筑物的防雷措施基本与第一类相同，即要有防直击雷、感应雷和雷电波侵入的保护措施，但其规定的指标不如第一类防雷建筑物严格。

3）第三类防雷建筑物

（1）省级重点文物保护的建筑物及省级档案馆。

（2）预计雷击次数大于或等于 0.01 次/a，且小于或等于 0.05 次/a 的部、省级办公建筑物和其他重要或人员密集的公共建筑物。

（3）预计雷击次数大于或等于 0.05 次/a，且小于或等于 0.25 次/a 的住宅、办公楼等一般性民用建筑物或一般性工业建筑物。

（4）在平均雷暴日大于 15d/a 的地区，高度在 15m 及以上的烟囱、水塔等孤立的高耸建筑物；在平均雷暴日小于或等于 15d/a 的地区，高度在 20m 及以上的烟囱、水塔等孤立的高耸建筑物。

2. 预计雷击次数计算

根据 GB 50057—2010 的要求，在确定建筑物的防雷类别时，预计雷击次数是一个很重要的指标。因此，要根据实际的情况，计算建筑物的年预计雷击次数，确定建筑物的防雷类别，做到该高的不能低，以免造成不应该发生的雷击损失；该低的不要高，没有达到第三类防雷类别的建筑物不需要进行防雷设计，以免造成建设上的浪费。

（1）建筑物年预计雷击次数应按下式确定。

$$N=kN_gA_e$$

式中，N——建筑物年预计雷击次数，次/a。

k——校正系数，在一般情况下取 1；位于河边、湖边、山坡下或山地中土壤电阻率较小处、地下水露头处、土山顶部、山谷风口等处的建筑物，以及特别潮湿的建筑物取 1.5；金属屋面没有接地的砖木结构建筑物取 1.7；位于山顶上或旷野的孤立建筑物取 2。

N_g——建筑物所处地区雷击大地的年平均密度，次/(km²·a)。

A_e——与建筑物截收相同雷击次数的等效面积，km²。

(2) 雷击大地的年平均密度应按下式确定。

$$N_g = 0.024 T_d^{1.3}$$

式中，T_d——年平均雷暴日，根据当地气象台、站资料确定。

(3) 建筑物等效面积 A_e，应为其实际平面积向外扩大后的面积。其计算方法应符合下列规定。

① 当建筑物高度 $H<100$m 时，其每边的扩大宽度和等效面积应按下列公式计算确定（图 5.18）。

$$D = \sqrt{H(200-H)}$$

$$A_e = [LW + 2(L+W)\sqrt{H(200-H)} + \pi H(200-H)] \times 10^{-6}$$

式中， D——建筑物每边的扩大宽度，m；

L、W、H——分别为建筑物的长、宽、高，m。

② 当建筑物高度 $H \geqslant 100$m 时，其每边的扩大宽度应按等于建筑物高度 H 计算，建筑物的等效面积应按下式确定。

$$A_e = [LW + 2H(L+W) + \pi H^2] \times 10^{-6}$$

③ 当建筑物各部位的高度不同时，应沿建筑物周边逐点算出最大扩大宽度，其等效面积 A_e 应按每点最大扩大宽度外端的连接线所包围的面积计算。

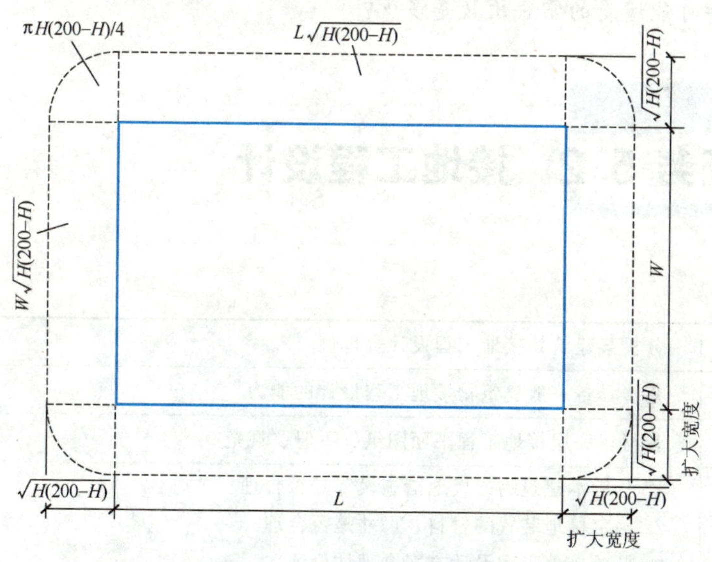

图 5.18 建筑物等效面积

【例 5.2】 某市年平均雷暴日为 40 天，市区有一建筑物高 28m，楼顶长 50m，宽 10m，女儿墙高 1m，在其顶上安装了一根 8m 高的避雷针，不设避雷网、避雷带，预计这座建筑物每年可能遭受的雷击次数是多少？能否得到安全保护？

【解】 根据分析，取校正系数 $k=1$。

雷击大地的年平均密度为

$$N_g = 0.024 T_d^{1.3} = 0.024 \times 40^{1.3} \approx 2.903282[\text{次/(km}^2\cdot\text{a)}]$$

建筑物等效面积为

$$A_e=[LW+2(L+W)\sqrt{H(200-H)}+\pi H(200-H)]\times10^{-6}\approx0.023958(\mathrm{km}^2)$$

建筑物年预计雷击次数为

$$N=kN_gA_e=0.069556(次/\mathrm{a})>0.05$$

根据规范，该建筑物属于第三类防雷建筑物。

查表得到第三类防雷建筑物的滚球半径 $h_r=60\mathrm{m}$。

避雷针的高度 $h=28+8=36(\mathrm{m})$

避雷针在高度为28m+1m（女儿墙）位置的保护半径为

$$r_x=\sqrt{h(2h_r-h)}-\sqrt{h_x(2h_r-h_x)}\approx3.619710(\mathrm{m})$$

而楼顶长为50m，所以该建筑物不能得到安全保护。

练习题5.1

一、简述题

简述雷电击的形式。

二、计算题

1. 某第二类防雷建筑物，若避雷针离地高度为8m，则避雷针在地面上的保护半径为多少？

2. 某建筑物高90m、长45m、宽30m，地处湖边，该地平均雷暴日为30d/a，试计算这座建筑物每年可能遭受的雷击次数是多少？

任务 5.2 接地工程设计

任务说明	分析某建筑物接地工程设计合理性
学习目标	初步具备一般建筑物接地工程设计的能力
工作依据	教材、一层接地工程平面图纸、手册、规范
实施步骤	1. 分析本建筑物的接地措施设置是否合理 2. 确定接地装置的材料、尺寸是否合理 3. 形成接地工程设计方案合理性论证
任务成果	接地工程设计方案合理性论证

5.2.1 电流对人体的危害

1. 人体触电的概念和分类

人体接触带电体或人体与带电体之间产生闪络放电，并有一定电流通过人体，导致人体伤亡的现象，称为触电。

以是否接触带电体，触电可分为直接触电和间接触电。前者是人体不慎接触带电体或是过分靠近高压设备，后者是人体触及因绝缘损坏而带电的设备外壳或与之相连接的金属构架。电流对人体的伤害，可分为电击和电伤。电击主要是电流对人体内部的生理作用，表现为人体的肌肉痉挛、呼吸中枢麻痹、心室颤动、呼吸停止等；电伤主要是电流对人体外部的物理作用，常见的形式有电灼伤、电烙印及皮肤中渗入熔化的金属物等。

除上述分类外，还有以人体触电方式分类、以伤害程度分类等。

2. 人体触电事故原因

（1）违反安全工作规程：如在全部停电和部分停电的电气设备上工作，未落实相应的技术措施和组织措施，导致误触带电部分；错误操作（带负荷分、合隔离开关等）及使用工具和操作方法不正确等。

（2）运行维护工作不及时：如架空线路断线导致误触电；电气设备绝缘破损使带电体接触外壳或铁芯，从而导致误触电；接地装置的接地线不合标准或接地电阻太大等导致误触电。

（3）设备安装不符合要求：主要表现在进行室内外配电装置的安装时不遵守国家电力规程有关规定，野蛮施工，偷工减料，采用假冒伪劣产品等。

3. 电流强度对人体的危害程度

触电时人体受害的程度与许多因素有关，如通过人体的电流强度、持续时间、电压高低、频率高低、电流通过人体的途径及人体的健康状况等，其中最主要的因素是通过人体的电流强度。当通过人体的电流越大，人体的生理反应越明显，致命的危险性也就越大。按通过人体的电流强度对人体的影响，电流大致分为三种。

（1）感觉电流。它是人体有感觉的最小电流。

（2）摆脱电流。人体触电后能自主地摆脱电源的最大电流称为摆脱电流。

（3）致命电流。在较短的时间内，危及生命的最小电流称为致命电流。一般情况下通过人体的工频电流超过 50mA 时，心脏就会停跳，人就会发生昏迷，很快致死。

人体触电时，若电压一定，则通过人体的电流由人体的电阻值决定。不同类型、不同条件下的人体电阻不尽相同。一般情况下，人体电阻可高达几十千欧，而在最恶劣的情况下可能降至 1000Ω，而且人体电阻会随着作用于人体的电压升高而急剧下降。

我国规定安全电流为 30mA，且通过时间不超过 1s，即 30mA·s。根据安全电流值和人体电阻值，大致可求出安全电压值。我国规定允许人体接触的安全电压见表 5-2。

表 5-2 我国规定允许人体接触的安全电压

安全电压（交流有效值）/V	选用举例	安全电压（交流有效值）/V	选用举例
42	特别危险环境使用的携带式电动工具	12	金属容器内、隧道内、水井内及周围有大面积接地导体等工作地点狭窄、行动不便的环境
36、24	有电击危险环境使用的手持照明灯和局部照明灯	6	水上作业等特殊场所

5.2.2 接地与接地装置

1. 接地的相关概念

1）接地与接地装置

电气设备的某部分与大地之间做良好的电气连接，称为接地。

埋入地中并直接与大地接触的金属导体，称为接地体或接地极。专门为接地而人为装设的接地体，称为人工接地体。兼作接地体用的直接与大地接触的各种金属构件、金属管道及建筑物的钢筋混凝土基础等，称为自然接地体。接地线与接地体的组合，称为接地装置。由若干接地体在大地中相互用接地线连接起来的一个整体，称为接地网，如图 5.19 所示。

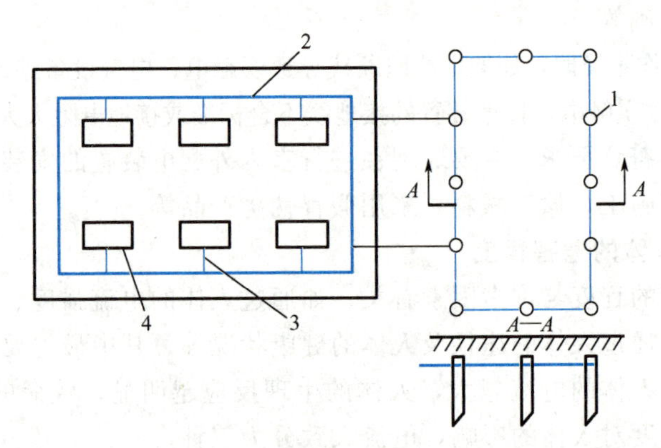

1—接地体；2—接地干线；3—接地支线；4—设备。

图 5.19　接地网

2）接地电流与对地电压

当电气设备发生接地故障时，电流就通过接地体向大地做半球形散开，称为接地电流。

在距单根接地体或接地故障点约 20m 的地方，散流电阻已趋近于零，即其电位趋近于零，称为电气上的“地”或“大地”。

电气设备的接地部分，如接地的外壳和接地体等，与零电位的“地”之间的电位差，就称为接地部分的对地电压。

3）接触电压 U_{tou} 和跨步电压 U_{step}

电气设备的绝缘损坏时，在身体可同时触及的两部分之间出现电位差，如图 5.20 所示，人站在发生接地故障的电气设备旁边，手触及设备的金属外壳，则人手与脚之间所呈现的电位差，即为接触电压，用 U_{tou} 表示。

跨步电压即在接地故障点附近行走时，两脚之间出现的电位差，用 U_{step} 表示。越靠近接地故障点或跨步越大，跨步电压也就越大。离接地故障点达 20m 时，跨步电压为零。

2. 接地的类型

接地的类型按其功能可分为工作接地、保护接地、重复接地，如图 5.21 所示。

（1）工作接地：为保证电力系统和电气设备达到正常工作要求而进行的一种接地，如电源中性点的接地、防雷装置的接地等。

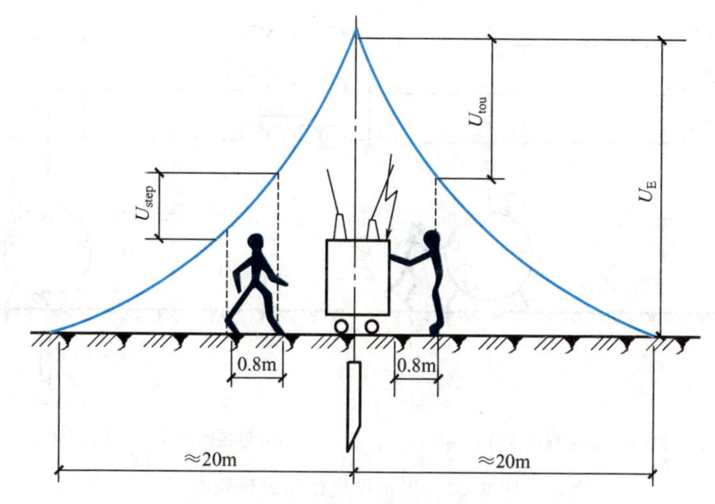

图 5.20 接触电压和跨步电压示意

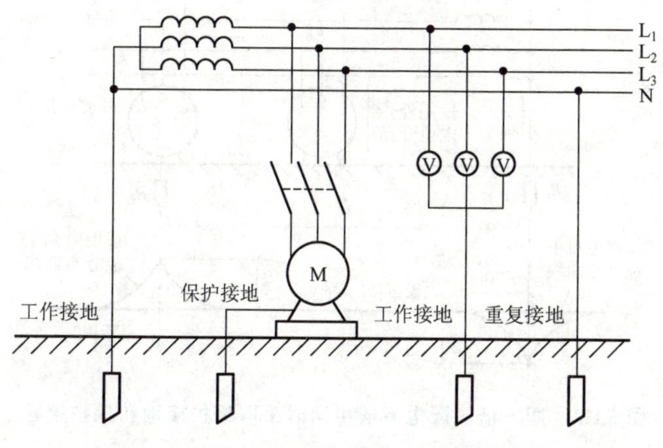

图 5.21 工作接地、保护接地、重复接地示意

(2) **保护接地**：为保障人身安全、防止间接触电而将设备的外露可导电部分接地。保护接地作用的说明如图 5.22 所示。

保护接地的形式有如下两种。

① 设备的外露可导电部分经各自的接地线（PE 线）直接接地。

② 设备的外露可导电部分经公共的 PE 线或 PEN 线接地，这种接地习惯上称为“保护接零”。

必须注意：在同一低压配电系统中，不能有的采取保护接地，有的采取保护接零，否则当采取保护接地的设备发生单相接地故障时，采取保护接零的设备外露可导电部分将带上危险的电压，如图 5.23 所示。

(3) **重复接地**。在 TN 系统中，为确保公共 PE 线或 PEN 线安全可靠，除在电源中性点进行工作接地外，还应在 PE 线或 PEN 线的下列地方进行重复接地。

① 在架空线路终端及沿线每 1km 处。

② 电缆和架空线引入车间或大型建筑物处。

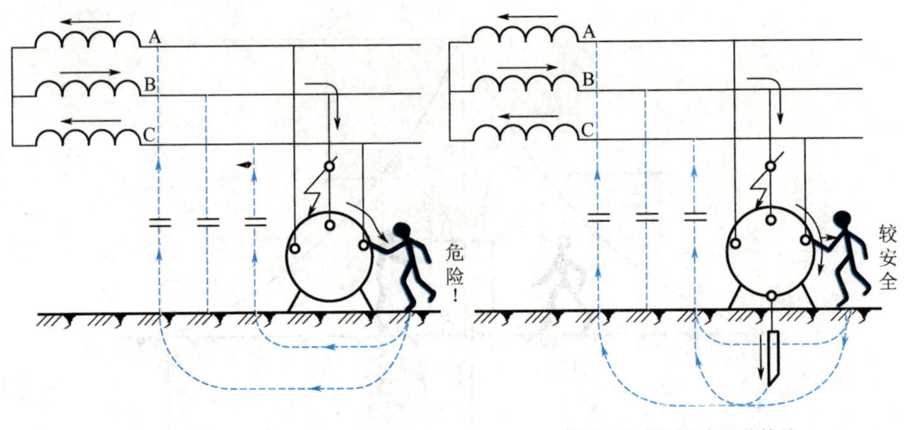

图 5.22　保护接地作用的说明

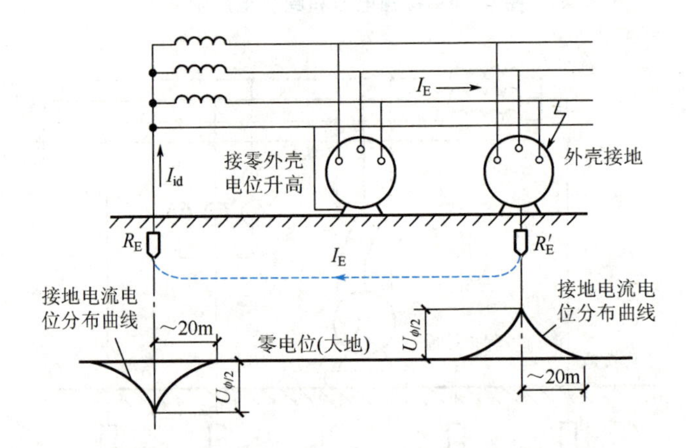

图 5.23　同一低压配电系统中同时采取保护接地和保护接零

如果不重复接地，则在 PE 线或 PEN 线断线且有设备发生单相接地故障时，接在断线后面的所有设备外露可导电部分都将呈现接近于相电压的对地电压，如图 5.24(a) 所示，这是很危险的。如果进行了重复接地，如图 5.24(b) 所示，则在发生同样故障时，断线后面的设备外露可导电部分的对地电压大大降低。

3. 接地电阻及要求

接地电阻：接地体的流散电阻与接地线和接地体电阻的总和。由于接地线和接地体的电阻相对较小，因此接地电阻可认为就是接地体的流散电阻。

工频接地电阻：工频（50Hz）接地电流流经接地装置所呈现的接地电阻。

冲击接地电阻：雷电流流经接地装置所呈现的接地电阻。

在接地电流通过保护接地时产生的对地电压不应高于安全特低电压 50V。因此接地电阻应为

$$R_E \leqslant \frac{50}{I_E}$$

式中，R_E——接地电阻；

I_E——漏电保护断路器的动作电流。

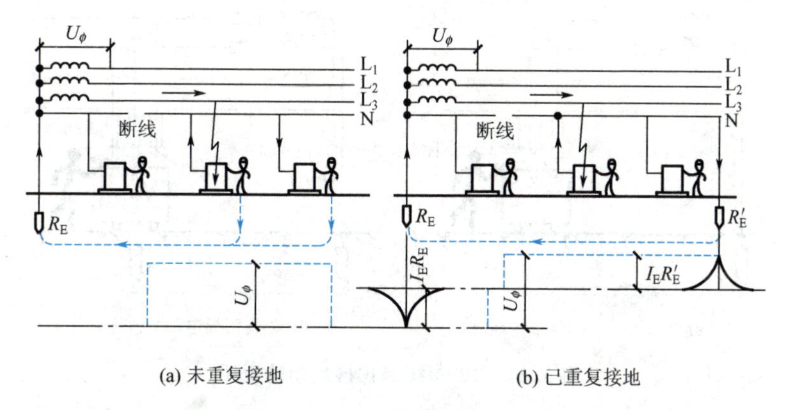

图 5.24　重复接地的作用示意

如果漏电保护断路器的动作电流取 30mA（安全电流值），则 $R_E \leqslant 50/0.03 \approx 1667\Omega$，一般取 $R_E \leqslant 100\Omega$，以确保安全。

5.2.3 低压配电系统接地保护

在我国，将设备外壳通过各自的接地体与大地紧密相接的形式称为“保护接地”，属于 IT 系统；将设备外壳通过公共的 PE 线或 PFN 线接地的形式称为“保护接零”，属于 TN 系统。

1. TN 系统

TN 系统的电源中性点直接接地，并引出 N 线，如图 5.25 所示。

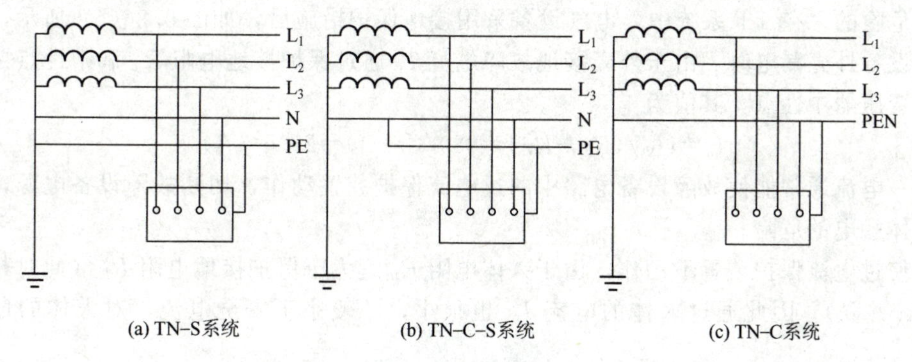

图 5.25　TN 系统

当设备带电部分与外壳相连时，短路电流经外壳和 N 线（或 PE 线）而形成单相短路，显然该短路电流较大，可使 PE 线快速而可靠地动作，将故障部分与电源断开，消除触电危险。其中，N 线与 PE 线完全分开的称为 TN－S 系统；N 线与 PE 线前段共用、后段分开的称为 TN－C－S 系统；N 线与 PE 线完全共用的称为 TN－C 系统。

低压配电系统接地故障保护

2. TT 系统

TT 系统的电源中性点直接接地，也引出 N 线，属于三相四线制系统，而设备的外露可导电部分则经各自的 PE 线分别接地，如图 5.26 所示。

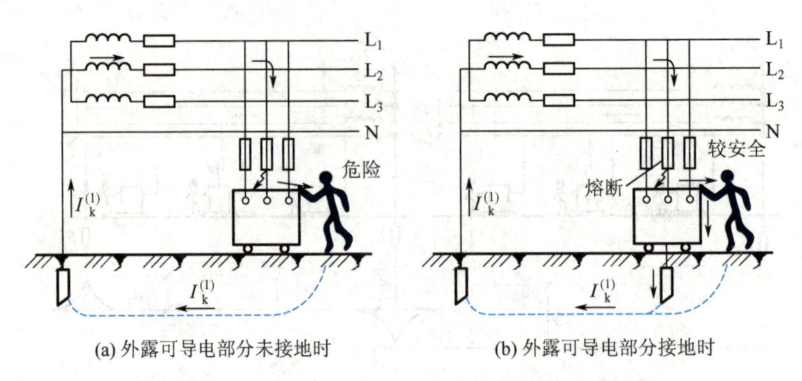

图 5.26　TT 系统保护接地功能说明

拓展讨论

党的二十大报告提出，加强基础研究，突出原创，鼓励自由探索。而相关电气规范标准中已有关于接地故障保护的条文规定，为什么我们还需要学习计算漏电电流，意义是什么？

电气设备没有采用接地保护措施时，一旦电气设备漏电，其漏电电流不足以使熔断器熔断（或过电流保护装置动作），设备外壳将存在危险的相电压。当人体误触其外壳时，就会有电流流过人体，其值 I_m 为

$$I_m = U_\Phi/(R_m + R_0)$$

式中，U_Φ 为额定相电压，R_m 为人体电阻，R_0 为线路电阻，R_0 值一般取 4Ω，与 R_m 相比可以略去。若 $U_\Phi = 220V$，$R_m = 1000\Omega$，则流过人体的电流 $I_m = 0.22A$，这个电流对人体是危险的。在 TT 系统中，电气设备采用接地保护措施后，如图 5.26(b) 所示，当发生电气设备外壳漏电时，由于外壳接地故障电流 I_k 通过保护接地电阻 R_E 和中性点接地电阻回到变压器中性点，其值为

$$I_k = U_\Phi/(R_0 + R_E) = 220/(4+4) = 27.5\ (A)$$

这一电流通常能使故障设备电路中的过电流保护装置动作，切断故障设备电源，从而减少人体触电的危险。

即使过电流保护装置不动作，由于人体电阻 R_m 远大于保护接地电阻 R_E（此时相当于 R_m 与 R_E 并联），因此通过人体的电流 I_m 也很小，一般小于安全电流，对人体的危害也较小。

由上述分析可知，TT 系统的使用能减少人体触电的危险，但是毕竟不够安全，因此，为保障人身安全，应根据 IEC 标准加装漏电保护器（漏电开关）。

3. IT 系统

IT 系统的电源中性点不接地或经阻抗（约 1000Ω）接地，且通常不引出 N 线，而电气设备的导电外壳经各自的 PE 线分别直接接地，如图 5.27 所示。

在同一个保护系统中，不允许一部分电气设备采用 TN 制，而另一部分电气设备采用 TT 制。

在 IT 系统中，当电气设备发生单相接地故障时，接地电流将通过人体和电网与大地之间的电容构成回路，如图 5.27 所示。由图可知，流过人体的电流主要是电容电流。一

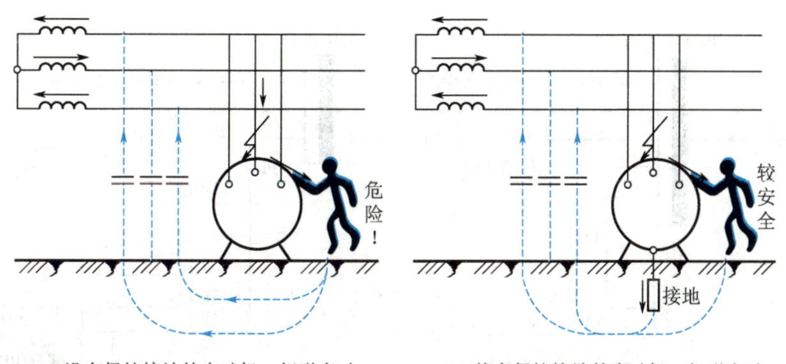

图 5.27 保护接地的作用

般情况下，此电流是不大的，但是，如果电网绝缘强度显著下降，则这个电流可能达到危险程度。

4. 基本要求

电气装置的外露可导电部分应与 PE 线连接；能同时触及的外露可导电部分应接至同一接地系统；建筑物电气装置应在电源进线处做总等电位联结；TN 和 TT 系统应装设能迅速自动切除接地故障的保护电器；IT 系统应装设能迅速反应接地故障的信号电器，必要时可装自动切除接地故障的电器；对于 TN 系统，N 线与 PE 线分开后，N 线不得再与任何“地”做电气连接。

5.2.4 等电位连接

等电位连接，顾名思义是**使各外露可导电部分和装置外可导电部分电位基本相等的电气连接**。在具体的实践中，等电位连接就是把建筑物内的所有金属物，如建筑物的基础钢筋、自来水管、煤气管及其金属屏蔽层、电力系统的零线、建筑物的接地系统，用电气连接的方法连接起来，使整座建筑物成为一个良好的等电位体。等电位连接示意如图 5.28 所示。

配有信息系统的机房内的电气和电子设备的金属外壳、机柜、机架、计算机直流地、防静电接地、屏蔽线外层、安全保护接地及各种 SPD（浪涌保护器等）接地端均应以最短的距离就近与等电位网络可靠连接。

等电位连接的目的就是使整个建筑物的正常非带电导体处于电气连通状态，防止设备与设备之间、系统与系统之间产生危险的电位差，确保设备和人员的安全。等电位连接技术对用电安全、防雷及电子信息设备的正常工作和安全使用都是十分必要的。IEC 标准把等电位连接作为电气装置最基本的保护。我国有关电气装置的设计规范已将建筑物内做等电位连接规定为强制性的电气安全措施。

在一个建筑工程中，等电位连接技术包括如下三种类型。

1. 总等电位连接（MEB）

总等电位连接作用于全建筑物，是在建筑物电源进线处采取的一种等电位连接措施，它在一定程度上可以降低建筑物内间接接触电压和不同金属部件间的电位差，并消除自建

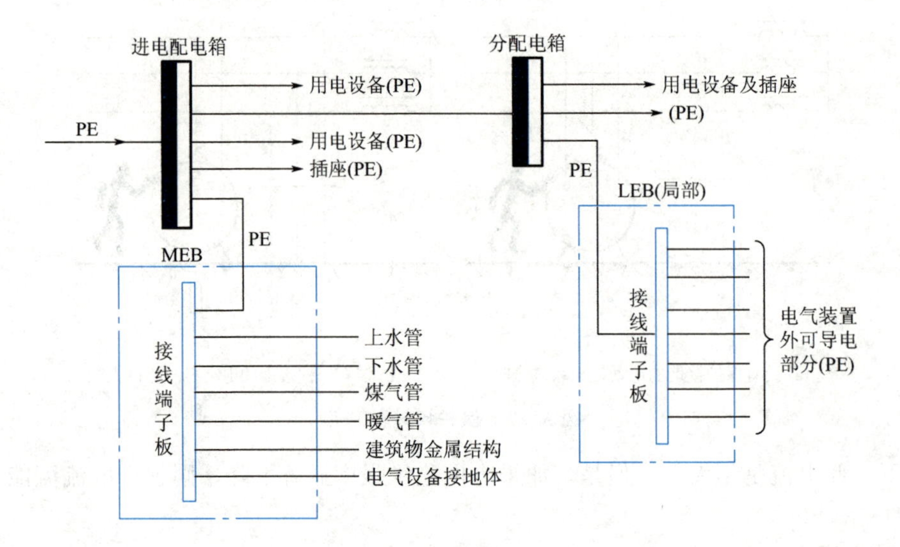

图 5.28　等电位连接示意

筑物外经电气线路和各种金属管道引入的危险故障电压的危害。如图 5.29 所示，通过进线配电箱近旁的 MEB 端子板（接地母排）将下列导电部分互相连通。

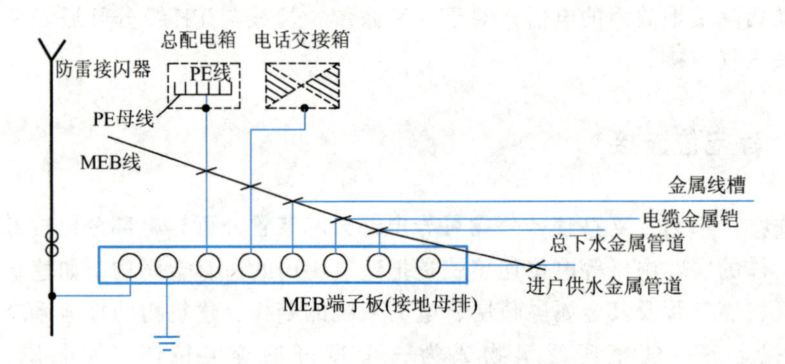

图 5.29　总等电位连接示意

（1）进线配电箱的 PE（或 PEN）母排。

（2）公用设施的金属管道，如上下水、热力、煤气等管道。

（3）建筑物金属结构。

（4）建筑物接地装置。

2. 局部等电位连接（LEB）

在一局部场所范围内将各导电部分连通，称为局部等电位连接。可通过 LEB 端子板将下列部分互相连通，以简便地实现该局部范围内的多个辅助等电位连接，包括 PE 母线或 PE 干线，公用设施的金属管道，建筑物金属结构。

下列情况需做局部等电位连接。

① 电源网络阻抗过大，使自动切断电源时间过长，不能满足防电击要求时。

② 自 TN 系统同一配电箱供电给固定式和移动式两种电气设备，而固定式设备保护电器切断电源时间不能满足移动式设备防电击要求时。

③ 为满足浴室、游泳池、医院手术室等场所对防电击的特殊要求时。

④ 为满足防雷和信息系统抗干扰的要求时。

住宅楼内的局部等电位连接是在卫生间再做一次等电位连接，即在卫生间内将各种金属管道、楼板中的钢筋及进入卫生间的保护线和用电设备外壳用40mm×4mm热镀锌扁钢或6mm^{2}铜芯导线相互连通。

3. 辅助等电位连接（SEB）

一般是电气装置的某部分接地故障保护不能满足切断回路的时间要求时，做辅助等电位连接，把两个导电部分之间连接后能满足降低接触电压的要求。

$$R \leqslant \frac{50}{I_a}$$

式中，R为可同时触及的外露可导电部分和装置外可导电部分之间，故障电流产生的电压降引起接触电压的一段线段的电阻，Ω；I_a为切断故障回路时间不超过5s的保护电器动作电流，A。

两个导电部分之间连接后，只要能满足上式即可。

一、简述题

1. 简述低压配电系统接地的基本要求。
2. 接地的种类有哪些？各自的作用和做法是什么？
3. 为什么要做重复接地？
4. 对建筑物的MEB端子板，需连接的导电部分有哪些？
5. 对建筑物的LEB端子板，需连接的导电部分有哪些？
6. 说明局部等电位连接与辅助等电位连接的联系与区别。

二、计算题

楼内某办公室配电箱配电给除湿机，除湿机是三相负载，功率为15kW。为降低接触电阻，在办公室设局部等电位连接。使间接接触保护的电器在规定时间内切断故障的动作电流为756A，计算配电箱的配电线路中PE线的电阻值最大不应超过多少？

附录A　常用设备名称和文字符号

常用设备名称和文字符号见附表A。

附表A　常用设备名称和文字符号

符号名称	文字符号	
	新　符　号	旧　符　号
自动重合闸装置	ARD	ZCH
熔断器	FU	RD
发电机、电源	G	F
绿灯	GN	LD
指示灯	HL	
电流继电器	KA	LJ
电压继电器	KV	YJ
中间继电器	KM	ZJ
加速继电器	KAC	JSJ
差动继电器	KD	CJ
气体继电器	KG	WJ，gas
出口中间继电器	KMo	BCJ
功率继电器	KP	GJ
信号继电器	KS	XJ
时间继电器	KT	SJ
阻抗继电器	KZ	ZKJ
合闸位置继电器	KOS	HWJ
跳闸位置继电器	KRS	TWJ
合闸接触器	KO	HC
继电器	K	R、J
同期继电器	KSY	TJJ
跳跃闭锁继电器	KLB	TBJ
电感，电抗器，线路	L	L，DKB
电动机	M	D
自动开关	QA	ZK
断路器	QF	DL
刀开关	QK	DK

续表

符号名称	文字符号	
	新符号	旧符号
电力开关	Q	K
负荷开关	QL	FK
测量继电器	BR	
热过载继电器	BTH	KH
保护继电器	BP	KP
温度传感器	BTT	ST
位置开关	BQ	SQ
隔离开关	QS	GL
红灯	RD	HD
控制开关	SA	KK，ZK
按钮开关	SB	AN
变压器	T	B
电流互感器	TA	LH
电压互感器	TV	YH
中间变流器	TAM	ZLH
零序电流互感器	TAo	LHo
电抗变压器	TAV	DKB
控制回路电源小母线	WC	KM
事故音响信号小母线	WAS	SYM
信号回路电源小母线	WS	
线路灯光信号小母线	WL	DM
跳闸线圈	YR	TQ
合闸线圈	YO	HC

附录 B 常用电气图形符号

常用电气图形符号见附表 B。

附表 B 常用电气图形符号

符号名称		图形符号
负荷开关（负荷隔离开关）		
断路器		
接触器触点的一般符号	动合（常开）触点	
	动断（常闭）触点	
低压断路器		

续表

符号名称		图形符号
隔离开关		
开关的一般符号	动合（常开）触点	
	动断（常闭）触点	
过电流继电器（示出两瞬时动合触点）	集中表示法（归总式）	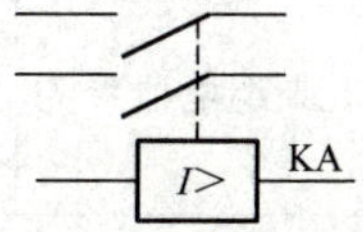 I> KA
	分开表示法（展开式）	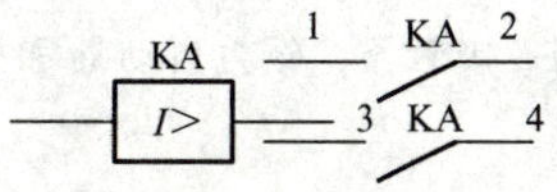 KA I> 1 KA 2 3 KA 4
欠电压继电器（示出一瞬时动断触点）	集中表示法	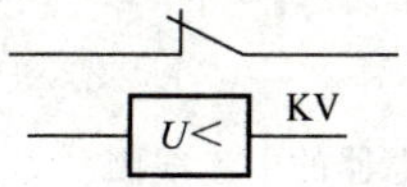 U< KV
具有反时限特性的过电流继电器（示出一动断触点）	集中表示法	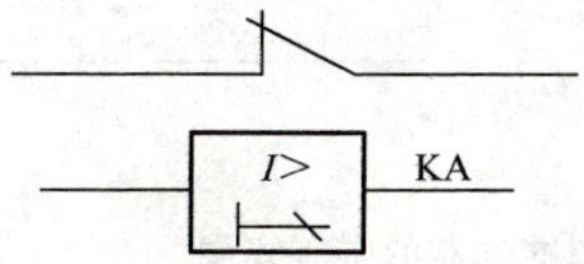 I> KA
具有反时限特性的过电流继电器（示出一先合后断的桥接式转换触点）	集中表示法	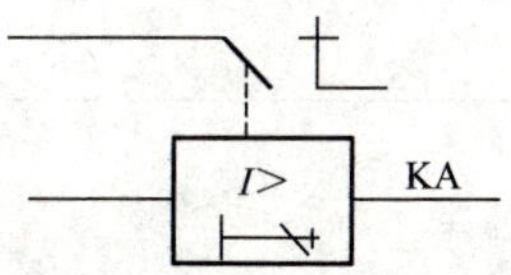 I> KA

续表

符号名称			图形符号
差动继电器（示出一瞬时动合触点）	集中表示法		T_D KD
时间继电器	集中表示法	缓慢吸合	
		缓慢释放	
信号继电器（具有机械保持和非自动复位结构）	集中表示法		
中间继电器（快速动作）	集中表示法		
气体继电器（瓦斯继电器）	集中表示法		
继电器、接触器、磁力启动器和操作机构的跳、合闸线圈			
双线圈继电器的电流线圈			*I*
双线圈继电器的电压线圈			*U*
插头和插座			

续表

符号名称	图形符号
接通的连接片	
断开的连接片	
双绕组变压器	
三相笼型异步电动机	M 3~
接线盒（单线表示）	3 3 3
多芯电缆	
电阻	
无定型三级晶闸管	

附录C　常用电器技术数据

变压器的技术数据见附表 C－1。

附表 C－1　变压器的技术数据

型　号	额定容量/kVA	额定电压/kV		损耗/kA		阻抗电压/(%)	空载电流/(%)	轨距/mm
		高压	低压	空载	短路			
SJL1－20/10	200	10；6.3；6	0.4	0.12	0.59	4	8	无轮
SJL1－20/10	300	10；6.3；6	0.4	0.16	0.83	4	6.6	无轮
SJL1－20/10	400	10；6.3；6	0.4	0.19	0.99	4	5.7	无轮
SJL1－20/10	500	10；6.3；6	0.4	0.225	1.15	4	5.4	无轮
SJL1－20/10	630	10；6.3；6	0.4	0.26	1.43	4	4.6	无轮
SJL1－20/10	800	10；6.3；6	0.4	0.31	1.7	4	4.2	无轮
SJL1－20/10	1000	10；6.3；6	0.4	0.36	2.05	4	3.8	无轮
SJL1－20/10	1250	10；6.3；6	0.4	0.425	2.4	4	3.2	无轮
SJL1－20/10	1600	10；6.3；6	0.4	0.5	2.9	4	3.0	无轮

注：S—三相；J—油浸自冷；L—铝线圈。

各种型号熔断器的技术规格及生产厂见附表 C－2。

附表 C－2　各种型号熔断器的技术规格及生产厂

名称	主要用途	型号	熔断额定电压/V	熔断额定电流/A	熔体额定电流/A	最大分断能力/kA	备注
有填料封闭管式熔断器	用于大段路电流网络内作为过载和短路保护	RT0－100	交流 380 直流 400	100	30，40，50，60，80，100	50	括号内的等级尽量不选用
		RT0－200		200	(80)，(100)，120，150，200	50	
		RT0－400		400	(150)，(200)，250，300，350，400	50	
		RT0－600		600	(350)，(400)，450，500，550，600	50	
		RT0－1000		1000	700，800，900，1000	50	
无填料封闭管式熔断器	用于电力网络过载和短路保护	RM3－15	交流	15	6，10，15	1.2	此产品逐步淘汰
		RM3－60		60	15，20，25，35，60	3.5	
		RM3－100		100	60，80，100	10	
		RM3－200		200	100，125，160，200	10	
		RM3－350		350	200，225，260，300，350	10	
		RM3－600		600	350，430，500，600	10	

续表

名称	主要用途	型号	熔断额定电压/V	熔断额定电流/A	熔体额定电流/A	最大分断能力/kA	备注
无填料封闭管式熔断器	用于电力网络过载和短路保护	RM10-15	交流220，380，500 直流220，440	15	6,10,15	1.2	为全国统一设计，可取代RM1、RM3等老产品
		RM10-60		60	15,20,25,35,45,60	3.5	
		RM10-100		100	60,80,100	10	
		RM10-200		200	100,125,160,200	10	
		RM10-350		350	200,225,260,300,350	10	
		RM10-600		600	350,430,500,600	10	

注：R—熔断器；T—有填料管式；M—无填料管式。

电抗器技术数据见附表C-3。

附表C-3 电抗器技术数据

型号	额定电流/A	额定电压/kV	通过容量/kVA	无功容量/kvar	额定电抗/(%)	稳定性		每相质量/kg	单相瓷座数量/件
						动稳定/A	1s热稳定/A		
NKL-6-150-4	150	6	3×520	20.8	4	9560	9340	460	8
NKL-6-150-5	150	6	3×520	26	5	7650	9340	465	8
NKL-6-150-6	150	6	3×520	31.2	6	6400	9330	525	8
NKL-6-150-8	150	6	3×520	41.6	8	4785	9280	650	8
NKL-6-150-10	150	6	3×520	52	10	3825	9250	665	8
NKL-6-200-3	200	6	3×694	20.8	3	13000	11450	355	8
NKL-6-200-4	200	6	3×694	27.8	4	12750	9900	400	8
NKL-6-200-5	200	6	3×694	34.7	5	10200	9900	415	8
NKL-6-200-6	200	6	3×694	41.6	6	8500	9880	527	8
NKL-6-200-8	200	6	3×694	55.5	8	6300	9850	530	8
NKL-6-200-10	200	6	3×694	69.4	10	5100	9800	585	8

注：N—水泥；K—电抗器；L—铝电缆。

电容器技术数据见附表C-4。

附表C-4 电容器技术数据

型号	额定电压/kV	标称容量/kvar	标称电容/μF	额定频率/Hz	相数	外形尺寸/mm		
						长	宽	高
YY0.23-5-3	0.23	5	300	50	3	360	115	415
YY0.23-5-3-TH					3			
YY0.23-5-1					1	360	115	415
YY0.23-5-1-TH					1			
YY0.4-12-3	0.4	12	240	50	3	360	115	415
YY0.4-12-3-TH					3			
YY0.4-12-1					1	360	115	415
YY0.4-12-1-TH					1			

续表

型　　号	额定电压/kV	标称容量/kvar	标称电容/μF	额定频率/Hz	相数	外形尺寸/mm		
						长	宽	高
YY0.525-12-3 YY0.525-12-3-TH	0.525	12	140	50	3 3	360	115	415
YY0.525-12-1 YY0.525-12-1-TH					1 1	360	115	415
YY0.75-12-1 YY0.75-12-1-TH	0.75	12	—	50	1	360	115	415
YY1.05-12-1 YY1.05-12-1-TH	1.05	12	34.8	50	1	360	115	460

注：第一个 Y 表示移相；第二个 Y 表示矿物油浸渍；第一个数字表示额定电压（kV）；第二个数字表示标称容量（kvar）；第三个数字表示相数；尾注号 TH 表示湿热带用。

JDG 型电压互感器技术数据见附表 C-5。

附表 C-5　JDG 型电压互感器技术数据

型　　号	额定电压比/V	两次额定容量/VA			最大容量/VA	试验电压/kV		质量/kg
		0.5 级	1 级	3 级		高压	低压	
JDG-0.5	220/100	25	40	100	200	6	2	8
	380/100							
	500/100							
JDG4-0.5	220/100	15	25	50	100	3	2	3.6
	380/100							
	500/100							
JDG-3	3000/100	30	50	120	240			12.6
JDGW-0.5	380/100/100/3	50	80	200	400			

注：J 表示电压互感器；D 表示单相；G 表示干式；W 表示五柱三卷。

LM1-0.5、LMK 1-0.5 系列电流互感器技术数据见附表 C-6。

附表 C-6　LM1-0.5、LMK 1-0.5 系列电流互感器技术数据

型　　号	额定电流比/A	准确级次	额定二次负荷/Ω			可穿过的铝母线尺寸/mm
			0.5 级	1 级	3 级	
LM1-0.5	5，10，15，30，50，75，150/5	0.5	0.2	0.3		25×3
	20,40,100,200/5					25×3
LMK1-0.5	300/5					30×4
	400/5					40×5
LMJ1-0.5	5,10,15,20,30,50,75,100,150,300/5	0.5	0.4	0.6		30×4

续表

型　　号	额定电流比/A	准确级次	额定二次负荷/Ω			可穿过的铝母线尺寸/mm
			0.5级	1级	3级	
LMKJ1－0.5	40,200,400/5	0.5	0.4	0.6		40×5
LMKB1－0.5	500,600/5	0.5	0.4	0.6		50×6
	800/5	0.5	0.4	0.6		60×8
LMJ－0.5	100,1200,1500/5	0.5	0.4	1.2	2.0	2(80×8)
	2000,3000/5					2(120×8)

注：L表示电流互感器；M表示母线式；J表示加大容量；连词符号后面的数字表示额定电压。

高压少油断路器技术数据见附表C－7。

附表C－7　高压少油断路器技术数据

型　　号	额定电压/kV	额定电流/A	断流容量/MVA			额定断流量/kA	极限通过电流/kA		热稳定电流/kA		
			3kV	6kV	10kV		峰值	有效值	1s	5s	10s
SN10－10Ⅰ	10	600	—	—	350	20.2	52	30		20.2(4s)	
SN10－10Ⅱ	10	1000	—	—	500	28.9	74	42		28.9(4s)	
SN10－10/600～1000	10	600～1000	—	—	350	20	52	30	30	20	14
SN9－10/600	10	600	—	—	250	14.4	36.8			14.4(s)	
SN8－10/600	10	600			200	11.6	33	19		11.6(4s)	
SN3－10/2000	10	2000	—	300	500	29	75	43.5	43.5	30	21
SN3－10/3000	10	3000	—	300	500	29	75	43.5	43.5	30	21
SN4－10G/5000	10	5000		1800		105	300	173	173	120	85
SN4－20G/6000	20	6000		3000		87	300	173	173	120	85
SN4－20G/8000	20	8000		3000		87	300	173	173	120	85
CN2－10/600	10	600		150	200		37	22		14.5(4s)	85
SW2－35	35	1000		1500		24.8	63.4	39.2		24.8(4s)	
SW2－35C	35	1500		1500		24.8	63.4	39.2		24.8(4s)	
SW2－60/1000	60	1000		2500		24.1	67	39	39	20	14
SW3－35/600	35	600		400		6.6	17	9.8		6.6(4s)	
SW3－110G/1200	110	1200		3000		15.8	41			15.8(4s)	
SW4－110/1000	110	1000		3500		18.4	55	32	32	21	14.8
SW4－220/1000	220	1000		7000		18.4	55	32	32	21	14.8
SW6－110/1200	110	1200		4000		21	55	32		21(4s)	
SW6－220/1200	220	1200		8000		21	55	32		21(4s)	

注：S表示少油断路器；N表示户内式；W表示户外式；C表示手车式；G表示改进式；第一个数字表示设计序号；连词符号后面的数字表示额定电压，斜线后面的数字表示额定电流。

户内隔离开关技术数据见附表 C-8。

附表 C-8　户内隔离开关技术数据

型　号	额定电压/kV	额定电流/A	极限通过电流/kA		5s 热稳定电流/kA	操动机构型号	不带机构质量/(kg/组)
			峰值	有效值			
GN1-6/200	6	200	25		10	—	27
GN1-6/400	6	400	50		14	—	27
GN1-6/600	6	600	60		20	—	27
GN1-10/200	10	200	25		10	—	30
GN1-10/400	10	400	50		14	—	30
GN1-10/600	10	600	60		20	—	30
GN1-10/1000	10(11.5)	1000	80(75)	47(43)	26(10)	CS6-2	20.5
GN1-10/2000	10	2000	85	50	36	CS6-2	25
GN1-20/400	20	400	52	30	14	—	31
GN1-35/400	35	400	52	30	14	—	39.1
GN1-35/600	35	600	52	30	20	—	40.7

注：G 表示隔离开关；N 表示户内式；第一个数字表示设计序号；连词符号后面的第一个数字表示电压等级（kV）；最后的数字表示额定电流（A）。

户外跌落式熔断器技术数据见附表 C-9。

附表 C-9　户外跌落式熔断器技术数据

型　号	额定电压/kV	额定电流/A	断流容量（三相）/MVA			开断负荷电流/mm	熔断长度/mm	单相质量/kg	开断空载变压器的容量/kvar	切合空载线路的长度/km
			上限		下限					
			对称开断容量	全开断容量						
RW5-35/100-400	35	100	400	500	10	100	630	30	5600	20
RW5-35/200-800		200	800	900	30	200	630	31		
RW6-60/100-500	60	100	500	600	20	100	900	120	10000	60
RW6-60/100-800		100	800	1000		100	900	120		
RW6-110/100-750	110	100	750	900		100	1300	150	20000	120
RW6-110/100-1000		100	1000	1200		100	1300	150		

注：R 表示熔断器；W 表示户外式；第一个数字表示设计序号；连词符号后面的第一个数字表示额定电压；最后一个数字表示其他标志。

附录D 绝缘导线、电缆和母线的允许载流量

绝缘导线（LJ和LGJ）的允许载流量见附表D-1。

附表D-1 绝缘导线（LJ和LGJ）的允许载流量 单位：A

导线截面面积/mm^2	LJ型铝绞线				LGJ型钢芯铝绞线			
	环境温度				环境温度			
	25℃	30℃	35℃	40℃	25℃	30℃	35℃	40℃
10	75	70	66	61	—	—	—	—
16	105	99	92	85	105	98	92	85
25	135	127	119	109	135	127	119	109
35	170	160	150	138	170	159	149	137
50	215	202	189	174	220	207	193	178
70	265	249	233	215	275	259	228	222
95	325	305	286	247	335	315	295	272
120	375	352	330	304	380	357	335	307
150	440	414	387	356	445	418	391	360
185	500	470	440	405	515	484	453	416
240	610	574	536	494	610	574	536	494
300	680	640	597	550	700	658	615	566

注：1. 导线正常工作温度按70℃计。
2. 本表载流量按室外架设考虑，无日照，海拔高度1000m及以下。

10kV常用三芯电缆的允许载流量及校正系数见附表D-2～附表D-4。

附表D-2 10kV常用三芯电缆的允许载流量

项目		电缆允许载流量/A							
绝缘类型		黏性油浸纸		不滴流纸		交联聚乙烯			
钢铠护套						无		有	
缆芯最高工作温度		60℃		65℃		90℃			
敷设方式		空气中	直埋	空气中	直埋	空气中	直埋	空气中	直埋
缆芯截面面积/mm^2	16	42	55	47	59	—	—	—	—
	25	56	75	63	79	100	90	100	90
	35	68	90	77	95	123	110	123	105

续表

项目		电缆允许载流量/A							
绝缘类型		黏性油浸纸		不滴流纸		交联聚乙烯			
钢铠护套						无		有	
缆芯最高工作温度		60℃		65℃		90℃			
敷设方式		空气中	直埋	空气中	直埋	空气中	直埋	空气中	直埋
缆芯截面面积/mm²	50	81	107	92	111	146	125	141	120
	70	106	133	118	138	178	152	173	152
	95	126	160	143	169	219	182	214	182
	120	146	182	168	196	251	205	246	205
	150	171	206	189	220	283	223	278	219
	185	195	233	218	246	324	252	320	247
	240	232	272	261	290	378	292	373	292
	300	260	308	295	325	433	332	428	328
	400	—	—	—	—	506	378	501	374
	500	—	—	—	—	579	428	574	424
环境温度/℃		40	25	40	25	40	25	40	25
土壤热阻系数/(℃·m·W⁻¹)		—	1.2	—	1.2	—	2.0	—	2.0

注：1. 本表系铝芯电缆数值。铜芯电缆的允许载流量可乘以1.29。

2. 当地环境温度不同时的载流量校正系数见附表D-3。

3. 当地土壤热阻系数不同时（以土壤热阻系数1.2为基准）的载流量校正系数见附表D-4。

附表D-3 电缆在不同环境温度时的载流量校正系数

电缆敷设地点		空气中				土壤中			
环境温度		30℃	35℃	40℃	45℃	20℃	25℃	30℃	35℃
缆芯最高工作温度	60℃	1.22	1.1	1.0	0.86	1.07	1.0	0.93	0.85
	65℃	1.18	1.09	1.0	0.89	1.06	1.0	0.94	0.87
	70℃	1.15	1.08	1.0	0.91	1.05	1.0	0.94	0.88
	80℃	1.11	1.06	1.0	0.93	1.04	1.0	0.95	0.90
	90℃	1.09	1.05	1.0	0.94	1.04	1.0	0.96	0.92

附表D-4 电缆在不同土壤热阻系数时的载流量校正系数

土壤热阻系数/(℃·m·W⁻¹)	分类特征（土壤特征和雨量）	校正系数
0.8	土壤很潮湿，经常下雨。如湿度大于9%的沙土、湿度大于14%的沙-泥土等	1.05
1.2	土壤潮湿，规律性下雨。如湿度大于7%但小于9%的沙土、湿度为12%～14%的沙-泥土等	1.0
1.5	土壤较干燥，雨量不大。如湿度为8%～12%的沙-泥土等	0.93
2.0	土壤干燥，少雨。如湿度大于4%但小于7%的沙土、湿度为4%～8%的沙-泥土等	0.87
3.0	多石地层，非常干燥。如湿度小于4%的沙土等	0.75

LMY 型矩形硬母线的允许载流量见附表 D－5。

附表 D－5　LMY 型矩形硬母线的允许载流量　　　　单位：A

每相母线条数		单条		双条		三条		四条	
母线放置方式		平放	竖放	平放	竖放	平放	竖放	平放	竖放
母线尺寸/(mm×mm)	40×4	480	503	—	—	—	—	—	—
	40×5	542	562	—	—	—	—	—	—
	50×4	586	613	—	—	—	—	—	—
	50×5	661	692	—	—	—	—	—	—
	63×6.3	910	952	1407	1547	1866	2111	—	—
	63×8	1038	1085	1623	1777	2113	2379	—	—
	63×10	1168	1221	1825	1994	2381	2665	—	—
	80×6.3	1128	1178	1724	1892	2211	2505	2558	3411
	80×8	1274	1330	1946	2131	2491	2809	2863	3817
	80×10	1427	1490	2175	2373	2774	3114	3167	4222
	100×6.3	1371	1430	2054	2253	2633	2985	3032	4043
	100×8	1542	1609	2298	2516	2933	3311	3359	4479
	100×10	1728	1803	2558	2796	3181	3578	3622	4829
	125×6.3	1674	1744	2446	2680	2079	3490	3525	4700
	125×8	1876	1955	2725	2982	3375	3813	3847	5129
	125×10	2089	2177	3005	3282	3725	4194	4225	5633

注：1. 本表载流量按导体最高允许工作温度 70℃、环境温度 25℃、无风、无日照条件计算而得。

2. 当母线为 4 条时，平放和竖放时第二、三片间距均为 50mm。

如果环境温度不为 25℃，则应乘以附表 D－6 的校正系数。

附表 D－6　校正系数

环境温度	20℃	30℃	35℃	40℃	45℃	50℃
校正系数	1.05	0.94	0.88	0.81	0.74	0.67

架空裸导线的最小截面见附表 D－7。

附表 D－7　架空裸导线的最小截面

线路类别		导线最小截面面积/mm^2		
		铝及铝合金线	钢芯铝线	铜绞线
35kV 及以上线路		35	35	35
3～10kV 线路	居民区	35	25	25
	非居民区	25	16	16
低压线路	一般	16	16	16
	与铁路交叉跨越档	35	16	16

绝缘导线明敷时的允许载流量见附表 D－8。

附表 D－8　绝缘导线明敷时的允许载流量

单位：A

芯线截面面积/mm²	橡皮绝缘导线								塑料绝缘导线							
	环境温度															
	25℃		30℃		35℃		40℃		25℃		30℃		35℃		40℃	
	铜芯	铝芯	铜芯	铝芯	铜芯	铝芯	铜芯	铝芯	铜芯	铝芯	铜芯	铝芯	铜芯	铝芯	铜芯	铝芯
2.5	35	27	32	25	30	23	27	21	32	25	30	23	27	21	25	19
4	45	35	41	32	39	30	35	27	41	32	37	29	35	27	32	25
6	58	45	54	42	49	38	45	35	54	42	50	39	46	36	43	33
10	84	65	77	60	72	56	66	51	76	59	71	55	66	51	59	46
16	110	85	102	79	94	73	86	67	103	80	95	74	89	69	81	63
25	142	110	132	102	123	95	112	87	135	105	126	98	116	90	107	83
35	178	138	166	129	154	119	141	109	168	130	156	121	144	112	132	102
50	226	175	210	163	195	151	178	138	213	165	199	154	183	142	168	130
70	284	220	266	206	245	190	224	174	264	205	246	191	228	177	209	162
95	342	265	319	247	295	229	270	209	323	250	301	233	279	216	254	197
120	400	310	361	280	346	268	316	243	365	283	343	266	317	246	290	225
150	464	360	433	336	401	311	366	284	419	325	391	303	362	281	332	257
185	540	420	506	392	468	363	428	332	490	380	458	355	423	328	387	300
240	660	510	615	476	570	441	520	403	—	—	—	—	—	—	—	—

注：1. 导线型号 BX—铜芯橡皮线；BLX—铝芯橡皮线；BV—铜芯塑料线；BLV—铝芯塑料线。

2. 导线正常最高允许温度为 65℃。

参 考 文 献

谢秀颖，2008. 电气照明技术［M］.2 版．北京：中国电力出版社．

王玉华，2012. 供配电技术［M］. 北京：北京大学出版社．

杨岳，2015. 供配电系统［M］.2 版．北京：科学出版社．

刘介才，2015. 工厂供电［M］.6 版．北京：机械工业出版社．

北京照明学会照明设计专业委员会，2016. 照明设计手册［M］.3 版．北京：中国电力出版社．

中国航空规划设计研究总院有限公司，2016. 工业与民用供配电设计手册：全 2 册［M］.4 版．北京：中国电力出版社．

丁文华，鲍东杰，2017. 建筑供配电与照明［M］.3 版．武汉：武汉理工大学出版社．